全国高等学校安全工程专业规划推荐教材

防火防爆技术

米华莉　主编

中国建筑工业出版社

图书在版编目（CIP）数据

防火防爆技术/米华莉主编. —北京：中国建筑工业出版社，2017.10（2021.11重印）
全国高等学校安全工程专业规划推荐教材
ISBN 978-7-112-21229-3

Ⅰ.①防… Ⅱ.①米… Ⅲ.①防火-高等学校-教材②防爆-高等学校-教材 Ⅳ.①X932

中国版本图书馆CIP数据核字（2017）第223080号

本书结合我国安全生产的实际需要，系统介绍了防火防爆技术的基本理论及实际应用。全书共分五章：绪论；防火基本原理；防爆基本原理；危险化学品的燃爆特性；防火与防爆的基本技术措施。

本书可作为高等院校安全工程专业本科教材，可指导学生系统学习燃烧与爆炸的基本理论和实质，掌握火灾和爆炸事故发生的一般规律及原因分析，熟悉制定防火与防爆条例的理论依据，采取有效的防火与防爆技术措施；也可作为企事业单位安全管理人员、安全技术人员、消防人员以及企业员工消防安全的培训教材，同时也可作为安全评价师和注册安全工程师资格考试的学习参考资料。

为了更好地支持相应课程的教学，我们向采用本书作为教材的教师提供课件，有需要者可与出版社联系。

建工书院：http：//edu.cabplink.com/index。

邮箱：jckj@cabp.com.cn 电话：（010）58337285

责任编辑：张 健 陈 桦
责任校对：李欣慰 张 颖

全国高等学校安全工程专业规划推荐教材
防火防爆技术
米华莉 主编

*

中国建筑工业出版社出版、发行（北京海淀三里河路9号）
各地新华书店、建筑书店经销
北京红光制版公司制版
北京建筑工业印刷厂印刷

*

开本：787×1092毫米 1/16 印张：12½ 字数：276千字
2017年12月第一版 2021年11月第四次印刷
定价：**30.00**元（赠教师课件）
ISBN 978-7-112-21229-3
（30794）

前　言

在人类发展的历史长河中，火，燃尽了茹毛饮血的野蛮历史；火，点燃了日新月异的现代文明。正如传说中所说的那样，火是具备双重性格的“神”。火给人类带来进步、光明和温暖，但是失去控制的火，就会给人类带来灾难。随着社会的不断发展，在社会财富日益增多的同时，导致发生火灾的危险性也在增多，火灾的危害性也越来越大。据不完全统计，进入 21 世纪以来，我国每年发生火灾均在 10 万起以上，每年火灾造成的直接经济损失达 10 亿元以上，每年因火灾死亡的人数多达一两千人，严重威胁着国家和人民的生命财产安全。火灾发生的同时，往往还会引起剧烈的爆炸，其后果往往更加恶劣。因为爆炸是一种极为迅速的物理或化学的能量释放过程，设备损毁、房屋崩塌、人员伤亡等巨大损失就在这猝不及防的爆炸一瞬间灰飞烟灭。据不完全统计，国内近年来爆炸事故主要发生在煤矿井下、石油化工企业和烟花爆竹等高危行业，且多为重大和特别重大事故。

防火防爆技术是安全工程专业本科生必修的一门专业课，同时也是国内目前比较热门的安全评价师和注册安全工程师必考的安全技术科目的重要内容之一。本书系统介绍了燃烧和爆炸的理论机理，防火和防爆技术的基本理论和原则，危险化学品的燃爆特性及防护措施，防火与防爆的基本技术措施。

本书编者长期在高校一线教学，累积了多届安全工程专业本科生教学反馈，反复修改，力求层次分明，条理清晰，编排规范，结构合理，简明扼要，淡化复杂理论，突出实用，内容基本涵盖了安全工程专业与火灾爆炸事故预防相关的主要方面的基本知识，可满足 32～48 学时的教学内容。

本书多处引用有关法律法规和技术规范标准，若出现修订，应以最新的版本为准。

本书在编写过程中参考了大量资料和文献，在此对有关作者表示衷心的感谢。

由于编者水平有限，书中难免有遗漏和不当之处，恳请读者批评指正。

目　　录

绪　论

0.1 课程性质和研究对象

燃烧和爆炸及其预防理论是安全工程学科的基本理论之一。该学科的专业课程如锅炉安全、压力容器安全、电气安全、热加工安全、石油化工安全、安全评价等，都需要在防火与防爆基本理论的指导下，根据其工艺过程、原材料和设备等的燃爆危险特性，研究采取有效的防护技术措施，防止火灾和爆炸事故的发生。学习燃烧、爆炸及其预防理论和技术措施，是学习掌握有关专业课的基础，因此，本课程是安全工程的专业基础课。

本课程主要研究燃烧的基本原理、燃烧的类型及其特征，在此基础上研究火灾发生的一般规律、防火技术的基本理论、防火与灭火的基本技术措施以及灭火器材的使用；同时，研究爆炸机理及其分类，爆炸极限及其计算，爆炸温度和压力的计算，在此基础上研究发生爆炸事故的一般规律，防爆技术的基本理论，防爆的基本技术措施。然后综合燃烧和爆炸的基本理论和知识，研究易燃易爆危险化学品的燃烧和爆炸特征，讨论危险化学品生产贮存、生产工艺过程、生产使用设备和工业建筑等一般安全防护要点。

本课程着重研究讨论的内容有：

（1）燃烧机理和爆炸机理。

（2）防火与防爆的基本理论。

（3）工厂企业常用危险化学品的燃烧爆炸危险性。

（4）在上述理论的基础上讨论工业企业的防火防爆技术措施。

通过本课程的学习，要求着重掌握火灾和爆炸现象的实质，影响火灾和爆炸的主要技术参数；深刻理解防火与防爆的基本理论和实际应用；研究掌握采取各种安全措施的理论依据，并能够在实际工作中加以应用。

0.2 课程学习意义和要求

在工业企业中发生的火灾和爆炸事故具有很大的破坏性，它能导致大量人员伤亡、巨大财产损失，后果极为严重。所以认真研究火灾和爆炸的基本知识，掌握发生火灾爆炸事故的一般规律，采取有效的防火与防爆措施，对发展国民经济具有极其重要的意义。

（1）保护劳动者和广大人民群众的人身安全

发生火灾或爆炸事故不仅会造成操作者伤亡，而且还会危及在场的其他工作人员，甚至会殃及周围的居民百姓。工业企业做好防火防爆工作，对保护生产力，促进经济建设具有重要的意义。

（2）保护国家财产

火灾爆炸事故的发生往往会造成设备毁坏，建筑物倒塌，大量物资、资料化为乌有，企业停工停产，使国家财产蒙受巨大损失，所以防火防爆是实现工业企业安全生产的重要保障条件。

（3）学科基础

防火防爆技术是安全工程的专业基础课之一，学好本课程将会给学习其他的诸多专业课程打下良好的基础。同时防火防爆基础知识和理论也是安全专业人士应当必备的职业技能，是我国注册安全工程师执业资格考试必考的内容。

学习本门课程要求熟悉理解燃烧与爆炸的基本理论和实质，掌握燃烧和爆炸发生的条件及一般规律，并能运用所学理论知识分析工业企业发生火灾和爆炸事故的一般原因；了解具有燃烧爆炸危险特性的化学品的类别、性质以及防范措施；掌握防火与防爆技术的基本理论，理解防火与防爆条例规程制定的理论依据，掌握火灾与爆炸防范的通用技术措施。

0.3　火灾爆炸事故的特点

燃烧和爆炸在本质上是相同的，因此火灾和爆炸事故的发生常常是相互联系，相互影响的。主要有以下特点。

1）严重性

火灾和爆炸事故所造成的后果，往往是比较严重的。具体体现在：

（1）巨大的经济损失

火灾爆炸事故造成的损失大大超过其直接财产损失。以火灾事故为例，在国外把火灾的直接财产损失、人员伤亡损失、扑救消防费用、保险管理费用以及投入的火灾防护工程费用统称为火灾代价。根据世界火灾统计中心以及欧洲共同体研究结果，大多数发达国家每年火灾损失约占国民经济总产值 GDP 的 0.2%左右，而整个火灾代价约占国民经济总产值 GDP 的 1%左右。在我国《火灾统计管理规定》（公安部、劳动部、国家统计局，公通字［1996］82 号公布，1997 年 1 月 1 日起施行）中，火灾损失分直接财产损失和间接财产损失两项统计。火灾直接财产损失是指被烧毁、烧损、烟熏和灭火中破拆、水渍以及因火灾引起的污染等所造成的损失。火灾间接财产损失是指因火灾而停工、停产、停业所造成的损失，以及现场施救、善后处理费用（包括清理火场、人身伤亡之后所支出医疗、丧葬、抚恤、补助救济、歇工工资等费用）。随着社会的不断发展，在社会财富日益增多的同时，导致发生火灾的危险性也在增多，火灾的危害性也越来越大。据统计，我国因火灾造成的直接经济损失，在 20 世纪 60 年代年均值为 1.4 亿元，70 年代年均值近 2.4 亿元，80 年代年均值为 3.2 亿元，90 年代年均值为 10.6 亿元。相比之下，中国在 20 世纪 50 年代火灾造成的直接经济损失年平均值则仅为 0.6 亿元。而 21 世纪前 10 年中国的年均火灾直接经济损失已经达到了约 15 亿元，火灾造成的直接经济损失正呈现随着工业化和城市的发展而相应增加的态势。如 1993 年深圳清水河仓库火灾爆炸事故的直接经济损失约 2.5 亿元，1997 年北京东方化工厂火灾爆炸事故直接经济损失达 1.2 亿元。2009 年在建的中央电视台新台址园区文化中心特别重大火灾事故的直接经济损失达 1.6 亿多元。

(2) 人员伤亡惨重

火灾是在各种城市灾害中发生频繁的灾害之一，因此火灾爆炸导致的群死群伤事故时有发生。例如：新疆克拉玛依友谊馆大火（死亡 325 人，受伤 130 人，1994 年 12 月 8 日）、西安液化石油气贮罐闪爆事故（死亡 11 人，受伤 31 人，1998 年 3 月 5 日）、河南东都商厦火灾（死亡 309 人，2000 年 12 月 25 日）、衡阳特大火灾（消防人员牺牲 20 人，2003 年 11 月 3 日）、吉林中百商厦火灾（死亡 54 人，受伤 70 人，2004 年 2 月 15 日）、深圳市龙岗区舞王俱乐部火灾（死亡 44 人，受伤 64 人，2008 年 9 月 20 日）、上海市静安区胶州路高层公寓火灾（死亡 58 人，受伤 71 人，2010 年 11 月 15 日）。

(3) 环境污染

火灾爆炸事故中产生的有害气体、液体污染环境，给生态系统造成不同程度的破坏。例如：2005 年 11 月 13 日下午在中石油所属的吉林石化公司 101 双苯厂一个化工车间发生的连续爆炸，有 5 人死亡，另有 1 人失踪、2 人重伤、21 人轻伤，数万居民紧急疏散。爆炸导致松花江江面上产生一条长达 80km 的污染带，主要由苯和硝基苯组成。污染带通过哈尔滨市，该市经历了长达五天的停水。过了哈尔滨之后，污染带继续从南向北移动，流经佳木斯市等黑龙江省的多个市县，造成了大范围的环境污染。

(4) 社会影响

火灾爆炸事故的发生易成为社会的不安定因素。现代社会网络通信四通八达，信息传播速度极快，范围极广。一旦发生爆炸或火灾等事故，若政府管理部门不能及时或实时发布消息，社会上将谣言四起、人心惶惶，有可能造成不必要的恐慌或社会动荡。

2) 复杂性

由于发生火灾爆炸的建筑物不同、可燃物质与点火源的多样性、人员的复杂性、消防基础条件的不同，使得这些事故的发生、发展状况都存在很大的差别。其中又以火灾和爆炸事故的发生原因尤为复杂。例如发生火灾和爆炸事故的条件之一——点火源，就有明火、高温表面、撞击或摩擦、绝热压缩、化学反应热、物质的分解自燃、热辐射、电气火花、静电放电、雷电和日光照射等多种；至于另一个条件——可燃物，就更是种类繁多，包括各种可燃气体、可燃液体和可燃固体，特别是化工企业的原材料、化学反应的中间产物和化工产品，大多属于可燃物质。再加上发生火灾爆炸事故后由于房屋倒塌、设备炸毁、人员伤亡等，现场极其混乱，给事故原因的调查分析带来不少困难。例如 1987 年 3 月 15 日 2 时 19 分发生的哈尔滨亚麻厂爆炸案，爆炸把 1.3 万 m^2 的 3 个车间变成了一片废墟，造成 58 人死亡，100 多人受伤，直接经济损失达 800 多万元。在当时的科学技术条件下，专家对该起事故给出的结论性意见是：由于爆炸后的事故现场破坏严重，数据不足，难以确定本次爆炸事故的真正原因；多数专家认为这次亚麻粉尘爆炸是由中央除尘换气室南部除尘器首爆的，在布袋除尘器内静电引爆是有可能的；少数专家对此持否定意见。

3）突发性

火灾和爆炸事故往往在人们意想不到的时候突然发生，而且发生地点有着很大的偶然性。同时灾害事故发展迅速，波及区域广泛，事态扩展方向具有较大的随机性，能够在很短时间内产生很大的破坏作用。尤其是爆炸事故，瞬间完成，摧毁性极大。

事故虽然存在着征兆，但一方面是由于目前对火灾和爆炸事故的监测、报警等手段的可靠性、实用性和广泛性等尚不理想。比如说燃气报警器作为预防燃气泄漏的有力武器，它的出现却似乎并没有引起人们应有的注意。国内某大城市每年因为家用燃气泄漏导致居民中毒或爆炸死亡的人数接近百人。而权威部门公布的另一项调查表明，在上海市300万左右的燃气用户中，安装家用燃气泄漏报警器的不足10%。这个在安全防护上可以和家用灭火器相提并论，甚至是比灭火器更需要进入家庭，大多数家庭甚至不知道还有这样一个可以从根本上解决燃气中毒和燃气爆炸的"保护神"存在。

另一方面，则是因为至今还有相当多的人（包括作业人员和生产管理人员）对火灾和爆炸事故的规律及其征兆了解和掌握得不够，使火灾和爆炸的发生没有及时发现。例如某化工厂车间实验室的煤气管道年久失修而漏气，操作工人竟然划火柴去查找漏气的部位，结果引起爆炸，炸毁房屋26间和不少精密仪器，死伤11人，损失惨重。又如2003年2月2日哈尔滨天潭大酒店服务员在取暖煤油炉未熄火的状态下用溶剂油替代煤油进行加注，引起燃爆导致火灾，造成33人死亡。

0.4　火灾爆炸事故的一般原因

如前所述，火灾和爆炸事故的原因具有复杂性。但是生产过程中发生的事故主要是由于操作失误、设备的缺陷、环境和物料的不安全状态、管理不善等引起的。因此，火灾和爆炸事故的主要原因基本上可以从人、设备、环境、物料和管理等方面加以分析。

（1）人的因素

通过对大量火灾与爆炸事故的调查和分析表明，火灾爆炸事故的人为因素比较突出（90%以上），不少事故与操作者的行为疏忽或缺乏有关的安全知识有关。例如2000年12月25日河南省洛阳市东都商厦因非法施工、电焊工违章作业引燃可燃物造成火灾，致使商厦歌舞厅内309人窒息死亡。2002年辽宁省锦州市辽西石油化工产品经销公司的两辆油槽车和3个贮油罐发生火灾，事故的直接原因系油库卸油员在没有静电接地的情况下违章卸油，造成静电火花引爆油气所致。

（2）设备的原因

设备设施设计错误且不符合防火与防爆的要求，选材不当或设备上缺乏必要的安全防护装置，密闭不良，制造工艺存在缺陷等都有可能造成火灾、爆炸事故发生。例如反应容器设计不合理、结构形状不连续、焊缝布置不当等引起应力集中；设备材质选择不当、制造容器时焊接质量不合要求及热处理不当等使材料韧性降低；容器壳体受到腐蚀介质的腐蚀、强度降低等都可能使容器在生产过程中发生爆炸。在以往对反应压力容器爆炸事故的统计中，发现造成爆炸事故的主要原因就有设备的设计结构不合理以及设备制造方面的选材不对、焊接质量低劣。

（3）物料的原因

主要是指在生产、贮存、运输各个环节中对具有固有危险性的原料、中间产品及成品未能采取相应的防火防爆措施。如可燃物质的自燃，各种危险物品的相互作用，在运输装卸时受剧烈震动撞击等。例如2002年中石化锦西分公司油罐发生火灾，直接原因是油罐内壁裸露出铁锈与氧气发生反应生成硫化铁自燃，并引燃处于爆炸极限范围内的石脑油蒸气。

（4）环境的原因

如潮湿、高温、通风不良、雷击等自然条件未能达到标准要求而导致事故发生。例如1989年8月12日青岛黄岛油库五号油罐因雷击爆炸起火。

（5）管理的原因

规章制度不健全，没有合理的安全操作规程，没有设备的计划检修制度；生产用窑炉、干燥器以及通风、采暖、照明设备等破损失修；生产管理人员不重视安全，不重视安全宣传教育和安全培训等。例如1997年6月27日北京东方化工厂火灾爆炸事故虽然其直接原因是操作失误，但根本原因却是企业在安全管理体制上存在严重疏漏，安全生产管理混乱，岗位责任制等规章制度不落实。

0.5 防火防爆技术的发展

在人类出现之前，火就已经存在于自然界。火对人类的发展有着巨大的贡献。古人发明用火，是第一次能源的发现，不仅结束了茹毛饮血的野蛮生活，会用火也成为人类跨入文明世界的一个重要标志，但是火灾却也与火如影相随。《说文解字》中对“火”的注释是：火，言毁也，物入中皆毁坏也。《左传·宣公十六年》中“凡火，人火曰火，天火曰灾”这都说明了火的巨大破坏性力量。而民间谚语中“贼偷两次不穷，火烧一把精光”，更是说明了火灾的冷酷无情。

多少年来，火灾一直是人们所遭遇的最主要灾害之一，因此防范和治理火灾的消防工作也就应运而生了。对于火灾，东汉史学家荀悦在《申鉴·杂言》中明确提出了“防为上，救次之，诫为下”的“防患于未然”的思想。

据有关资料记载，我国很早以前就设置火官，如周朝的“司爟”、“司烜”。宋朝时建立的以士兵组成的“潜火队”，是世界上较早建立的官办专职消防队；当时还组织了民间消防队伍，如南宋的“水铺”、“冷铺”，也是世界上较早出现的民间消防组织。20世纪初“消防”一词从日本舶来，才有消防队之称。1902年，我国建立了第一支消防警察队—天津南段巡警总局消防队。次年，北京也组建了消防警察队，随后哈尔滨、保定、南京、昆明、广州、沈阳、长沙等地相继建立消防队。这些消防队初建时均由当地警察厅、局直接管辖。

除了建立专业的消防机构和组织外，历代的封建王朝也都制定了有关防火的法律，重视依法治火。尽管与当代的防火法律法规相比确有不健全和不规范之处，但是在不同时期与火灾作斗争中，均发挥了较好的作用。

新中国成立前，在半殖民地半封建的历史条件下，消防事业得不到应有的重视和加强，同世界上经济发达国家相比，处于落后的状态。虽然从国外引进了消防警察的体制和少量近代消防技术设备，但是普及推广十分缓慢。

新中国成立后，党和政府非常重视防火与防爆工作，消防事业走上了振兴的道路。全国各大、中、小城市和县城，消防装备和器材逐步现代化。随着生产技术的发展，人们也越来越重视防火与防爆技术的研究。在上海、沈阳、天津、四川分别成立了隶属于公安部的消防研究所，在不少高校设置了相关专业，开设了防火与防爆课程，有的还设置了爆炸及防护研究所。1989年在中国科技大学成立了火灾科学国家重点实验室，1991年在北京理工大学成立了爆炸科学与技术国家重点实验室，这些都使得我国的防火与防爆科学技术水平和管理水平迅速提高。

我国非常重视防火与防爆工作的法制建设，1957年颁布实施《消防监督条例》，1998年4月29日颁布实施《中华人民共和国消防法》(2008年10月28日修订通过，修订后自2009年5月1日起施行)，形成了较完整的消防法规体系。当前，我国关于防火、防爆安全法律，主要有《刑法》、《劳动法》、《安全生产法》、《矿山安全法》、《消防法》等法典法律。新中国成立以来，我国相继颁发实施的防火、防爆安全行政法规（规章），主要有消防、锅炉压力容器、矿山井下、化学工业等方面规定，比如《危险化学品安全管理条例》、《特种设备安全监察条例》、《煤矿安全监察条例》、《安全生产许可证条例》等。此外还有国家质量监督检验检疫总局和相关部委以强制性执行的国家标准形式颁发的一系列国家防火、防爆安全技术法规，如《建筑设计防火规范》、《石油化工企业设计防火规范》、《爆炸危险环境电力装置设计规范》等。防火、防爆安全的依法管理多年来成功地预防了大量火灾和爆炸事故的发生，并且有效地扑救了许多火灾，使我国火灾和爆炸事故的发生保持在较低水平。

复习思考题

1. 火灾爆炸事故的特点主要有哪些？结合近年来我国发生的一些典型性的火灾爆炸事故来谈。

2. 举例说明火灾爆炸事故的一般原因有哪些？

第 1 章　防火基本原理

人类学会用火，是跨入文明的一个重要标志。然而，人们在长期生产和生活实践中的经验表明，火既能造福于人类，也能给人类带来灾难。火灾就是失去控制的燃烧，是一种特殊的燃烧。为了科学合理的利用火，更为了有效预防火灾的发生，应当了解和掌握燃烧的基本理论和基础知识。

1.1　燃烧的学说和理论

1.1.1　燃烧的各种学说

在古代，人们对火有各种认识。例如，我国五行说中的“金、木、水、火、土”，古希腊四元说中的“水、土、火、气”，古印度四大说中的“地、水、火、风”，都有“火”。在古人看来，火是万物之源。但是受当时科学技术条件和生产力水平的限制，人们不可能揭示出火的本质。随着科学的发展，越来越多的人开始关注火，越来越多的科学工作者开始对燃烧现象进行观察研究，由此也产生了种种对燃烧现象的解释。

（1）燃素说

17 世纪至 18 世纪以前，燃素说在欧洲流行了一个世纪，对当时的化学界影响很大。该学说认为：①火是由无数细小而活泼的微粒构成的物质实体，由这种火微粒构成的元素就是燃素；②所有可燃物都含有燃素，并且在燃烧时将燃素释放出来，变为灰烬，不含燃素的物质不能燃烧；③物质在燃烧时之所以需要空气，是因为空气能吸收燃素。燃素说曾解释过许多化学现象，但它始终没有说明燃素是由什么成分组成的物质。显然，这种学说的建立不是以科学根据为基础，而是凭空臆造出一个“燃素”来，实际上是唯心主义的，因而不能解释全部的燃烧现象，也必定经不起实践的检验。许多人也曾对它提出怀疑，但较长时间没有解开这个谜。

（2）燃烧氧学说

1774 年英国化学家普利斯特利通过实验室制得了氧气，但由于他深受燃素学说的影响，未能对燃烧的本质进行创造性的发现。法国化学家拉瓦锡在普利斯特利发现氧气的基础上作了大量的科学试验，并对所有实验结果进行综合分析和归纳，推翻了当时流行已久的燃素学说，在 1777 年提出了关于火的氧化理论——燃烧氧学说，并在 1783 年出版的《关于燃素的回顾》中概括了其提出的燃烧氧学说。该学说认为：燃烧是可燃物与氧的化合反应，同时发光、放热。但是，燃烧氧学说仅解释了燃烧是可燃物与氧的化合反应，但这一反应是如何进行的，要经过哪些步骤，受哪些因素的影响等等，未能给予解答。

在燃烧氧学说的基础上，陆续有科学工作者提出了分子碰撞理论、活化能理论、过氧化物理论来解释燃烧的反应过程，但都无法对燃烧的实质给予科学合理的解释。直到20世纪初，才由苏联科学家谢苗诺夫（H. H. Cemëhob）创建了燃烧的链式反应理论，并且得到了世界各国化学界的公认，是现代用来解释燃烧实质的基本理论。

1.1.2　链式反应理论

在20世纪20年代，由于化学动力学的发展，自由基（链）反应理论问世。这一理论无疑对燃烧学是一个很大推动。许多从事燃烧研究的科学家对这一理论非常感兴趣，他们把链反应理论应用于研究燃烧动力学。20世纪30年代，苏联科学家谢苗诺夫等人创建了燃烧的链式反应理论，解决了燃烧的历史问题，使人们对燃烧的本质有了更深刻的认识。

（1）链式反应理论内容

链式反应理论认为物质的燃烧是一种游离基的连锁反应，而不是可燃物质和助燃物质的两个气态分子之间直接起作用。即可燃物质或助燃物质先吸收能量而离解为游离基，与其他分子相互作用发生一系列连锁反应，将燃烧热释放出来。

（2）链式反应过程

以氯和氢的作用为例来说明链式反应的过程。氯在光的作用下被活化成活性分子，进一步离解成游离基，游离基作为活化中心在连锁反应步骤中，每次反应消失一个游离基，又同时产生一个游离基，于是构成一连串的连锁反应。

$Cl_2 + h\upsilon$（光量子）$= Cl\cdot + Cl\cdot$　　链的引发

$Cl\cdot + H_2 = HCl + H\cdot$

$H\cdot + Cl_2 = HCl + Cl\cdot$　　链的传递

$Cl\cdot + H_2 = HCl + H\cdot$

$H\cdot + Cl_2 = HCl + Cl\cdot$

依此类推

$Cl\cdot + Cl\cdot = Cl_2$　　链的中断

$H\cdot + H\cdot = H_2$

上列反应式表明，最初的游离基（也称活性中心、自由基）是在某种能源的作用下生成的，产生游离基的能源可以是受热分解或光照、氧化、还原、催化和射线照射等。游离基是一种瞬变的不稳定的化学物质，它们可能是原子、分子碎片或其他中间物，它们由于具有比普通分子平均动能更多的活化能，所以其活动能力非常强，在反应中成为活性中心，容易与其他物质分子进行反应而生成新的游离基，或者自行结合成稳定的分子。因此，利用某种能源设法使反应物产生少量的活性中心游离基时，这些最初的游离基即可引起连锁反应，因而使燃烧得以持续进行，直至反应物全部反应完毕。在连锁反应中，若因某种原因活性中心全部消失，连锁反应就会中断，燃烧也就停止。

总的来说，链式反应机理大致可分为三步。

第一步，链引发。通过加热、光照或加入引发剂等方法产生游离基，使链式反应开始。

第二步，链传递。游离基和反应体系中其他参与反应的化合物分子发生作用，产生一个或几个新的游离基。新的游离基又参与反应，如此不断地进行下去。

第三步，链终止。由于游离基的消耗，使连锁反应终止。造成游离基消耗的原因是多方面的，如游离基相互碰撞生成分子，与掺入混合物中的杂质起副反应，与非活性的同类分子或惰性分子互相碰撞而将能量分散，撞击器壁而被吸附等。

（3）链式反应分类

根据链传递方式的不同，可将链式反应分为直链反应和支链反应。

直链反应就是在链的传递中，一个游离基参加反应后只产生一个新的游离基。上述 H_2与 Cl_2的反应就是一个典型的直链反应。即活化一个氯分子可出现两个氯的游离基，也就是两个连锁反应的活性中心，每一个氯的游离基都进行自己的连锁反应，而且每次反应只引出一个新的游离基。尽管直链反应的链传递过程中，自由基的数目保持不变，但是链传递的速度是非常快的。据统计，每产生一个氯的自由基往往能循环反应生成 10^4～10^6个 HCl 分子，才能按照 Cl·+Cl·=Cl_2的方式终止，而这一循环一般发生在不到 1 秒的时间内，所以直链反应的速度也是非常快的。

支链反应是指一个游离基参加反应后产生两个或两个以上新的游离基。支链反应中有较多的游离基产生，游离基的数目在反应过程中是随时间增加的，因此反应速率是加速的，所以支链反应常常导致爆炸。H_2 和 O_2 的燃烧反应就是支链反应。

$H_2+O_2=2OH\cdot$　　链引发　　（Ⅰ）

$OH\cdot+H_2=H_2O+H\cdot$　　链传递　　（Ⅱ）

$H\cdot+O_2=OH\cdot+O\cdot$　　链分支　　（Ⅲ）

$O\cdot+H_2=OH\cdot+H\cdot$　　（Ⅳ）

依此类推

H·+壁→销毁　　链终止　　（Ⅴ）

OH·+壁→销毁　　（Ⅵ）

由于反应式Ⅲ和Ⅳ各生成两个活化中心，因此，如图1-1所示，这些反应中连锁会分支。由此可见支链反应易于加速进行，发展成燃烧爆炸。

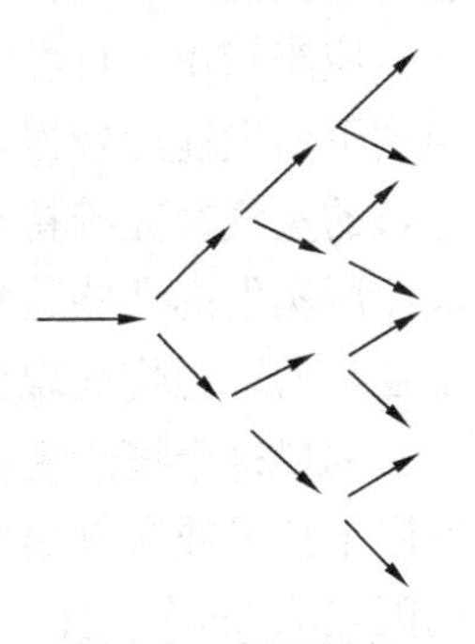

图 1-1　支链反应

（4）链式反应速度

链式反应进行的速度和反应物的浓度有关，也和链的传递和分支数目有关。游离基和非活性分子、惰性杂质、器壁相撞会因能量在气相或器壁上逸散而使活性中心消失，这些因素将降低链式反应速度。

链式反应速度 v 可用式（1-1）表示：

$$v=\frac{F(c)}{f_s+f_c+A(1-\alpha)} \tag{1-1}$$

式中　$F(c)$ ——反应物浓度函数；

f_s——链在器壁上销毁因数；

f_c——链在气相中销毁因数；

A——与反应物浓度有关的函数；

α——链的分支数，在直链反应中 $\alpha=1$，支链反应中 $\alpha>1$。

链式反应进行的条件，如温度、压力、杂质、容器材料以及容器的形状和大小等，都能影响反应速度。在一定的条件下，当 $f_s+f_c+A(1-a)\rightarrow 0$，体系就会发生爆炸。

综上所述，链式反应理论认为在反应体系中可出现某种活性基团，只要这种活性基团不消失，反应就一直进行下去，直到反应完成。反应自动加速是通过反应过程中游离基的逐渐积累来达到反应加速的。系统中游离基数目能否发生积累是连锁反应过程中游离基增长因素与游离基销毁因素相互作用的结果。游离基增长因素占优势，系统就会发生游离基积累。

1.2 燃烧的类型与特征

根据燃烧的起因和剧烈程度的不同，燃烧可分为闪燃、自燃以及着火三种类型。每种类型各有特点，研究防火技术，就必须具体地分析每一类型燃烧发生的特殊原因及其特点，才能有针对性地采取行之有效的防火措施。

1.2.1 闪燃与闪点

闪燃是可燃性液体的特征之一。

1）现象与概念

任何液体的表面都有一定量的蒸气存在，蒸气的浓度取决于该液体的温度。对于同一种液体，温度越高，蒸发出的蒸气亦越多，蒸气的浓度越大。液体表面的蒸气与空气混合会形成可燃性混合气体。当液体升温至一定温度，蒸气达到一定的浓度时，如有火焰或炽热物体靠近此液体的表面，就会发生一闪即灭（延续时间少于5s）的燃烧，这种燃烧现象叫闪燃。在规定的实验条件下，液体发生闪燃的最低温度，叫作闪点。

应当指出，可燃液体之所以会发生一闪即灭的闪燃现象，是因为它在闪点的温度下蒸发速度较慢，所蒸发出来的蒸气仅能维持短时间的燃烧，而来不及提供足够的蒸气补充维持稳定的燃烧。也就是说，在闪点温度时，燃烧的仅仅是可燃液体所蒸发的那些蒸气，而不是液体自身在燃烧，即还没有达到使液体能燃烧的温度，所以燃烧表现为一闪即灭的现象。

闪燃这个概念主要适用于可燃性液体，某些固体如石蜡、萘和樟脑等，能在室温下挥发或缓慢蒸发（升华），因此也会发生闪燃现象，也有闪点。例如，木材的闪点为260℃左右，部分塑料的闪点见表1-1。

2）闪点与火灾危险性的关系

闪点是评定液体火灾危险性的主要根据。常见可燃液体的闪点见表1-2。液体的闪点越低，火灾危险性则越大。如乙醚的闪点为－45℃，煤油为43～72℃，说明乙醚不仅比煤油的火灾危险性大，而且还表明乙醚具有低温火灾危险性。在实际

部分塑料的闪点 表 1-1

材料名称	闪点（℃）	材料名称	闪点（℃）
聚苯乙烯	370	聚氯乙烯	530
聚乙烯	340	苯乙烯、异丁烯酸甲酯共聚物	338
乙烯纤维	290	聚氨基甲酸乙酯泡沫	310
聚酰胺	420	聚酯＋玻璃钢纤维	298
苯乙烯丙烯腈共聚树脂	366	密胺树脂＋玻璃纤维	475

常见可燃液体的闪点 表 1-2

序号	物质名称	分子式	分子量	沸点(℃)	闪点(℃)
1	正戊烷	$CH_3(CH_2)_3CH_3$	72.2	36.1	<−60
2	异戊烷	$(CH_3)_2CHCH_2CH_3$	72.2	27.8	−56
3	正己烷	$CH_3(CH_2)_4CH_3$	86.2	68.7	−25.5
4	正庚烷	$CH_3(CH_2)_5CH_3$	100.2	98.5	−4
5	辛烷	$CH_3(CH_2)_6CH_3$	114.22	125.8	12
6	壬烷	$CH_3(CH_2)_7CH_3$	128.26	150.8	31
7	癸烷；十碳烷	$CH_3(CH_2)_8CH_3$	142.29	174.1	46
8	甲基环戊烷	C_6H_{12}	84.16	71.8	−18
9	甲基环己烷	C_7H_{14}	98.18	100.3	−4
10	苯乙烯	C_8H_8	104.14	146	34.4
11	对甲基苯乙烯	C_9H_{10}	118.17	172.8	60
12	苯	C_6H_6	78.11	80.1	−11
13	甲苯	$C_6H_5-CH_3$	92.14	110.6	4
14	二甲苯	C_8H_{10}	106.17	139	25
15	三甲苯	C_9H_{12}	120.19	176.1	48
16	乙苯	C_8H_{10}	106.16	136.2	15
17	萘	$C_{10}H_8$	128.16	217.9	78.9
18	石脑油；原油				<−18
19	煤焦油；煤膏				<23
20	0 号柴油				56
21	−10 号柴油				48
22	−20 号柴油				36
23	煤油				43～72
24	车用汽油				−42
25	乙醚	$CH_3CH_2OC_2H_5$	74.12		−45
26	丙醚	$CH_3(CH_2)_2O(CH_2)_2CH_3$	102.18		−21
27	石油醚				<−20
28	甲醇；木酒精	CH_4O	32.04		11
29	乙醇	CH_3CH_2OH	46.07		12

续表

序号	物质名称	分子式	分子量	沸点(℃)	闪点(℃)
30	丙醇；正丙醇	C_3H_8O	60.10	97.1	15
31	异丙醇	C_3H_8O	60.10	80.3	12
32	丁醇；正丁醇	$C_4H_{10}O$	74.12	117.5	35
33	1-戊醇；正戊醇	$C_5H_{12}O$	88.15	137.8	33
34	2-戊醇；仲戊醇	$C_5H_{12}O$	88.15	119.3	34
35	1-己醇；正己醇	$C_6H_{14}O$	102.18	157.2	60
36	2-己醇；仲己醇	$C_6H_{14}O$	102.18	140	58
37	乙醛；醋醛	C_2H_4O	44.05	20.8	−39
38	丙酮	CH_3COCH_3	58.08	56.5	−20
39	2-丁酮	$CH_3COC_2H_5$	72.11	79.6	−9
40	2-戊酮；甲基丙基酮	$C_5H_{10}O$	86.13	102.3	7
41	3-戊酮；二乙基甲酮	$C_5H_{10}O$	86.13	101	13
42	2-己酮	$C_6H_{12}O$	100.16	127.2	23
43	甲基戊基甲酮	$C_7H_{14}O$	114.19	150.2	47
44	乙酰丙酮；戊二酮	$C_5H_8O_2$	100.11	140.5	34
45	环己酮	$C_6H_{10}O$	98.14	115.6	43
46	丁醛；正丁醛	C_4H_8O	72.11	75.7	−22
47	甲酸甲酯	$C_2H_4O_2$	60.05	32.0	−32
48	甲酸乙酯	$C_3H_6O_2$	74.08	54.3	−20
49	乙酸甲酯	CH_3COOCH_3	74.08	57.8	−10
50	乙酸乙酯	$CH_3COOC_2H_5$	88.10	77.2	−4
51	乙酸丙酯	$CH_3COOC_3H_7$	102.13	101.6	10
52	乙酸丁酯	$CH_3COOC_4H_9$	116.16	126.1	22
53	乙酸戊酯	$C_7H_{14}O_2$	130.19	149.3	25
54	乙酸正己酯	$C_8H_{16}O_2$	144.21	171.5	43
55	异丁酸乙酯	$C_6H_{12}O_2$	116.16	110.1	<21
56	丙烯酸甲酯	$C_4H_6O_2$	86.09	80.0	−3
57	丙烯酸乙酯	$C_5H_8O_2$	100.11	99.8	9
58	1，2-环氧丙烷	C_3H_6O	58.08	33.9	−37
59	二恶烷	$C_4H_8O_2$	88.11	101.3	12
60	呋喃	C_4H_4O	68.07	31.4	−35
61	丁烯醛(巴豆醛)	C_4H_6O	70.09	104	13
62	丙烯醛	C_3H_4O	56.06	52.5	−26
63	四氢呋喃	C_4H_8O	72.11	65.4	−20
64	乙酸；醋酸	$C_2H_4O_2$	60.05	118.1	39
65	氯代丁二烯	C_4H_5Cl	88.54	59.4	−20

续表

序号	物质名称	分子式	分子量	沸点(℃)	闪点(℃)
66	1，2-二氯乙烷	$ClCH_2-CH_2Cl$	98.97	83.5	13
67	1，2-二氯丙烷	$CH_2Cl-CHClCH_3$	112.99	96.8	15
68	3-氯丙烯	$CH_2=CHCH_2Cl$	76.53	44.6	−32
69	2-氯丙烯	C_3H_5Cl	76.53	22.5	−34
70	二氯乙烯	$C_2H_2Cl_2$	96.94	31.6	−28
71	溴乙烷；乙基溴	$C_2H_5B_r$	108.98	38.4	−23
72	1-氯丙烷；丙基氯	C_3H_7Cl	78.54	47.2	＜−20
73	2-氯丙烷；异丙基氯	C_3H_7Cl	78.54	35.3	−32
74	2-氯丁烷；仲丁基氯	C_4H_9Cl	92.57	68.2	＜0
75	溴戊烷；戊基溴	$C_5H_{11}B_r$	151.05	120	32
76	氯苯；一氯代苯	C_6H_5Cl	112.56	132.2	28
77	苄基氯；氯化苄	C_7H_7Cl	126.58	179.4	67
78	1，2-二氯苯	$C_6H_4Cl_2$	147.00	180.4	65
79	1，3-二氯苯	$C_6H_4Cl_2$	147.00	173.0	63
80	烯丙基氯；3-氯丙烯	C_3H_5Cl	76.53	44.6	−32
81	二氯甲烷	CH_2Cl_2	84.94	39.8	—
82	乙酰氯；氯乙酰	C_2H_3ClO	78.50	51.0	4
83	2-氯乙醇	C_2H_5ClO	80.52	128.8	60
84	乙硫醇；硫氢乙烷	C_2H_6S	62.13	36.2	−45
85	烯丙基硫醇	C_3H_6S	74.15	68.0	21
86	噻吩；硫代呋喃	C_4H_4S	84.13	84.2	−9
87	四氢噻吩	C_4H_8S	88.17	119	12.8
88	二硫化碳	CS_2	76.14	46.5	−30
89	氰化氢	HCN	27.03	25.7	−17.8
90	二甲基吡啶	C_7H_9N	107.15	157～159	47
91	丙烯腈；乙烯基氰	C_3H_3N	53.06	77.3	−5
92	硝酸丙酯	$CH_3CH_2CH_2ONO_2$	105.09	110.5	20
93	乙腈；甲基氰	C_2H_3N	41.05	81.1	2
94	硝基甲烷	CH_3NO_2	61.04	101.2	35
95	二乙胺	$C_4H_{11}N$	73.14	55.5	−23
96	三乙胺；二乙基乙胺	$C_6H_{15}N$	101.19	89.5	＜0
97	丙胺	C_3H_9N	59.11	48.5	−37
98	丁胺	$C_4H_{11}N$	73.14	77	−12
99	环己胺	$C_6H_{13}N$	92.19	134.5	32
100	乙醇胺	C_2H_7NO	61.08	170.5	93
101	2-二乙胺基乙醇	$C_6H_{15}NO$	117.19	163	46−54

续表

序号	物质名称	分子式	分子量	沸点(℃)	闪点(℃)
102	二氨基乙烷；乙二胺	$C_2H_8N_2$	60.10	117.2	43
103	苯胺；氨基苯	C_6H_7N	93.12	184.4	70
104	2，3-二甲苯胺	$C_8H_{11}N$	121.18	221	96
105	N-甲基苯胺	C_7H_9N	107.15	196.2	78
106	吡啶；氮(杂)苯	C_5H_5N	79.10	115.3	17

工作中，要根据不同液体的闪点，采取相应的防火安全措施。因为闪燃往往是持续燃烧的先兆。当可燃液体温度高于闪点时，随时都有被点燃的危险。因此，研究可燃液体火灾危险性时，闪燃现象是必须掌握的一种燃烧类型。

3）闪点的测定方法

测定闪点的方法有开口杯法和闭口杯法两种，均有国家标准对测定方法进行了规定。可燃液体的闪点采用仪器测定，常用的闪点测定仪有开口式和闭口式两种，因此测出的闪点有开口（开杯）闪点和闭口（闭杯）闪点之分。闭杯测定器通常用于测定常温下能闪燃的液体。测定易燃液体的闪点，由于其闪点较低，一般采用闭杯式；对于闪点较高的可燃液体，则采用开杯式闪点测定仪测定。同一种物质的开杯闪点要高于闭杯闪点。值得注意的是不同资料来源查到的闪点数据常有一些出入，这是因为闪点在测定时会受到加热速率、点火源、大气压力、试样纯度等一些因素的影响。

4）闪点的变化规律

尽管生产生活中可燃液体的种类繁多，但是其闪点在本质上是由它们的组成和结构决定的，其高低变化还是有一定的规律可循。

（1）有机同系物的闪点

有机同系物的闪点一般符合下列规律变化，如表1-2所示。

① 同系物液体的闪点随分子量的增加而升高。例如甲醇、乙醇、正丙醇、正丁醇、正戊醇的闪点依次增高，而火灾危险性逐渐降低。

② 同系物液体的闪点随沸点的升高而升高。例如苯、甲苯、乙苯的沸点依次增高，闪点也随之增高，而火灾危险性逐渐降低。

③ 同系物液体的闪点随密度的增大而升高。

④ 同系物液体的闪点随蒸气压的降低而升高。

⑤ 同系物液体中正构体比异构体的闪点高。如甲酸正戊酯的闪点（33℃）高于甲酸异戊酯的闪点（25.5℃）。

（2）可燃液体与不燃液体的混合物的闪点

当可燃液体中混入可互溶的不燃液体时，其闪点随着不燃液体含量的增加而升高，当不燃液体含量达到一定值时，混合液体不再发生闪燃。如表1-3列出乙醇水溶液的闪点随醇含量的减少而升高。从表中所列数值可以看出，当乙醇含量为100%时，9℃即发生闪燃，而含量降至3%时则没有闪燃现象。利用此特点，对水溶性液体的火灾，用大量水扑救，降低可燃液体的浓度可减弱燃烧强度，使火熄灭。

乙醇水溶液的闪点　　表 1-3

溶液中乙醇含量（%）	闪点（℃）	溶液中乙醇含量（%）	闪点（℃）
100	9.0	20	36.75
80	19.0	10	49.0
60	22.75	5	62.0
40	26.75	3	无

（3）两种完全互溶的可燃液体的闪点

这类混合液体的闪点一般低于各组分闪点的算术平均值，并且接近于含量大的组分的闪点。例如纯甲醇闪点为 7℃，纯乙酸戊酯的闪点为 28℃。当 60%的甲醇与 40%的乙酸戊酯混合时，其闪点并不等于 7×60%+28×40%=15.4℃，而是等于 10℃。甲醇和丁醇（闪点 36℃）1∶1 的混合液，其闪点等于 13℃，而不是 1/2×（7+36）=21.5℃。而在煤油中加入 1%的汽油，煤油的闪点要降低 10℃以上。

通过对闪燃特征的研究，可以了解到可燃液体的燃烧不是液体本身而是它的蒸气，也就是说是蒸气在着火爆炸。在生产中，由于人们未能认识到可燃液体的这个特点，常因此而造成火灾爆炸事故。事故案例 A：某厂的变压器油箱因腐蚀产生裂纹而漏油，为了不影响生产和省事，未经置换处理就冒险直接进行补焊。由于该裂纹离液面较远，所以幸免发生事故。于是有不少企业派人到该厂参观学习，为给大家演示，找来一个报废的油箱，将油灌入，使液面略低于裂纹，来访者四周围观。由于此次裂纹距液面甚浅，刚开始补焊，高温便引燃液面上的蒸气，发生爆炸，飞溅出的无数油滴都带着火苗，造成多人受伤事故。事故案例 B：某市加油站在管道维修改造过程中发生闪燃事故，幸运的是没有造成人员伤亡和财产损失。该加油站停业对管道进行维修改造，施工单位两名员工在维修改造出油管道时，认为改造的管道存油已放净，油罐也进行了 HAN（HAN 阻隔防爆技术是一项可以有效防止易燃易爆气态和液态危险化学品在储运中因意外事故引发爆炸的专有技术）防爆处理，危险性相对较小，就未按照安全规定作业，没有对截断的原管道进行封堵。两员工在警戒区外预制了一节无缝钢管，为了赶时间，没有等预制件降温就拿到罐区与原出油管道进行位置比对和校准，引燃了原管道剩余油蒸汽，发生闪燃事故。

1.2.2 自燃与自燃点

1）现象与概念

可燃物质受热升温而不需明火作用就能自行燃烧的现象称为自燃。通常是由于物质的缓慢氧化作用放出热量，或靠近热源等原因使物质的温度升高；同时，由于散热受到阻碍，造成热量积蓄，当达到一定温度时而引起的燃烧，这是物质自发的着火燃烧。由于自燃是物质在没有明火作用下的自行燃烧，所以引起火灾的危险性很大。

引起物质发生自燃的最低温度称为自燃点。例如，黄磷的自燃点为 30℃，煤的自燃点为 320℃。自燃点越低，火灾危险性越大。某些气体及液体的自燃点见表 1-4。

某些气体及液体的自燃点　　　　**表 1-4**

化合物	分子式	自燃点（℃）		化合物	分子式	自燃点（℃）	
		空气中	氧气中			空气中	氧气中
氢	H_2	572	560	丙烯	C_3H_6	458	无
一氧化碳	CO	609	588	丁烯	C_4H_8	443	无
氨	NH_3	651	无	戊烯	C_5H_{10}	273	无
二硫化碳	CS_2	120	107	乙炔	C_2H_2	305	296
硫化氢	H_2S	292	220	苯	C_6H_6	580	566
氢氰酸	HCN	538	无	环丙烷	C_3H_6	498	454
甲烷	CH_4	632	556	环己烷	C_6H_{12}	无	296
乙烷	C_2H_6	472	无	甲醇	CH_4O	470	461
丙烷	C_8H_8	493	468	乙醇	C_2H_6O	392	无
丁烷	C_4H_{10}	408	283	乙醛	C_2H_4O	275	150
戊烷	C_5H_{12}	290	258	乙醚	$C_4H_{10}O$	193	182
己烷	C_6H_{14}	248	无	丙酮	C_3H_6O	561	485
庚烷	C_7H_{16}	230	214	醋酸	$C_2H_4O_2$	550	490
辛烷	C_8H_{18}	218	208	二甲醚	C_2H_6O	350	352
壬烷	C_9H_{20}	285	无	二乙醇胺	$C_4H_{11}NO_2$	662	无
癸烷（正）	$C_{10}H_{22}$	250	无	甘油	$C_3H_5O_3$	无	320
乙烯	C_2H_4	490	485	石脑油	无	277	无

2）物质自燃过程

可燃物质与空气接触，并在热源作用下温度升高，为什么会自行燃烧呢？可燃物质在空气中被加热时，先是开始缓慢氧化并放出热量，该热量将提高可燃物质的温度，促使氧化反应速度加快。但与此同时也存在着向周围的散热损失，亦即同时存在着产热和散热两种情况。当可燃物质氧化产生的热量小于散失的热量时，比如物质受热而达到的温度不高，氧化反应速度小，产生的热量不多，而且周围的散热条件又较好的情况下，可燃物质的温度不能自行上升达到自燃点，可燃物便不能自行燃烧；如果可燃物被加热至较高温度，反应速度较快，或由于散热条件不良，氧化产生的热量不断聚积，温度升高而加快氧化速度，在此情况下，当热的产生量超过散失量时，反应速度的不断加快使温度不断升高，直至达到可燃物的自燃点而发生自燃现象。

可燃物质受热升温发生自燃及其燃烧过程的温度变化情况见图 1-2。图中的曲线表明，可燃物在开始加热时，即温度为 T_N 的一段时间里，由于许多热量消耗于熔化、蒸发或发生分解，因此可燃物的缓慢氧化析出的热量很少并很快散失，可燃物质的温度只是略高于周围的介质。当温度上升达到 T_O 时，可燃物质氧化反应速度较快，但由于此时的温度不高，氧化反应析出的热量尚不足以超过向周围的散热量。如不继续加热，温度不再升高，可燃物的氧化过程是不会转为燃烧的；若继续加热升高温度时，由于氧化反应速度加快，除热源作用外，反应析出热量亦较多，可燃物的温度即迅速升高而达到自燃点 T_C，此时氧化反应产生的热量与散失的热量相等。当温度再稍为升高超过这种平衡状态时，即使停止加热，温度亦能自行快速升高，但此时火焰暂时还未出现，一直达到较高的温度 T'_C时，才出现火焰并燃烧起来。

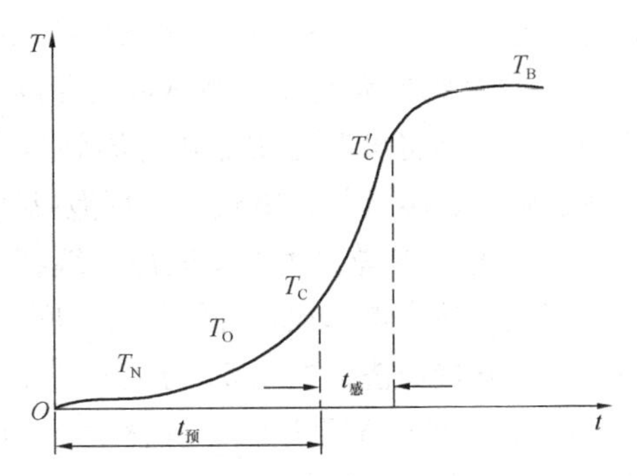

图 1-2 物质自燃过程的温度变化

T—温度；T_N—初始温度；T_O—氧化温度；T_C—理论自燃温度；T'_C—实际自燃温度；T_B—燃烧最高温度；t—时间；$t_{感}$—感应期；$t_{预}$—预备期

图中 T_C为理论上的自燃点，T'_C为开始出现火焰的温度，即通常测得的自燃点。初始温度 T_N到理论自燃温度 T_C的这段时间 $t_{预}$ 称为预备期，这段时期只要移去升温热源即可中止燃烧过程，但预备期温度较低，燃烧现象不明显，因而不易被察觉。T_C到 T'_C这段延滞时间 $t_{感}$称为着火感应期，也称为诱导期，是指当混气系统已达到着火条件的情况下，由初始状态达到温度开始骤升的瞬间所需的时间。诱导期内温度急剧升高，大量烟气产生，易被察觉，可利用带动防火灭火装置，制止火灾发生。感应期（诱导期）的存在，可在测定可燃物质自燃点时观察得到。将测定的容器加热到某一物质的自燃点，但导入该物质后并不立即自行着火，而要经过若干时间才出现火焰，原因在于要使反应的活性中心发展到一定数目，需要一定的时间。

感应期在安全问题上具有实际意义。例如在选择防爆型电气设备时应考虑到可燃气体或可燃蒸气诱导期的长短。实例 A：工厂车间使用的防爆照明，可以在灯罩破裂或密封性丧失时自动断裂切断电路而熄灭，因而避免了灼热的灯丝与有爆炸危险的气体混合物接触而发生爆炸事故的危险。尽管如此，灼热的灯丝温度要从 3000℃左右冷却到室温，无论如何也需要一段时期，这期间仍然存在着发生爆炸事故的可能性。这种可能性就取决于混合物的诱导期长短。对于诱导期较长的混合物（如 CH_4 为 8～9s），普通灯丝不致有危险，而对于诱导期较短的 H_2（仅 0.01s）就存在危险，必须寻找快速冷却的特殊材料做灯丝。因此在选择防爆灯具时，一定要考虑使用场所混合物的诱导期，只有这样才能保证安全。实例 B：在煤矿中虽然有甲烷存在，但仍可用无烟火药进行爆破，即是因为甲烷的诱导期为 8～9s，而无烟火药的发火时间仅有 2～3s，因此在甲烷存在时用无烟火药爆破仍可保证安全。再如某些测爆仪器也是利用可燃气体或蒸气存在诱导期而设计出来的。

3）自燃的分类

根据促使可燃物质升温的热量来源不同，自燃可分为受热自燃和自热自燃两种。

（1）受热自燃

可燃物质由于外界加热，温度升高至自燃点而发生自行燃烧的现象称为受热自燃。例如，火焰隔锅加热引起锅里油的自燃。

受热自燃是引起火灾事故的重要原因之一，在火灾案例中，有不少是因受热自燃引起的。生产过程中发生受热自燃的原因主要有以下几种。

① 可燃物质靠近或接触热量大和温度高的物体时，通过热传导、对流和辐射作用，有可能将可燃物质加热升温到自燃点而引起自燃。例如，可燃物质靠近或接触加热炉、暖气片、电热器、灯泡或烟囱等灼热物体。事故案例：1987 年 11 月 16 日，某市服装总厂生产车间由于缝纫机工作灯埋入正在加工的劳保棉袄半成品中，棉花受热自燃起火，烧毁厂房 7 间，各种缝纫机 44 台，衬衣 5900 余件及其他设备等，直接经济损失 4.54 万元。日常生活中也常常会接触到这类自燃事故。例如 60W 以上的灯泡靠近纸等可燃物，长时间烘烤易起火。在家用电暖气的上面都有“禁止覆盖物品”等警醒语，因为电暖器表面温度较高，一旦覆盖物品，热量不能及时散发，会造成机器烧毁或引燃其他物品。

② 在熬炼（如熬油、熬沥青等）或热处理过程中，温度过高达到可燃物质的自燃点而引起着火。事故案例：2003 年 4 月 5 日零时 50 分，山东省即墨市龙泉镇青岛正大有限公司熟食加工车间发生火灾，大火是由于研发室工作人员擅离岗位，所操作的电锅油温过高起火，造成 21 名年轻女工身亡。

③ 由于机器的轴承或加工可燃物质的机器设备相对运动部件缺乏润滑、冷却或缠绕纤维物质，增大摩擦力，产生大量热量，造成局部过热，引起可燃物质受热自燃。在纺织工业、棉花加工厂由此原因引起的火灾较多。

④ 放热的化学反应会释放出大量的热量，有可能引起周围的可燃物质受热自燃。例如，在建筑工地上由于生石灰遇水放热，点燃与之接触的木板、草袋等可燃物，引发着火事故。生石灰与水发生的放热反应为 $CaO+H_2O=Ca(OH)_2+64.9kJ$，反应放热能使氢氧化钙的温度升高到 792.3℃（56kg 氧化钙与 18kg 水反应），这一温度超过了木材等可燃物的自燃点，因此能引起燃烧造成火灾。事故案例：某单位购置了一汽车生石灰，堆放在一栋木板房旁边，生石灰上面又放了草袋和木料等可燃物。有一天下了一场雨，雨过天晴不久，草袋和木料突然起火，并将木板房烧毁。着火的原因就是生石灰遇水（或受潮）会立即分解，放出大量的热，温度可达到 700℃左右，而草袋和木板的燃点都很低（草袋约 200℃，木板约 300℃），因而被引着起火。

⑤ 气体在很高压力下急剧快速压缩时，释放出的热量来不及导出，气体温度会骤然增高，当温度超过可燃物自燃点时，能使可燃物质发生受热自燃。可燃气体与空气的混合气体受绝热压缩时，高温会引起混合气体的自燃和爆炸。气体绝热压缩时的温度升高值可通过理论计算和实验求得。据计算，体积为 10L，压力为 1atm，温度为 20℃的空气，经绝热压缩使体积压缩成 1L，这时的压力可达 21.1atm，温度会升高到 463℃。如果压缩的程度再大（压缩后的体积再小一些），则温度上升会更高。在生产加工和储运过程中应注意这类火灾危险。设想在一条高压气体管路上安设两个阀门，阀门预先是关闭的，两阀门之间的管路较短，管内存留有低压空气。当快速开启靠近高压气源一端的阀门时，两阀门间的空气会受到高压气体的压缩，由于时间很短，这一压缩过程可近似地看成绝热的。如果高压气体的压力足够高，则会使两阀门之间管路内的空气急剧升高温度，达到很高的温度。如果阀门或管路连接法兰中的密封件是可燃的或易熔、易分解的，这

时则会发生泄漏，导致火灾爆炸事故。另外，如果阀门之间的管路中的气体或高压气体是可燃的，或者高压气体是氧气，则会因这种绝热压缩作用，有可能引起混合气体爆炸或引起铁管在高压氧气流中的燃烧等事故。因此，在开启高压气体管路上的阀门时，应缓慢开启，以避免这种自燃现象。

在化学纤维工业生产中也有这种绝热压缩点火的实例。例如大量粘胶纤维胶液注入反应容器时，由于粘胶纤维胶液中包含有空气气泡，胶液由高处向下投料便使空气气泡受到绝热压缩而升高温度，因而使容器底部残留的二硫化碳蒸气（原料之一）发生爆炸或燃烧。在生产和使用液态爆炸性物质（如硝化甘油、硝化乙二醇、硝酸甲酯、硝酸乙酯、硝基甲烷等）和熔融态炸药（如梯恩梯、苦味酸、特屈儿等）以及某些氧化剂与可燃物的混合物（如过氧化氢与甲醇的混合物）时，物料中若混有气泡，便会因撞击或高处坠落而发生这种绝热压缩点火现象。

此外，高温的可燃物质（温度已超过自燃点）一旦与空气接触也能引起着火。

（2）自热自燃

可燃物质在没有外来热源影响时，由于本身的化学反应（分解、化合等）、物理（辐射、吸附等）或生物作用（细菌腐烂、发酵等）所产生的热量，使温度升高至自燃点而发生自行燃烧的现象，称为自热自燃。自热自燃与受热自燃的区别在于热的来源不同：受热自燃的热来自外部加热；而自热自燃的热是来自可燃物质本身化学、物理或生物的热效应。

由于可燃物质的自热自燃不需要外部热源，所以在常温下甚至在低温下也能发生自燃。因此，能够发生自热自燃的可燃物质潜在的火灾危险性更大一些，需要特别的注意。

在工业企业中常见的自燃现象有：油脂、油布、油纸、油棉纱的自燃，煤的自燃，植物及农副产品的自燃等。

① 油脂在空气（或氧气）中的自燃，其热源来自化学反应。油脂是由于本身的氧化和聚合作用而产生热量的，在散热不良造成热量积聚的情况下，使得温度升高达到自燃点而发生燃烧。因此，油脂中含有能够在常温或低温下氧化的物质越多，其自燃能力就越大；反之，自燃能力就越小。油类可分为动物油、植物油和矿物油三种。植物油的分子中含有不饱和键，自燃性较强；动物油只有在较高温度呈液态时才可能自燃，而矿物油如果不是废油或者没有掺入植物油一般是不会自燃的。有些浸渍矿物质润滑油的纱布或油棉丝堆积起来亦能自燃，这是因为在矿物油中混杂有植物油的缘故。

油脂需要具备下列条件才会自燃：

条件1：油脂中含有大量能在低温下氧化的物质。如油酸、亚油酸、次亚油酸等不饱和脂肪酸的含量越高，油脂的自燃性就越强。不饱和物质的含量通常以碘值表示。碘值是100g油脂中能吸收的碘的克数。碘值越高，不饱和物质含量越高，油脂的自燃性越强。碘值小于80的油脂如猪油、羊油、牛油等动物油脂，通常不会自燃。油脂的不饱和脂肪酸分子中的碳原子存在一个或几个双键。例如，桐油酸($C_{17}H_{29}COOH$)：$CH_3(CH_2)_3CH=CH-CH=CH-CH=CH(CH_2)_7-COOH$分子结构中有三个双键。

由于双键的存在，不饱和脂肪酸具有较多的自由能，于室温下便能在空气中氧化，同时放出热量：

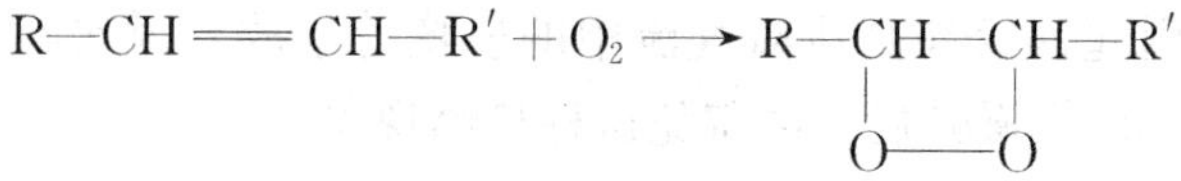

$$\mathrm{R{-}CH{=\!=}CH{-}R' + O_2 \longrightarrow \begin{array}{c}\mathrm{R{-}CH{-}CH{-}R'}\\ \quad\;|\quad\;\;|\\ \quad\mathrm{O{-}\!{-}O}\end{array}}$$

生成的过氧化物易释放出活性氧原子，使油脂中常温下难于氧化的饱和酸发生氧化：

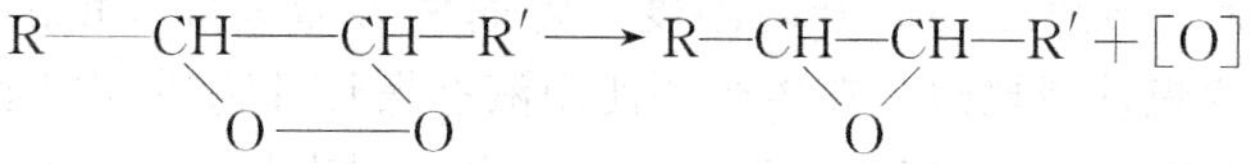

$$\begin{array}{c}\mathrm{R{-}\!{-}CH{-}\!{-}CH{-}R'}\\ \quad\diagdown\quad\;\;\diagdown\\ \quad\mathrm{O{-}\!{-}\!{-}O}\end{array} \longrightarrow \begin{array}{c}\mathrm{R{-}CH{-}CH{-}R'}\\ \diagdown\;\diagup\\ \mathrm{O}\end{array} + [\mathrm{O}]$$

在不饱和脂肪酸发生氧化的同时，它们又按下式进行聚合反应：

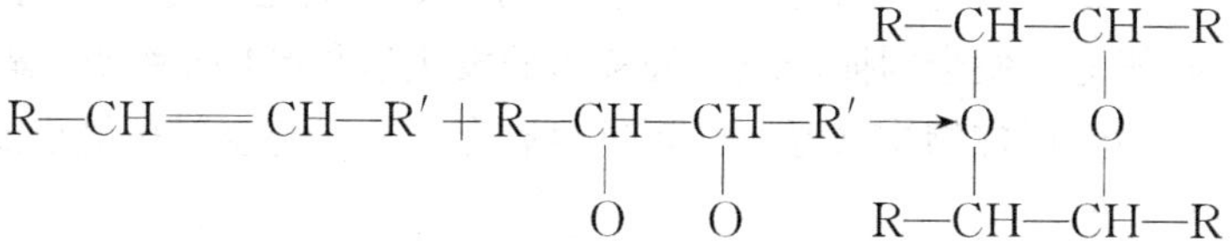

$$\mathrm{R{-}CH{=\!=}CH{-}R'} + \begin{array}{c}\mathrm{R{-}CH{-}CH{-}R'}\\ \quad|\qquad|\\ \quad\mathrm{O}\qquad\mathrm{O}\end{array} \longrightarrow \begin{array}{c}\mathrm{R{-}CH{-}CH{-}R}\\ |\qquad\;|\\ \mathrm{O}\qquad\mathrm{O}\\ |\qquad\;|\\ \mathrm{R{-}CH{-}CH{-}R}\end{array}$$

不饱和脂肪酸的聚合过程也能在常温下进行，同时析出热量。

综上所述，由于双键具有较高的键能，即不饱和脂肪酸具有较多的自由能，于室温下便能在空气中氧化，并析出热量；而且在不饱和脂肪酸发生氧化的同时，还进行聚合反应，聚合反应过程也能在常温下进行，并析出热量。这种过程如果循环持续地进行下去，在避风散热不良的条件下，由于积热升温，就能使浸渍不饱和油脂的物品自燃。

条件2：油和浸油物质要有一定的比例，一般为1∶2和1∶3才会发生自燃。若浸油量过多，油会阻塞浸油物材料的大部分小孔，减少氧化的表面和产生的热量，使温度达不到自燃点；若浸油量过少，氧化放热低于向外散热，温度也达不到自燃点。

条件3：有良好的蓄热条件。油脂在空气中的自燃，需要在氧化表面积大而散热面积小的情况下才能发生，亦即在蓄热条件好的情况下才能自燃。如果把油浸渍到棉纱、棉布、棉絮、锯屑、铁屑等物质上，就会大大增加油的表面积，氧化时放出的热量也就相应地增加。如果把上述浸渍油脂的物质散开摊成薄薄一层，虽然氧化产生的热量多，但散热面积大，热量损失也多，还是不会发生自燃；如果把上述浸油物质堆积在一起，虽然氧化的表面积不变，但散热的表面积却大大减小，使得氧化时产生的热量超过散失的热量，造成热量积聚和升温，促使氧化反应过程加速，就会发生自燃。如桶装的桐油（脂肪酸甘油三酯混合物，常用作油漆、油墨、防水防锈防腐涂料）因氧化表面积小而散热面积较大，不会发生自燃，而用桐油制成的油纸、油布、油绸等物质之后，桐油和空气中氧接触的表面积大大增加，在空气中缓慢氧化析出的热量增多，加上堆放、卷紧在一起的油纸、油布、油绸等散热不良，造成积热不散，温度升高到自燃点就会引起自燃。因此油纸、油布等浸油物品应以透笼木箱包装，限高、限量分堆存放，不得超量积压堆放。

根据有关实验，把破布和旧棉絮用一定数量的植物油浸透，将油布、油棉裹成一团，再用破布包好，把温度计插入其中，使室内保持一定温度，经过一定时间就逐渐呈现出以下自燃特征：开始无烟无味，当温度升高时，有青烟、微味，而后逐渐变浓；火由内向外延烧；燃烧后形成硬质焦化瘤。

有关实验条件和所得的数据如表1-5所示。

棉织纤维自燃的实验条件和数据 **表1-5**

序号	纤维（kg）	油脂（kg）	纤维与油脂比例	环境温度（℃）	发生自燃时间（h）	自燃点（℃）
1	破布2.5 旧布0.5	亚麻油1	3∶1	30	39	270
2	旧布2.5 旧棉0.5	葵花子油1	3∶1	25～30	52	210
3	破布3.5 旧棉0.5	桐油1	4∶1	26～33	22.5	264
4	破布5 旧棉1	豆油0.3 油漆1.5 清油0.5 亚麻仁油0.7	6∶3	30	14	264
5	破布5 旧棉1	豆油0.3 油漆1.5 清油0.5 亚麻仁油0.7	6∶3	7～33	36	322

此外，空气中含氧量对自热自燃有重要影响，含氧量越多，越易发生自燃。有关实验表明，将油脂在瓷盘上涂上薄薄一层，于空气中放置时不会自燃；如果用氧气瓶的压缩纯氧喷吹与之接触，先是瓷盘发热，逐渐变为烫手，继而冒烟，然后出现火苗。这是油脂氧化发热引起自热自燃所致。因此安全规程中规定凡是盛装氧气的容器、设备、气瓶和管道等，均不得沾附油脂。

② 煤的自燃，其热量来自物理作用和化学反应，是由于它本身的吸附作用和氧化反应并积聚热量而引起。一般来说，煤中含挥发物、不饱和化合物的量较多，以及含有硫化物，越容易自燃。煤可分为泥煤、褐煤、烟煤和无烟煤四类，其自燃能力为褐煤＞烟煤＞泥煤＞无烟煤。无烟煤和焦炭没有自燃能力，是因为它们所含的挥发物量太少。

煤发生自燃的原因主要有：

原因1：煤在低温时氧化速度不大，主要是表面吸附作用。煤是一种复杂的固体碳氢化合物，除了水分和矿物质等惰性杂质外，煤由碳、氢、氧、氮和硫这些元素的有机聚合物组成，其中碳是主要成分，其次是氢。空气中的氧被煤表面的碳、氢原子所吸附，生成CO_2、CO和H_2O，同时放出热量；由于分子不停地无规则热运动，生成的CO_2、CO和H_2O分子脱附而离开煤的表面，新的氧又扩散到煤的表面，被吸附、氧化，放出热量……如果散热条件不良，经过长时间的积聚热量，温度升高，煤就可能发生自燃。

原因2：黄铁矿的氧化作用。煤里一般含有铁的硫化物（黄铁矿FeS_2），FeS_2硫化铁在低温下能发生氧化反应

$$FeS_2+O_2 \rightarrow FeS+SO_2+222kJ$$

煤中水分多，可促使硫化铁加速氧化

$$FeS_2+7O_2+2H_2O \rightarrow FeSO_4+2H_2SO_4+2525kJ$$

生成体积较大的硫酸盐，使煤块松散碎裂，暴露出更多的表面，加速煤的氧化，同时硫化铁氧化时还放出热量，从而促进了煤的自燃过程。由此可知，有一定湿度的煤，其自燃能力要大于干燥的煤，这就是雨季里煤炭较易发生自燃的缘故。

原因3：煤中的泥煤含有大量微生物，微生物的繁殖会产生热量。

原因4：煤堆过高过大，时间过久，通风不好，缓慢氧化放出的热量散发不出去，煤堆就会发生热量积累，使煤堆温度升高，直到发生自燃。

防止煤自燃的主要措施是限制煤堆的高度，将煤堆压实，控制煤堆中心温度。如果发现煤堆由于最初的吸附作用和缓慢氧化，温度较高（超过60℃）时，应及时挖出热煤，用新煤填平；如发现已有局部着火，应将着火的煤挖出，用水冷却，不要立即用水扑救；若发现大面积着火，可用大量水浇灭。

③ 植物的自燃，原因是在一定的湿度条件下，微生物繁殖产生的热量，会使温度升高（可达70℃左右），这种热量称发酵热。发热会进一步促进植物中纤维素发生缓慢氧化，达到自燃。据统计，一般每隔5～25年森林会自燃一次。能自燃的农副产品有：稻草、麦芽、木屑、甘蔗渣、籽棉、玉米芯、树叶等。因此在《铁路危险货物运输管理规则》中，将上述这些能自燃的物质单列在除9大类危险货物外的“易燃普通货物品名表”中。

植物的自燃要经过生物、物理和化学三个阶段。

第1阶段：生物阶段，在此阶段由于水分和微生物的作用，使植物腐败发酵而放热。若散热不力，温度上升到70℃，此时微生物死亡，生物阶段结束。

第2阶段：物理阶段，温度达到70℃时，植物内所含的不稳定化合物开始分解成黄色多孔炭，多孔炭吸附蒸汽和气体同时放热，使温度上升到100℃，此时又引起另一些化合物分解炭化，使温度继续上升。

第3阶段：化学阶段，当温度达到150℃～200℃时，植物中的纤维素开始分解，迅速氧化而析出更多的热量，使温度上升到200℃～300℃。由于反应速度加快，在积热不散的条件下，就会达到自燃点而自行着火。

因此，防止植物和农副产品自燃的基本措施是使它们处于干燥状态，堆垛不宜过高过宽，注意通风，加强检测控制温度，防雨防潮等。若发现堆中温度过高，应采取措施及时晾晒降温。

综上所述，自热自燃和受热自燃都是在不接触明火的情况下“自动”发生的燃烧。它们的区别在于热的来源不同。引起自热自燃的热来源于物质本身的热效应，而引起受热自燃的热来自于外部的热源，因此它们的起火特点也不同。一般说来自热自燃大都从内向外延烧，而受热自燃往往从外向内延烧。

1.2.3　点燃与燃点

1）现象与概念

点燃也叫强制着火，是指可燃物的局部在点火源作用下起火，移去火源后仍能保持继续燃烧的现象。可燃物质被点燃后，先是局部地区被强烈加热，首先达到引燃温度，产生火焰，该局部燃烧产生的热量足以把邻近部分加热到引燃温度，火焰就会蔓延开来。在大部分火灾中，可燃物是通过点燃形式而着火的。

可燃物质发生着火的最低温度称为燃点或着火点。例如，木材的燃点为295℃，纸张的燃点为130℃。所有固态、液态和气态可燃物质，都有其燃点。燃点是衡量可燃物质火灾危险性的一个指标，反映了可燃物质被强制着火的难易程度，燃点越低，表示可燃物质越容易起火，火灾危险性越大。常见可燃物质的燃点见表1-6。

几种可燃物质的燃点 **表1-6**

物质名称	燃点（℃）	物质名称	燃点（℃）
松节油	53	蜡烛	190
樟脑	70	布匹	200
灯油	86	麦草	200
赛璐珞	100	硫黄	207
纸张	130	豆油	220
棉花	150	无烟煤	280～500
漆布	165	涤纶纤维	390
黄磷	30	松木	250
醋酸纤维	320	胶布	325
橡胶	120	烟叶	222

2）燃点与闪点的区别

可燃液体的燃点与闪点的区别是：在闪点时移去火源后闪燃即熄灭；而在燃点时液体则能继续燃烧。液体的燃点可采用测定闪点的开口杯法进行测定。在测定得到液体试样的闪点后，为取得试样的燃点，应继续进行加热，并定时断续点火。当试样的蒸气接触点火器火焰时立即着火，并能持续燃烧不少于5s，此时的温度即为试样的燃点。

可燃液体的燃点都高于闪点，而且闪点越低的可燃液体，其燃点与闪点的差值越小。例如，汽油、丙酮等闪点低于0℃的液体，其燃点与闪点仅相差1℃。实际上，在敞开容器中的易燃液体很难将闪点与燃点区别开来，因此在评定这类液体的火灾危险性时，燃点就没有太多的实际意义。而闪点在100℃以上的可燃液体，其燃点和闪点的差值则达30℃以上。因此，燃点对评价可燃固体和闪点较高的可燃液体（闪点在100℃以上）的火灾危险性具有实际意义，控制这类可燃物质的温度在燃点以下是预防发生火灾的有效措施之一。

在火场上，如果有两种燃点不同的物质处在相同的条件下，受到火源作用时，燃点低的物质首先着火，所以，存放燃点低的物质的地方通常是火势蔓延的主要方向。用冷却法灭火，其原理就是将燃烧物质的温度降低到燃点以下，使燃烧停止。

3）点燃与自燃的区别

自燃时可燃物由于受到外界热源间接加热或自身放热，受热比较均匀，发生燃烧时可燃物整体温度较高，燃烧几乎是在整个可燃物或相当大的范围内同时发生的。而在点燃时，一般来说可燃物整体的温度并不高，只有在与明火直接接触的局部地区温度很快升得很高而引起燃烧，开始时燃烧只在热边界发生，然后依据火焰传播特性向可燃物的其他部分传播。

1.2.4 物质的燃烧历程

可燃物质在燃烧时，由于存在的状态不同，会发生不同的变化。图1-3是物质燃烧历程示意图。

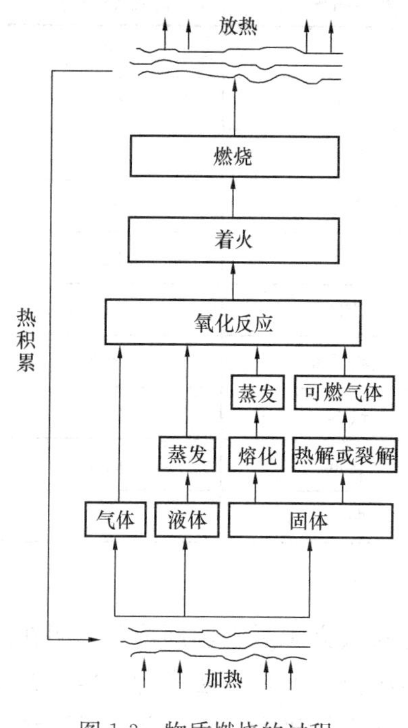

图1-3 物质燃烧的过程

1）气体的燃烧

气体燃烧的情况比较简单。由于气体在燃烧时所需要的热量仅仅由于氧化或分解气体以及将气体加热到燃点，因此，一般说来，气体比较容易燃烧，而且燃烧速度比较快。

2）液体的燃烧

可燃液体的燃烧并不是液相与空气直接反应而燃烧，它一般是先受热蒸发为蒸气，然后蒸气氧化分解，开始燃烧。只有液体产生的蒸气进行的燃烧叫作蒸发燃烧，而由液体热分解产生可燃性气体再燃烧的叫作分解燃烧。

3）固体的燃烧

可燃固体的燃烧过程比较复杂。如果是简单的可燃固体如硫、磷、石蜡的燃烧，先受热熔融，再气化为蒸气，而后与空气混合发生燃烧。而复杂的可燃固体如木材、沥青、煤的燃烧，则是先受热分解，生产气态和液态产物，然后气态产物和液态产物的蒸气再氧化燃烧，并留下若干固体残渣。此外某些固体在蒸发、分解过程中会留下一些不分解不挥发的固体，如木材燃烧到只剩下炭（类似如焦炭的燃烧）时，燃烧时则呈炽热状态，而不呈现出火焰。

下面以木材为例，进一步来说明固体比较复杂的燃烧历程。木材是以多种元素（主要是碳、氢、氧，还有少量的氮和其他元素）组成的化合物，木材的主要成分是纤维素50%，半纤维素约25%，木质素约25%，少量含量不定的树脂、盐分、水分等。木材在点火源作用下，温度低于110℃时，只放出自由水分（干燥过程）；130℃开始微弱分解，150℃开始显著分解，分解产物主要是水和二氧化碳，此时还不能燃烧；温度升高到200℃以上开始分解出一氧化碳、氢和碳氢化合物，此时开始燃烧；木材加热到270～380℃时，发生剧烈的分解，析出的产物最多，燃烧也最激烈，热分解的剩余物为30%～38%的碳，碳不再分解，发生无火焰燃烧。

由此可见，绝大多数液态和固态可燃物质是在受热后气化或分解成为气态，它们的燃烧是在气态下进行的，并产生火焰。有的可燃固体（如焦炭等）不能挥发出气态的物质，燃烧可在固体表面进行。

综上所述，根据可燃物质燃烧时的状态不同，燃烧有气相燃烧和固相燃烧两种情况。气相燃烧是指在进行燃烧反应过程中，可燃物和助燃物均为气体，这种燃烧的特点是有火焰产生。固相燃烧是指在燃烧反应过程中，可燃物质为固态，这种燃烧也称表面燃烧。其特征是燃烧时没有火焰产生，只呈现光和热，例如上述焦炭的燃烧。金属燃烧也属于表面燃烧，无气化过程，燃烧温度较高。

有的可燃物质（如天然纤维物）受热时不熔融，而是首先分解出可燃气体进行气相燃烧，最后剩下的炭不能再分解了，则发生固相燃烧。所以这类可燃物质在燃烧反应过程中，同时存在着气相燃烧和固相燃烧。

1.2.5 典型燃烧产物及其毒性

发生火灾时，人们会看到熊熊烈火吞噬着大量财产，同时无情地烧伤烧死未来得及逃生的在场人员。然而，在火场上威胁人们生命安全的不仅是火焰，还有燃烧产物等组成的烟气。烟气是多种物质的混合物，主要包括：①燃烧产生的气相产物，如水蒸气、二氧化碳、一氧化碳、多种低分子碳氢化合物及少量的硫化物、氯化物、氰化物等；②在流动过程中卷吸进入的空气；③多种微小的固体颗粒和液滴。大量火灾统计资料表明，火灾中的烟气已成为第一凶手。据消防部门不完全统计，火灾中因烟气致死的人数约占火灾死亡总数的80%甚至于95%以上，尤其是在人群密集场所，易造成群死群伤的恶性事故。例如1993年2月14日在唐山林西百货大楼火灾中，80名死亡人员中除1名是由于高空坠落死亡之外，其余全部死于有毒烟气。又如1994年12月8日在新疆克拉玛依友谊宾馆火灾中，325名死亡人员中95%以上死于烟气中毒。

1）燃烧产物的组成

燃烧产物包括不能再燃烧的生成物即完全燃烧产物，如二氧化碳、二氧化硫、水蒸气、五氧化二磷、二氧化氮等；以及不完全燃烧生成的还能继续燃烧的产物，如一氧化碳、未燃尽的碳和醇类、酮类、醛类等。例如木材完全燃烧时生成二氧化碳、水蒸气和灰分，而在不完全燃烧时，除上列生成物外，还有一氧化碳、甲醇、丙酮、乙醛以及其他干馏产物，这些生成物除了仍具有燃烧性外，有的与空气混合还有爆炸的危险性，如一氧化碳与空气混合能形成爆炸性混合物。

燃烧产物的组成比较复杂，与可燃物质的成分和燃烧条件有关。例如，塑料、橡胶、纤维等各种高分子合成材料，在燃烧时，除生成二氧化碳、一氧化碳和水蒸气外，还有可能生成氯化氢、氨、氰化氢、硫化氢和一氧化氮等有毒或有刺激性的气体。

燃烧产物中还有眼睛看得见的烟雾。烟雾是由悬浮于空气中的未燃尽的炭粒、灰分以及微小液滴（水滴、酮类和醛类液滴）等组成的气溶胶。

2）典型燃烧产物及其毒害性

现代生产和生活中不断涌现出大量的高分子合成材料，其品种纷繁复杂，一且燃烧更易产生复杂的有毒燃烧产物，但其主要成分基本上如表1-7所示。

火灾有毒有害气体产物　　　　**表1-7**

名称	长时间允许浓度（ppm）	短时间允许浓度（ppm）	来源
二氧化碳	5000	100000	含碳材料
一氧化碳	100	4000	含碳材料
氧化氮	5	120	赛璐珞
氢氰酸	10	300	羊毛、丝、皮革、含氮塑料、纤维质塑料
丙烯醛	0.5	20	木材、纸张
二硫化碳	5	500	聚硫橡胶
氯化氢	5	1500	聚氯乙烯
氟化氢	3	100	含氟材料
氨	100	4000	三聚氰胺、尼龙、尿素
苯	25	12000	聚苯乙烯
溴	0.1	50	阻燃剂
三氯化磷	0.5	70	阻燃剂
氯	1	50	阻燃剂
硫化氢	20	600	阻燃剂
光气	1	25	阻燃剂

下面介绍其中较典型的燃烧产物。

（1）二氧化碳（CO_2）

二氧化碳是完全燃烧产物，它是无色无嗅气体，比重1.52，正常情况下空气中的二氧化碳含量是0.06%，而在火灾时，二氧化碳的浓度增至13%以上。当其在空气中的浓度达到3%～4%时对人体健康有害；浓度达到7%～10%时，可使人昏迷不醒，以致窒息死亡。二氧化碳对人体的危害见表1-8。

二氧化碳对人体的影响　　　　**表1-8**

CO_2的含量（%）	对人体的影响
0.55	6小时内不会有任何症状
1～2	引起不快感
3	呼吸中枢受到刺激，呼吸增加，脉搏、血压升高
4	有头痛、目花、耳鸣、心跳等症状
5	喘不过气来，在30分钟内引起中毒
6	呼吸急促，感到困难
7～10	数分钟内会失去知觉，以致死亡

（2）一氧化碳（CO）

一氧化碳是不完全燃烧产物，它是无色、无嗅、剧毒气体，是造成火灾中人员伤亡的主要因素之一，在火灾事故中通常有50%受害者死于CO的毒性作用。CO主要毒害作用在于极大削弱了血红蛋白对O_2的结合力而使血液中O_2含量降低致使供氧不足，而自身与血红蛋白结合成碳氧血红蛋白。火灾时空气中的CO含量会增加至1%～2%。一氧化碳对人体的毒性见表1-9。

一氧化碳对人体的影响 **表 1-9**

CO 的含量（%）	对人体的影响
0.01	几小时之内没有什么感觉
0.05	1 小时内影响不大
0.1	1 小时后头痛、作呕、不舒服
0.5	经过 20～30 分钟有死亡危险
1.0	吸气数次后失去知觉，经 1～2 分钟可中毒死亡

（3）二氧化硫（SO_2）

二氧化硫是可燃物（主要是煤和石油）中硫燃烧生成的产物。它无色但有刺激性臭味，比空气重，易溶于水，易液化。二氧化硫有毒，是大气污染中危害较大的一种气体。它形成的酸雨严重伤害植物，刺激人的眼睛和呼吸道，并腐蚀金属和建筑物。在空气中的浓度达到 0.05%时就可危及人的生命。在工矿企业的空气中 SO_2允许含量不得超过 0.02mg/l。二氧化硫对人体的影响见表 1-10。

二氧化硫对人体的影响 **表 1-10**

SO_2的含量		对人体的影响
%	mg/l	
0.0005	≤0.0146	长时间作用无危险
0.001～0.002	0.029～0.058	气管感到刺激，咳嗽
0.005～0.01	0.146～0.293	1 小时内无直接的危险
0.05	≥1.46	短时间内有生命危险

（4）五氧化二磷（P_2O_5）

五氧化二磷是可燃物中磷完全燃烧的产物。它在常温常压下为白色固体粉末，燃烧时生成的 P_2O_5为气体，而后因降温而凝固。它能溶于水生成偏磷酸或正磷酸，纯的 P_2O_5无特殊气味，但磷燃烧时伴生的 P_2O_3或 P_4O_6具有蒜味，因此磷燃烧时会闻到蒜味。五氧化二磷有毒，能刺激呼吸器官，引起呕吐和咳嗽。

（5）氮氧化物（NO_x）

在特定条件下，氮和氧反应可生成一氧化氮和二氧化氮。NO 为无色气体，NO_2为棕红色气体，具有难闻气味，且有毒。氮氧化物对人体的影响见表 1-11。人体吸入后在肺部遇水分形成硝酸或亚硝酸，对呼吸系统有强烈的刺激和腐蚀作用。

氮氧化物对人体的影响 **表 1-11**

氮氧化物的含量		对人体的影响
%	mg/l	
0.004	0.19	长时间作用无明显反应
0.006	0.29	短时间内气管即感到刺激
0.01	0.48	短时间刺激气管、咳嗽，继续作用对生命有危险
0.025	1.20	短时间内可迅速致死

（6）氯化氢（HCL）

氯化氢是含氯材料燃烧后的产物。聚氯乙烯（PVC）是最值得注意的含氯材料之一。氯化氢是一种有毒有刺激性的气体，可吸收空气中的水分而形成酸雾，会强烈刺激人的眼睛和呼吸系统，并可对金属材料造成严重腐蚀。

（7）烟灰

烟灰是不完全燃烧产物，由空气中未燃尽的细碳粒及热解产物构成。烟灰能刺激人的呼吸道黏膜，引起咳嗽和流泪。烟灰中的成分大都是可燃的，一旦氧气供应充足的话，例如打开门窗时，有可能发生轰燃。烟灰的颜色随不同的可燃物而异。这一点可以用来判断燃烧物的类别。参见表1-12。

（8）烟雾

烟雾是由悬浮在空气中的微小液滴形成，包括不完全燃烧产物（如醛类、酮类）的液滴和水滴。

上述仅为普通可燃物的燃烧产物。在实际火灾中可能会遇到更多种类的物质，比如高分子材料及一些危险化学品，它们燃烧时可能会生产剧毒气体或更复杂的有害产物，在扑救这些物品的火灾时要严格遵守特殊的安全规定。

3）燃烧产物对火灾扑救的利弊

燃烧产物对火情的发展及火灾的扑救影响较大，既有有利的方面，也有不利的方面。

（1）有利的方面

① 阻燃　大量生成的完全燃烧产物，可以阻止燃烧继续进行，有利于灭火。完全燃烧生成的水蒸气和二氧化碳等扩散在空气中，弥漫在燃烧区周围，可以降低空气中含氧量。实验表明：当空气中含有30%～35%的CO_2和H_2O（气）时，就可以中止一般物质的燃烧。

② 鉴别　物质的化学成分和燃烧条件不同，燃烧生成的烟雾颜色和气味也不同，可据此大致确定是什么物质在燃烧。例如，橡胶燃烧时生成棕黑色烟雾，并带有硫化物的特殊臭味。某些可燃物质燃烧生成烟雾的特征如表1-12所示。同时根据烟雾的流动方向，可以判断火源位置和火势蔓延方向。

几种可燃物燃烧时烟雾的特征　　**表1-12**

可燃物质	烟的特征		
	颜色	嗅	味
木材	灰黑色	树脂臭	稍有酸味
石油产品	黑色	石油臭	稍有酸味
磷	白色	大蒜臭	—
镁	白色	—	金属味
硝基化合物	棕黄色	刺激臭	酸味
硫磺	—	硫臭	酸味
橡胶	棕黑色	硫臭	酸味
钾	浓白色	—	碱味

续表

可燃物质	烟的特征		
	颜色	嗅	味
棉和麻	黑褐色	烧纸臭	稍有酸味
丝	—	烧皮毛臭	碱味
黏胶纤维	黑褐色	烧纸臭	稍有酸味
聚氯乙烯纤维	黑色	盐酸臭	稍有酸味
聚乙烯	—	石蜡臭	稍有酸味
聚丙烯	—	石油臭	稍有酸味
聚苯乙烯	浓黑烟	煤气臭	稍有酸味
锦纶	白烟	酰胺类臭	—
有机玻璃	—	芳香	稍有酸味
酚醛塑料（以木粉为填料）	黑烟	木头、甲醛臭	稍有酸味
脲醛塑料	—	甲醛臭	—
玻璃纤维	黑烟	醋臭	酸味

（2）不利的方面

① 遮光性　燃烧产物中的烟雾会影响人们的视力，较高浓度的烟雾会大大降低火场的能见度，使人们迷失方向，找不到安全疏散线路。因而在火灾中会延长人员的疏散时间，使他们不得不在高温并含有多种有毒物质的燃烧产物的影响下停留较长时间。实测火灾时烟气垂直流动速度可达2～4m/s，几十层高的大楼不到1min就会充满热烟气。火场上弥漫的烟雾，使灭火人员不易辨别火势发展的方向，不易找到起火的地点，妨碍灭火的行动，不便于抢救受困人员和重要物资。实验证明：室内火灾在着火后大约15min左右，烟气浓度最大，能见距离仅有数十厘米。

② 毒害性和窒息性　燃烧产物除水蒸气外，其他产物大都对人体有害，威胁着人员的安全。通过对火灾死者的生理解剖，CO、HCN为主要毒气。

③ 高热量　高温的燃烧产物在强烈热对流和热辐射过程中，可能引起其他可燃物的燃烧，有造成新的火源和促使火势蔓延的危险。刚离开火的烟温度大约1000℃，即使从火场中分离出的烟温也有600～700℃。此外，不完全燃烧的产物都能继续燃烧，例如CO、H_2S、HCN、NH_3、苯、烃类等易燃物质的爆炸下限较低，易与空气形成爆炸性混合物，使火场有发生爆炸的危险，例如室内火灾的轰燃现象。

1.3 防火技术基本理论

1.3.1 燃烧的本质与燃烧现象

1）燃烧的三特征

燃烧是一种同时伴有放热和发光效应的激烈的氧化反应，其中发光效应是由于燃烧区的温度较高，使其中白炽的固体粒子和某些不稳定或受激发的中间物质分子内电子发生能级跃迁，从而发出各种波长的光。放热、发光、生成新物质是燃烧现象的三个特征，可以区别燃烧现象与其他现象。

首先燃烧是一种化学反应（氧化反应）。例如，灯泡中的钨丝通电后虽然同时发光、放热，但这并不是一种燃烧现象，因为它没有发生化学反应，没有产生新物质，而只是进行了电能转化为光能的能量转换，是一种物理现象。又如铁生锈是一种氧化反应生成氧化铁，但这反应不激烈，虽然放热，但放出的热量不足以使产物发光，所以也不是燃烧现象。而煤、木炭点着后即发生碳、氢等元素的氧化反应，同时放热、发光，这才是燃烧现象。

2）燃烧的氧化反应

物质的燃烧是一种氧化反应，而氧化反应不一定是燃烧，能够被氧化的物质不一定都能燃烧，而能燃烧的物质一定能被氧化。即氧化反应包括燃烧，燃烧是氧化反应的特例。

简单的可燃物质燃烧时，只是该物质与氧的化合，例如碳和硫的燃烧反应。其反应式为：

$$C+O_2=CO_2+Q$$

$$S+O_2=SO_2+Q$$

复杂物质的燃烧，先是物质受热分解，然后发生化合反应。例如，丙烷和乙炔的燃烧反应：

$$C_3H_8+5O_2=3CO_2+4H_2O+Q$$

$$2C_2H_2+5O_2=4CO_2+2H_2O+Q$$

而含氧的炸药燃烧时，则是一个复杂的分解反应。例如，硝化甘油（三硝酸甘油酯）的燃烧反应：

$$4C_3H_5(ONO_2)_3=12CO_2+10H_2O+O_2+6N_2$$

需要注意的是在燃烧这种特殊的氧化反应中，氧气是最常见的氧化剂，但是氧化剂并非只限于氧气。在化学反应中，失去电子的物质被氧化，得到电子的物质被还原即为氧化剂。例如氢、炽热的铁、金属钠、铜与氯气反应，同时伴有发热、发光的激烈的氧化反应，因而都是燃烧现象。以氯和氢的化合为例，其反应式如下：

$$H_2+Cl_2\xrightarrow{燃烧}2HCl+Q$$

氯从氢中取得一个电子，因此，氯在此反应中即为氧化剂。这就是说，氢被氯所氧化并放出热量和呈现出火焰，此时虽然没有氧气参与反应，但发生了燃烧。又如铁能在硫中燃烧，铜能在氯中燃烧，虽然铁和铜没有和氧化合，但所发生的反应是剧烈的氧化反应，并伴有热和光发生。

1.3.2　燃烧的条件（燃烧三要素）

1）燃烧的必要条件

燃烧不是随时都可以发生的，而是有一定条件的，它必须是可燃物质、氧化剂和火源这三个基本条件同时存在并且相互作用才能发生。也就是说，发生燃烧的条件必须是可燃物质和氧化剂共同存在，并构成一个燃烧系统；同时，要有导致着火的点火源。因此要发生燃烧，必须同时具备下列三个条件：

（1）可燃物

物质可分为可燃物质、难燃物质和不可燃物质三类。可燃物质是指在火源作用下能被点燃，并且当火源移去后能继续燃烧，直到燃尽的物质，如汽油、木材、纸张等。可燃物质是防火与防爆的主要研究对象。难燃物质是在火源作用下能被点燃并阴燃（又称熏烟燃烧，指可燃固体在空气不流通，加热温度较低，分解出的可燃挥发分较少或逸散较快，含水分较多等条件下，往往发生只冒烟而无火焰的燃烧现象），当火源移去后不能继续燃烧的物质，如聚氯乙烯、酚醛塑料等。不可燃物质是在正常情况下不会被点燃的物质，如钢筋、水泥、砖、瓦、灰、砂、石等。严格讲三种物质并没有明显的界限。如像聚氯乙烯、酚醛塑料等一些高分子聚合物，在强烈的火焰中能够燃烧，当离开火焰则不能继续燃烧。像铁、铜等常温常压下不能燃烧，但在特定条件下，如炽热的铜、炽热的铁能在纯氯中剧烈燃烧。

凡是能与空气、氧气和其他氧化剂起燃烧反应的物质，均称为可燃物质。可燃物种类繁多，按其状态不同可分为气态、液态和固态三类，气态的如氢气、甲烷、一氧化碳等，液态的如乙醇、汽油、苯等，固态的如木材、棉纤维、煤等，一般是气体较易燃烧，其次是液体，再次是固体；按其成分既可以是单质，如碳、硫、磷、氢、钠等，也可以是化合物或混合物，如乙醇、甲烷、木材、煤炭、棉花、纸、石油等。可燃物还可按其组成不同分为无机可燃物和有机可燃物两类，绝大部分可燃物为有机物，少数为无机物。

无机可燃物主要包括化学元素周期表中Ⅰ～Ⅲ主族的部分金属单质（如生产中常见的铝、镁、钠、钾、钙等）和Ⅳ～Ⅵ主族的部分非金属单质（如磷、硫、碳等）以及一氧化碳、氢气和非金属氢化物等。不论是金属还是非金属，完全燃烧时都变成相应的氧化物，而且这些氧化物均为不燃物。

有机可燃物种类繁多，其中大部分含有碳、氢、氧元素，有些还含有少量的氮、硫、磷等。其中，碳是有机可燃物的主要成分，它基本上决定了可燃物发热量的大小，它的发热量为 3.35×10^{7}J/kg。氢是有机可燃物中含量仅次于碳的成分，它的发热量是碳的 4 倍多，为 1.42×10^{8}J/kg。有机可燃物中还含有少量的硫、磷，它们燃烧也能放出热量，其燃烧产物污染环境，对人体有害。有机可燃物中的氧、氮不能燃烧，它们的存在会使可燃物中的可燃元素含量相对减少。

（2）氧化剂

凡具有较强的氧化性能，能与可燃物发生氧化反应的物质称为氧化剂。氧化剂的种类很多。氧气是一种最常见的氧化剂，它在空气中所占的体积百分数约 21%，故多数可燃物均能在空气中燃烧。例如 1kg 木材完全燃烧需 4～5m^{3}空气，1kg 汽油完全燃烧需要空气 14.7kg。空气供应不足时燃烧就会不完全，隔绝空气就能使燃烧停止。但是，人们的生产和生活空间，空气无处不在，也就是说，燃烧的氧化剂这个条件广泛存在，因此采取防火措施时，氧气这种氧化剂不便被消除。

生产中其他常见的氧化剂有卤族元素：氟、氯、溴、碘。此外，还有一些化合物如硝酸盐、氯酸盐、重铬酸盐、高锰酸盐、过氧化物等，它们的分子中含氧较多，当受到光、热或摩擦、撞击等作用时，都能发生分解、放出氧气，能使可燃物氧化燃烧，它们也都是氧化剂。

（3）点火源

具有一定温度和热量，能引起可燃物着火的能源，也称点火源。如明火、电火花、冲击与摩擦火花、高温表面、化学反应热、自燃发热、光热射线等。点火源这一燃烧条件的实质是提供一个初始能量，在这种能量的激发下，使可燃物与氧化剂发生剧烈的氧化反应，引起燃烧。

生产和生活中常用的多种能源都有可能转化为点火源。例如，化学能转化为化合热、分解热、聚合热、着火热、自燃热；电能转化为电阻热、电火花、电弧、感应发热、静电发热、雷击发热；机械能转化为摩擦热、压缩热、撞击热；光能转化为热能，以及核能转化为热能等。同时，这些能源的能量转化可能形成各种高温表面，如灯泡、汽车排气管、暖气管、烟囱等。还有自然界存在的聚焦的日光、地热、火山爆发等。几种常见点火火源的温度见表1-13。

常见点火源的温度 **表1-13**

点火源名称	火源温度（℃）	点火源名称	火源温度（℃）
火柴焰	500～650	气体灯焰	1600～2100
烟头中心	700～800	酒精灯焰	1180
烟头表面	250	煤油灯焰	700～900
机械火星	1200	植物油灯焰	500～700
煤炉火焰	1000	蜡烛焰	640～940
烟囱飞火	600	焊割火星	2000～3000
生石灰与水反应	600～700	汽车排气管火星	600～800

可燃物、氧化剂、点火源通常被称为燃烧的三要素，三者缺一不可。这是“质”的方面的条件——必要条件，但这还不够，还要有“量”的方面的条件——充分条件。在某些情况下，虽然具备了燃烧的三个条件，但也不一定发生燃烧。因为燃烧还必须具备充分条件。

2）燃烧的充分条件

在研究燃烧的条件时还应当注意到，上述燃烧三个基本条件在数量上的变化，也会直接影响燃烧能否发生和持续进行。例如，氧在空气中的浓度降低到14%～16%时，木材的燃烧即停止；点火源如果不具备一定的温度和足够的热量，燃烧也不会发生；锻件加热炉燃煤炭时飞溅出的火星可以点燃油棉丝或刨花，但如果溅落在大块木材上，就会发现它很快熄灭了，不能引起木材的燃烧，这是因为火星虽然有超过木材着火的温度，但缺乏足够热量。实际上，燃烧反应在可燃物、氧化剂和点火源等方面都存在着极限值。因此，燃烧的充分条件有以下三个方面。

（1）一定数量的可燃物

在一定条件下，可燃物若不具备足够的数量，就不会发生燃烧。比如可燃气体或蒸气只有达到一定的浓度时才会发生燃烧。例如，氢气的浓度低于4%时，便不能点燃；甲烷的浓度低于5%时，也不能点燃。在同样的温度（20℃）下，用明火接触汽油和煤油时，汽油会立即燃烧起来，煤油则不会。这是因为汽油的蒸气量已经达到了燃烧所需要的浓度（数量），煤油蒸气量还没有达到燃烧所需浓度。由于煤油的蒸发量不够，虽有足够的空气（氧气）和点火源的接触，也不会发生燃烧。

（2）足够数量的氧化剂

要使可燃物燃烧，或使可燃物不间断地燃烧，必须供给足够数量的空气（氧气），否则燃烧不能持续进行。实验证明，当氧气在空气中的浓度降低到14%～18%时，一般的可燃物就不能燃烧。几种可燃物燃烧所需要的最低氧含量如表1-14所示。

几种可燃物燃烧所需要的最低氧含量 **表1-14**

可燃物名称	最低氧含量（%）	可燃物名称	最低氧含量（%）
汽油	14.4	乙炔	3.7
乙醇	15.0	氢气	5.9
煤油	15.0	大量棉花	8.0
丙酮	13.0	黄磷	10.0
乙醚	12.0	橡胶屑	12.0
二硫化碳	10.5	蜡烛	16.0

（3）一定能量的点火源

点火源具有一定的能量，即能引起可燃物燃烧的最小点火能量。所谓最小点火能量是指引起一定浓度可燃物燃烧或爆炸所需要的最小能量。对于不同的可燃物，所需的最小点火能也不同。如一根火柴可以点燃一张纸而不能点燃一块木头。又如电焊火花，温度达到1200℃以上，它可以将达到一定浓度的可燃气体与空气的混合气体引燃甚至爆炸，而不能将木块、煤块引燃。这是因为火花的温度虽高，但能量不足，无法将木块、煤块加热到燃烧温度（燃点或自燃点）。某些可燃物的最小点火能量如表1-15所示。

某些可燃物的最小点火能量 **表1-15**

物质名称	最小点火能量（mJ）	物质名称	最小点火能量（mJ）	
			粉尘云	粉尘
汽油	0.2	铝粉	10	1.6
氢（28%～30%）	0.019	合成醇酸树脂	20	80
乙炔（7.7%）	0.019	硼	60	—
甲烷（8.5%）	0.28	苯酚树脂	10	40
丙烷（5%～5.5%）	0.26	沥青	20	6
乙醚（5.1%）	0.19	聚乙烯	30	—
甲醇（2.24%）	0.215	聚苯乙烯	15	—
呋喃（4.4%）	0.23	砂糖	30	—
苯（2.7%）	0.55	硫磺	15	1.6
丙酮（5.0%）	1.2	钠	45	0.004
甲苯（2.3%）	2.5	肥皂	60	3.84
醋酸乙烯（4.5%）	0.7			

总之，要使可燃物发生燃烧，不仅要同时具备三个基本条件，而且每一条件都需具有一定的量，并彼此相互作用，否则就不能发生燃烧。

1.3.3 火灾及其分类

1）火灾的概念

火灾是因火造成的灾害，在我国关于事故类别的20项分类中，火灾是第8类，指的是造成人身伤亡的企业火灾事故。在生产过程中，凡是超出有效范围的燃烧都称为火灾。例如气焊时或烧火做饭时，将周围的可燃物（油棉丝、汽油、劈柴等）引燃，进而烧毁设备、家具和建筑物，烧伤人员等，这就超出了气焊和做饭的有效范围，构成了火灾。在消防部门有火灾和火警之分，其共同点是超出了有效范围的燃烧，不同点是火灾系指造成了人身和财产的一定损失，否则称为火警。《消防基本术语》GB 5907—1986（第一部分）对火灾的定义是“在时间或空间上失去控制的燃烧所造成的灾害”；由公安部、劳动和社会保障部、国家统计局制定颁布的《火灾统计管理规定》（1997年1月1日起施行）中，火灾的定义是“凡在时间或空间上失去控制的燃烧所造成的灾害，都为火灾”，并将以下情况也列入火灾统计范围：

（1）易燃易爆化学物品燃烧爆炸引起的火灾。

（2）破坏性试验中引起非实验体的燃烧。

（3）机电设备因内部故障导致外部明火燃烧或者由此引起其他物件的燃烧。

（4）车辆、船舶、飞机以及其他交通工具的燃烧（飞机因飞行事故而导致本身燃烧的除外），或者由此引起其他物件的燃烧。

2）火灾的分类

（1）根据物质类别分类

《火灾分类》GB/T 4968—2008根据可燃物的类型和燃烧特性将火灾定义为六个不同的类别。

A类火灾：固体物质火灾。这种物质往往具有有机物性质，一般在燃烧时能产生灼热的余烬，如木材、棉、毛、麻、纸张火灾等。

B类火灾：液体或可熔化的固体物质火灾。如汽油、煤油、柴油、原油、甲醇、乙醇、沥青、石蜡火灾等。

C类火灾：气体火灾，如煤气、天然气、甲烷、乙烷、丙烷、氢气火灾等。

D类火灾：金属火灾，如钾、钠、镁、钛、锆、锂、铝镁合金火灾等。

E类火灾：带电火灾。物体带电燃烧的火灾。

F类火灾：烹饪器具内的烹饪物（如动植物油脂）火灾。

上述分类方法对选用灭火方式，特别是对选用灭火器灭火具有指导作用。

（2）根据事故后果分类

根据2007年6月26日公安部下发的《关于调整火灾等级标准的通知》，按照一次火灾事故造成的人员伤亡人数和财产直接损失金额，将原来的特大火灾、重大火灾、一般火灾三个等级调整为特别重大火灾、重大火灾、较大火灾和一般火灾四个等级。

① 特别重大火灾，指造成30人以上死亡，或者100人以上重伤，或者1亿元

以上直接财产损失的火灾。

② 重大火灾，指造成10人以上30人以下死亡，或者50人以上100人以下重伤，或者5000万元以上1亿元以下直接财产损失的火灾。

③ 较大火灾，指造成3人以上10人以下死亡，或者10人以上50人以下重伤，或者1000万元以上5000万元以下直接财产损失的火灾。

④ 一般火灾，指造成3人以下死亡，或者10人以下重伤，或者1000万元以下直接财产损失的火灾。（注："以上"包括本数，"以下"不包括本数。）

（3）引发火灾的直接原因分类

① 电气，包括电气线路故障，电器设备故障，电加热器具火灾以及其他。

② 生产作业，包括焊割，烘烤，熬炼，化工火灾，机械设备类故障以及其他。

③ 生活用火不慎，包括余火复燃，照明不慎，烘烤不慎，敬神祭祖，油锅起火，炉具故障及使用不当，烟道过热窜火、飞火等，烧荒、野外生火不慎，使用蚊香不慎以及其他。

④ 吸烟，包括违章吸烟，卧床吸烟，乱扔烟头、火柴等以及其他。

⑤ 玩火，包括小孩玩火、燃放烟花爆竹以及其他。

⑥ 自燃。

⑦ 雷击。

⑧ 静电。

⑨ 不明确原因。

⑩ 放火。

⑪ 其他。

上述火灾分类的方法常用于火灾事故的数据统计中。

1.3.4 防火技术的基本理论和应用

1）防火技术的基本理论

根据燃烧必须是可燃物、助燃物和火源这三个基本条件相互作用才能发生的道理，采取措施，防止燃烧三个基本条件的同时存在或者避免它们的相互作用，这是防火技术的基本理论。所有防火技术措施都是在这个基本理论的指导下采取的，或者可这样说，全部防火技术措施的实质，即是防止燃烧基本条件的同时存在或避免它们的相互作用。例如，在汽油库里或操作乙炔发生器时，由于有空气和可燃物（汽油或乙炔）存在，所以规定必须严禁烟火，这就是防止燃烧条件之一——火源存在的一种措施。又如，安全规则规定气焊操作点（火焰）与乙炔发生器之间的距离必须在10m以上，乙炔发生器与氧气瓶之间的距离必须在5m以上，电石库距明火、散发火花的地点必须在30m以上等。采取这些防火技术措施是为了避免燃烧三个基本条件的相互作用。

2）防火条例分析

下面具体分析如下电石库防火条例中有关技术措施的规定。

（1）禁止用地下室或半地下室作为电石仓库；

（2）存放电石桶的库房必须设置在不受潮、不漏雨、不易浸水的地方；

（3）电石库应距离锻工、铸工和热处理等散发火花的车间和其他明火30m以上，与架空电力线的间距应不小于电杆高度的1.5倍；

（4）库房应有良好的自然通风系统；

（5）电石库可与可燃易爆物品仓库、氧气瓶库设置在同一座建筑物内，但应以无门、窗、洞的防火墙隔开；

（6）仓库的电器设备应采用密闭式和防爆式，照明灯具和开关应采取防爆型，否则应将灯具和开关装设在室外，再利用玻璃将光线射入室内；

（7）严禁将热水、自来水和取暖的管道通过库房，应保持库房内干燥；

（8）库房内积存的电石粉末要随时清扫处理，分批倒入电石渣坑里，并用水加以处理；

（9）电石桶进库前应先检查包装有无破损或受潮等，如果发现有鼓包等可疑现象，应立即在室外打开桶盖，将乙炔气放掉，修理后才能入库，禁止在雨天搬运电石桶；

（10）库内应设木架，将电石桶放置在木架上，不得随便放在地面上；

（11）开启电石桶时不能用火焰和可能引起火星的工具，最好用铍铜合金或铜制工具（其含铜量要低于70%）；

（12）电石库内严禁安装采暖设备，库内严禁吸烟。

从以上电石库的防火条例中可以看出，其中第1、2、4、7、8、9、10条都说的是防止燃烧条件之一——可燃物乙炔气的存在，第6、11、12条是防止燃烧的另一条件——火源的存在。由于人们要在库内工作，燃烧的条件之一——助燃物空气是不可防止和避免的，防火条例第3、5条则是为了避免燃烧条件的相互作用。

1.3.5 防火技术措施的基本原则

从电石库防火条例的分析表明，防火技术措施可以有十几项或几十项，但是它们都是在防火技术基本理论的指导下采取的。

1）基本原理与思路

引发火灾的三个条件是：可燃物、助燃物及点火源同时存在、相互作用。如果采取措施避免或消除上述条件之一，就可以防止火灾的发生，这就是防火的基本原理。

在制定防火措施时，可以从下面的四个方面去考虑：

（1）预防性措施

这是最理想、最重要的措施。其基本点就是使可燃物、氧化剂与点火源没有结合的机会，从根本上杜绝发火的可能性。

（2）限制性措施

指一旦发生火灾事故，限制其蔓延、扩大的措施。如安装阻火器、设置防火墙等。

（3）消防措施

万一不慎起火，要尽快组织人员扑灭。特别是如果能在着火的初期就能将火扑灭，可以避免发生大火灾。如配置消防器材等。

（4）疏散性措施

预先采取必要的措施，一旦发生较大火灾时，能迅速将人员或重要物资撤到安全区，以减少损失。如建筑物或飞机、车辆上的安全门或疏散通道等。

2）预防火灾的基本措施

（1）消除点火源

工业生产过程中，存在着多种引起火灾和爆炸的点火源，常见火源分为机械、热、电、化学四大类。例如化工企业中常见的点火源有明火、化学反应热、化工原料的分解自燃、热辐射、高温表面、摩擦和撞击、绝热压缩、电气设备及线路的过热和火花、静电放电、雷击和日光照射等。消除点火源是防火与防爆的最基本措施，控制点火源对防止火灾和爆炸事故的发生具有极其重要的意义。

（2）控制可燃物

防止燃烧三个基本条件中的任何一条，都可防止火灾的发生。如果采取消除燃烧条件中的两条，就更具安全可靠性。例如，在电石库防火条例中，通常采取防止火源和防止产生可燃物乙炔的各种有关措施。

控制可燃物的措施主要有：在生活中和生产的可能条件下，以难燃和不燃材料代替可燃材料，如用水泥代替木材建筑房屋；降低可燃物质（可燃气体、蒸气和粉尘）在空气中的浓度，如在车间或库房采取全面通风或局部排风，使可燃物不易积聚，从而不会超过最高允许浓度；防止可燃物质的跑、冒、滴、漏；对于那些相互作用能产生可燃气体或蒸气的物品应加以隔离，分开存放。例如，电石与水接触会相互作用产生乙炔气，所以必须采取防潮措施，禁止自来水管道、热水管道通过电石库等。

（3）隔绝空气

在必要时可以使生产在真空条件下进行，在设备容器中充装惰性介质保护。例如，水入电石式乙炔发生器在加料后，应采取惰性介质氮气吹扫；燃料容器在检修焊补（动火）前，用惰性介质置换等。也可将可燃物隔绝空气储存，如钠存于煤油中、磷存于水中、二硫化碳用水封存放等。

（4）防止形成新的燃烧条件，阻止火灾范围扩大

设置阻火装置，如在乙炔发生器上设置水封回火防止器，或水下气割时在割炬与胶管之间设置阻火器，一旦发生回火，可阻止火焰进入乙炔罐内，或阻止火焰在管道里蔓延；在车间或仓库里筑防火墙，或在建筑物之间留防火间距，一旦发生火灾，使之不能形成新的燃烧条件，从而防止扩大火灾范围。

综上所述，一切防火技术措施都是围绕燃烧三要素来制定的，或是防止三要素同时存在，或是避免三要素相互作用。

1.3.6 灭火技术的基本理论和应用

1）灭火的基本方法

一切灭火方法都是为了破坏已经产生的燃烧条件，只要失去其中任何一个条件，燃烧就会停止，这就是灭火技术的基本理论。根据物质燃烧原理及与火灾斗争的实践经验，灭火的基本方法有四种：降低燃烧物质温度的冷却法；隔离与火源相近可燃物的隔离法；减少空气中氧含量的窒息法；消除燃烧过程中自由基的化学抑制法。

（1）冷却法

冷却法是最常用的灭火方法。对一般可燃物来说，能够持续燃烧的条件之一就是它们在火焰或热的作用下达到了各自的着火温度。因此，对一般可燃物火灾，将可燃物冷却到其燃点或闪点以下，燃烧反应就会中止。冷却法就是将灭火剂（吸热量大的物质）直接喷洒在燃烧物上，将燃烧物的温度降至燃点以下，使燃烧停止；或者将灭火剂喷洒在火场附近的未燃的可燃物上，防止其受辐射热影响而起火，避免形成新的燃烧条件。如常用水或干冰（二氧化碳）进行降温灭火。

（2）隔离法

隔离法也是常用的灭火方法之一。即燃烧物质与附近未燃的可燃物质隔离或疏散开，使燃烧因为缺少可燃物质而停止。隔离法常用的具体措施有：

① 关闭有关阀门，切断流向着火区的可燃气体和液体的通道。

② 打开有关阀门，使已经发生燃烧的容器或受到火势威胁的容器中的液体可燃物通过管道导至安全区域。

③ 将可燃物和氧化剂从燃烧区移至安全地点，或在火场及其邻近的可燃物之间形成一道“水墙”加以隔离。

④ 用泡沫覆盖已着火的易燃液体表面，把燃烧区与液面隔开，阻止可燃蒸气进入燃烧区；拆除与火源毗邻的易燃建筑物；在着火林区周围挖隔离沟；用水流或用爆炸等方法封闭井口，扑救油气井喷火灾。

（3）窒息法

窒息法就是消除燃烧的条件之一——氧化剂（空气、氧气或其他氧化剂），使燃烧停止。即阻止空气流入燃烧区，或者用惰性介质和阻燃性物质冲淡稀释氧化剂，使燃烧因得不到足够的氧化剂而熄灭。采取窒息法的常用措施有：

① 用石棉布、浸湿的棉被、沙土等不燃或难燃材料覆盖燃烧物或封闭孔洞。

② 用惰性介质或水蒸气通入燃烧区域内。

③ 利用建筑物上原来的门、窗以及生产、贮运设备上的盖、阀门等，封闭燃烧区，阻止新鲜空气流入。

④ 将灭火剂如四氯化碳、二氧化碳、泡沫灭火剂等不燃气体或液体喷洒覆盖在燃烧物表面上，使之不与空气接触。

（4）化学抑制法

冷却、隔离、窒息灭火法，在灭火过程中，灭火剂不参与燃烧反应，属于物理灭火方法。而化学抑制法的理论依据是链式反应理论，就是使灭火剂参与到燃烧反应中，灭火剂与链式反应的中间体自由基发生反应，结合成稳定分子或低活性的自由基，从而使燃烧的链式反应因没有足够的自由基而中断，使燃烧停止。常用的干粉灭火剂、卤代烷灭火剂的主要灭火机理就是化学抑制作用。

在灭火现场，经过冷却消除了火源的可燃物是不会燃烧的，在周围没有可燃物的空间也是不可能燃烧的。所以冷却法和隔离法是最重要也是最根本的灭火方法。单纯的窒息作用和抑制作用对扑灭初起小火是有效的。当火势较大时，它们往往受到各种自然条件（如风向、风力、气温、地形等）和灭火器材本身性能的限制，不能从根本上消除着火的条件。在深度燃烧的火灾现场，采用了窒息、抑制法进行灭火后，一段时间后窒息、抑制作用消失，可燃物可能复燃，引起二次着火。所以在采取窒息和抑制法灭火时，也要采取冷却和隔离措施。为了迅速扑灭火灾，减少事故损失，以上几种方法通常同时采用。

1.4 热值计算与燃烧温度

1.4.1 热值

1mol 可燃物质在等温等压条件下完全燃烧所释放的热量称为燃烧热。在标准状态下的燃烧热称为标准燃烧热。在防火安全的研究中经常使用燃烧热这个重要参数，它的单位是 kJ/mol。例如，1mol 乙炔完全燃烧时，放出 1306kJ 的热量，这些热量就是乙炔的燃烧热。不同可燃物质燃烧时放出的热量亦不相同。

而在工程上习惯用热值的概念。因为在进行工程计算时，可燃物的多少经常使用质量（kg）或体积（m^3）作基本计量单位。所谓热值，是指单位质量或单位体积的可燃物质完全燃烧时所放出的热量，可燃固体或可燃液体的热值单位一般用“kJ/kg”表示；可燃气体的热值一般用“kJ/m^3”表示。可燃物质燃烧爆炸时所能达到的最高温度、最高压力及爆炸力等与物质的热值有关。某些物质的燃烧热、热值和燃烧温度见表 1-16。

可燃物的热值有高热值和低热值之分。高热值是指单位质量（体积）的可燃物质完全燃烧，生成的水蒸气全部冷凝成水所放出的热量；低热值是指单位质量（体积）的可燃物质完全燃烧，生成的水蒸气不冷凝成水时所放出的热量。二者相差的是水蒸气的冷凝热。实际上可燃物燃烧后，其产物中的水分基本上以水蒸气形式排出，即这种水分的冷凝热无法利用，因而低热值是可燃物能够利用的热值，是具有实际意义的参数。

在实际工作中，可燃物质的热值主要是通过直接测定得到的，例如固体和液体的热值通常使用氧弹式量热计测定，可燃气体的热值通常用水流式量热计测定。此外，可燃物质的热值也可以通过查到的燃烧热换算得到或是根据物质的元素组成用经验公式计算得出。

1）气态可燃物热值的计算

可燃物质如果是气态的单质和化合物，其热值可按下式计算：

$$Q = \frac{1000 \times Q_r}{22.4} \tag{1-2}$$

式中 Q——可燃气体的热值，J/m^3；

Q_r——可燃气体的燃烧热，J/mol。

【例 1】 试求甲烷的热值。

【解】 从表 1-16 中查得甲烷的燃烧热为 882.577kJ/mol，代入式（1-2）

$$Q = \frac{1000 \times 882.577}{22.4} = 3.94 \times 10^4 kJ/m^3$$

答： 甲烷的热值为 $3.94 \times 10^4 kJ/m^3$。

2）液态或固态可燃物热值的计算

可燃物质如果是液态或固态的单质或化合物，其热值可按下式计算：

$$Q=\frac{1000\times Q_r}{M} \tag{1-3}$$

式中　M——可燃液体或固体的摩尔质量。

【例2】 试求甲醇 CH_3OH 的热值（甲醇的摩尔质量为32）。

【解】 从表1-16查得甲醇的燃烧热为715.5kJ/mol，代入式（1-3）

$$Q=\frac{1000\times 715.5}{32}=2.24\times 10^4\text{kJ/kg}$$

答：甲醇的热值为 2.24×10^4kJ/kg。

3）组成复杂的可燃物热值的计算

对于组成比较复杂的可燃物，如石油、煤炭、木材等，其分子式一般无法确定，通常利用经验公式求其热值，如我国常采用门捷列夫经验公式计算其高热值和低热值。门捷列夫经验公式如下：

$$Q_h=81W_C+300W_H-26(W_O-W_s) \tag{1-4}$$

$$Q_l=81W_C+300W_{H_2}-26(W_{O_2}-W_s)-6(9W_{H_2}+W_{H_2O}) \tag{1-5}$$

式中　Q_h、Q_l——可燃物质的高热值和低热值，kcal/kg；

W_C——可燃物质中碳的质量分数，%；

W_{H_2}——可燃物质中氢的质量分数，%；

W_{O_2}——可燃物质中氧的质量分数，%；

W_s——可燃物质中硫的质量分数，%；

W_{H_2O}——可燃物质中水分的质量分数，%。

【例3】 已知木材的成分：W_C为43%，W_{H_2}为7%，W_{O_2}为41%，W_s为2%，W_{H_2O}为7%。试求该木材的低热值以及5kg木材燃烧时放出的热量。

【解】 将已知物质的质量分数代入式（1-5），得

$$\begin{aligned}Q_l&=[81\times43+300\times7-26(41-2)-6(9\times7+7)]\times4.184\\&=1.74\times10^4\text{kJ/kg}\end{aligned}$$

则5kg木材燃烧时放出的热量为：$5\times1.74\times10^4=8.70\times10^4$kJ

答：该木材的低热值为 1.74×10^4kJ/kg。5kg木材燃烧放热为 8.70×10^4kJ。

1.4.2　燃烧温度

可燃物质燃烧时所放出的热量，一部分被火焰辐射散失，而大部分则消耗在加热燃烧产物上。由于可燃物质燃烧所产生的热量是在火焰燃烧区域内析出的，因此燃烧温度实质上就是火焰温度。一般说来可燃物质的热值越大，燃烧温度就越高，燃烧蔓延的速度就越快。某些可燃物质的燃烧温度见表1-16。

某些物质的燃烧热、热值和燃烧温度　　表1-16

物质的名称	燃烧热 J/mol	热值		燃烧温度℃
		J/kg	J/m³	
碳氢化合物：				
甲烷	882577	—	39400719	1800
乙烷	1542417		69333408	1895
苯	3279939	42048000	—	2032
乙炔	1306282	420500900	58320000	2127

续表

物质的名称	燃烧热 J/mol	热值		燃烧温度℃
		J/kg	J/m³	
醇类：				
甲醇	715524	23864760	—	1100
乙醇	1373270	30990694	—	1180
酮、醚类：				
丙酮	1787764	30915331	—	1000
乙醚	2728538	36873148	—	2861
石油及其产品：				
原油	—	43961400	—	1100
汽油	—	46892160	—	1200
煤油	—	41449320～6054800	—	700～1030
煤和其他物品：				
无烟煤	—	31401000	—	—
氢气	211997	—	10805093	2130
煤气	—	32657040	10386000～11723000	1600～1850
木材	—	7117560～14653800	—	1000～1177
镁	61435	25120800	—	3000
一氧化碳	285624	—	12749000	1680
硫	334107	10437692	—	1820
二硫化碳	1032465	14036666	12748806	2195
硫化氢	543028	—	14754000	—
液化气	—	—	10467000～113800000	2110
天然气	—	—	35462196～39523392	2020
石油气	—	—	38434824～42161076	2120
磷	—	24970075	—	900

复习思考题

1. 燃烧的本质和特征是什么？举例说明燃烧的特征。

2. 燃烧的必要和充分条件分别是什么？根据燃烧的条件，预防火灾的基本措施有哪些？

3. 燃烧的现象分为哪几种？分别有什么特征？

4. 气体、液体、固体的燃烧历程有什么不同？典型的燃烧产物有哪些？燃烧产物对火情的发展和火灾的扑救有哪些影响？

5. 灭火的四种基本方法是什么？举例说明这些方法。

6. 可燃物的热值是怎么定义的？为什么有高热值和低热值的区别？

第 2 章　防爆基本原理

由于爆炸事故往往是在意想不到的情况下发生的，因此，人们往往认为爆炸是难于预防的。实际上，只要认真研究爆炸的过程及其规律，采取有效的防护措施，生产和生活中的这类事故是可以预防的。

2.1　爆炸机理

2.1.1　爆炸及其分类

1）爆炸的特征

爆炸是指物质从一种状态，经过物理变化或化学变化，突然变成另一种状态，并放出巨大的能量，而产生的光和热或机械功。当物质从一种状态“突变”到另一种状态时，它的物理状态或化学成分发生急剧的转变，使其本身所具有的能量在极短的时间内释放出来，使周围的物体遭受到猛烈的冲击和破坏。

爆炸发生于极短的时间内，通常是在 1s 之内完成。例如，乙炔罐里的乙炔与氧气混合发生爆炸时，大约在 1/100s 内完成下列化学反应：

$$2C_2H_2+5O_2=4CO_2+2H_2O+Q$$

同时释放出大量热能和二氧化碳、水蒸气等气体，能使罐内压力升高 1013 倍，其爆炸威力可以使罐体升空 20～30m。这种克服地心引力，将重物举高一段距离的，则是机械功。

人们正是利用爆炸时的这种机械功，在开采矿藏、修桥筑路、开挖隧道、修建水库等时，开山放炮，大大地加快了工程的进度，使得用手工和一般工具难以完成的任务得以实现。但是，爆炸一旦失去控制，往往会造成大量的人员伤亡和巨大的财产损失，使生产甚至生活都受到严重影响。

通过上述爆炸的定义和现象举例，可得出爆炸的内部特征，一是瞬时、突然，也就是时间极短；二是压力升高常常伴有温度的升高，也就是物质发生爆炸时，产生的大量气体和能量在有限体积内突然释放或急剧转化，造成高温高压。爆炸的主要外部特征也有两点，一是振动破坏，即爆炸介质在压力作用下，对周围物体（容器或建筑物等）形成急剧突跃压力的冲击，造成机械性破坏效应，二是周围介质受振动而产生的声响效应。

应当指出，生产中某些完全密闭的耐压容器，虽然其中的可燃混合气发生爆炸，但由于容器是足够耐压的，所以容器并没有被破坏，这说明爆炸和容器设备的破坏没有必然的联系。容器的破坏不仅可以由爆炸引起，而且其他物理因素（如容器内介质的体积膨胀，使压力上升）也同样可以引起一般的破坏现象。因此，压力的瞬时急剧升高（骤升）才是爆炸区别于燃烧的基本特征。

2）爆炸的分类

爆炸可以按照爆炸的能量来源、爆炸波的传播速度和爆炸反应相的类型进行分类。

（1）按照爆炸能量来源分类

① 物理爆炸：某些物质的温度、压力迅速发生变化，在瞬间放出大量能量并对外做功的现象。这是由物理变化（温度、体积和压力等物理因素）引起的。在物理性爆炸的前后，爆炸物质的性质及化学成分均不改变。常见的有锅炉、压力容器或气瓶内的物质由于受热、碰撞等因素，使气体膨胀，压力急剧升高，超过了设备所能承受的机械强度而发生的爆炸。

锅炉的爆炸是典型的物理性爆炸，其原因是过热的水迅速蒸发出大量蒸汽，使蒸汽压力不断升高，当压力超过锅炉的极限强度时，就会发生爆炸。又如，氧气钢瓶受热升温，引起气体压力升高，当压力超过钢瓶的极限强度时即发生爆炸。值得注意的是气瓶内若是可燃气体，可能会由物理爆炸引发二次爆炸（化学爆炸）。发生物理性爆炸时，气体或蒸汽等介质潜藏的能量在瞬间释放出来，会造成巨大的破坏和伤害。事故案例 1：某钢厂一列拖着钢渣罐的火车开到矿渣厂，在卸车时突然有三个钢渣罐（钢渣有上千摄氏度高温）先后滚到水塘里，顿时听到一声又一声巨响，发生了蒸汽爆炸（水变成 500℃的蒸汽时，体积将增大 3500 倍）。只见钢渣罐像火球一样飞向空中，有一个罐飞出 70m 远并落在工棚上，引起工棚着火，另外两个罐飞到 101m 远的修建队仓库以及附近的房屋，共烧毁 1000 多平方米建筑物，烧死烧伤多人。事故案例 2：2007 年 8 月 19 日山东邹平某厂发生铝液外溢爆炸重大事故，造成 16 人死亡，59 人受伤。事故直接原因是当班生产时，1 号混合炉放铝口炉眼砖内套缺失，导致炉眼变大、铝液失控，大量高温铝液溢出流槽，流入 1 号 16 吨普通铝锭铸造机分配器南侧的循环冷却水回水坑，在相对密闭空间内，熔融铝与水发生反应同时产生大量蒸汽，压力急剧升高，能量聚集发生爆炸。

上述这些物理性爆炸是蒸汽和气体膨胀力作用的瞬时表现，它们的破坏性取决于蒸气或气体的压力。物理爆炸发生的条件可以概括为：构成爆炸的体系内存有高压气体或在爆炸瞬间生成的高温高压气体或其他蒸气的急骤膨胀，爆炸体系和它周围的介质之间发生急剧的压力突变。但这仅是对最常见的锅炉爆炸、压力容器爆炸、水的大量急骤气化等总结归纳的概括。

② 化学爆炸：物质以极快的反应速度发生放热的化学反应，并产生大量高温高压气体，急剧膨胀做功而形成的爆炸现象。爆炸前后物质的组分和性质发生了根本的变化。如炸药的爆炸，可燃气体、可燃粉尘与空气形成的爆炸性混合物的爆炸均属于化学爆炸。化学性爆炸物质不论是可燃物质与空气的混合物还是爆炸性物质，它们都是一种相对不稳定体系，在外界一定强度和数量的能量作用下，能够发生高速的放热反应，此反应的自由焓变（$\Delta G<0$）所取负值较大，所以它能作大量的有用功。这些就是化学性爆炸的热力学本质。相关统计资料表明：工矿企业大多数恶性爆炸事故都属于化学爆炸，故因对此类爆炸的现象、特征以及发生条件重点掌握。

当化学性爆炸物质由少量能量引爆发生爆炸时，爆炸物质瞬间化为一团火光，形成烟雾并产生轰隆巨响，附近形成强烈的爆炸风，建筑物或被破坏或受到强烈振动。

分析上述爆炸现象，一团火光表明爆炸物质的爆炸过程是放热的，这样使爆炸产物获得高温而发光；爆炸瞬间完成，表明爆炸过程的速度极快；仅用一种较小的能量即可将爆炸物质引爆，表明爆炸物中所产生的爆炸过程是能够自动传播的；烟雾表明爆炸过程形成大量气体，而气体的迅速膨胀则是建筑物和各种设施发生破坏或震动的本质原因。

综上所述，化学性爆炸过程具有如下三个特征：即反应过程放热，过程速度极快并能自动传播，过程中生成大量气体产物。这三个条件是任何化学反应能成为爆炸性反应所必须具备的，而且这三者互相关联，缺一不可。下面对每个条件的重要性和意义进行分析论述。

条件1：反应过程的放热性

这是化学反应能否成为爆炸反应的最重要的基础条件，也是爆炸过程的能量来源，没有这个条件，爆炸过程就根本不能发生，当然反应也就不能自行延续，因此也就不可能出现爆炸过程的自动传播。例如下面的化学反应：

$$ZnC_2O_4 = 2CO_2 + Zn - 20.5kJ \quad (a)$$

$$PbC_2O_4 = 2CO_2 + Pb - 69.9kJ \quad (b)$$

$$HgC_2O_4 = 2CO_2 + Hg + 72.4kJ \quad (c)$$

$$Ag_2C_2O_4 = 2CO_2 + 2Ag + 123.4kJ \quad (d)$$

反应（a）、（b）草酸锌和草酸铅的分解是吸热反应，它们需要外界提供热量，反应才能进行，所以它们不可能对外界做功，因而不能爆炸。反应（c）、（d）是放热反应，能够发生爆炸。又如硝酸铵的分解反应：

$$NH_4NO_3 \xrightarrow{\text{低温加热}} NH_3 + HNO_3 - 170.7kJ \quad (e)$$

$$NH_4NO_3 \xrightarrow{\text{雷管引爆}} N_2 + 2H_2O + 0.5O_2 + 126.4kJ \quad (f)$$

反应（e）是硝酸铵用作化肥在农田里发生的缓慢分解反应，反应过程吸热，根本不能爆炸。当硝酸铵被雷管引爆，就按反应（f）发生放热的分解反应，可以用作矿山炸药。

爆炸反应过程所放出的热量称为爆炸热（或爆热）。它是反应的定容热效应，是爆炸破坏能力的标志，是炸药类物质的重要危险特性。一般常用炸药的爆热约在3700～7500kJ/kg；对于混合爆炸物来说，它们的爆热就是燃烧热，有机可燃物的燃烧热在48000kJ/kg左右。

条件2：反应过程的高速度

混合爆炸物质是事先充分混合、氧化剂和还原剂充分接近的体系，许多炸药的氧化剂和还原剂共存于一个分子内，所以它们能够发生快速的逐层传递的化学反应，使爆炸过程能以极快的速度进行，这是爆炸反应同一般化学反应的一个最突出的不同点。一般化学反应也有放热的，而且有许多化学反应放出的热量甚至比爆炸物质爆炸时放出的热量大得多，但却未能形成爆炸现象，根本原因就在于它们的反应速度慢。例如1kg木材的燃烧热为16700kJ，它完全燃烧需要10min；1kg梯恩梯炸药爆炸热只有4200kJ，它的爆炸反应只需要几十微秒；两者所需的时间相差千万倍。由于爆炸物质的反应速度极快，实际上可以近似认为，爆炸反应所放出的能量来不及逸出，全部聚集在爆炸物质爆炸前所占据的体积内，从而造成了一般化学反应所无法达到的能量密度。正是由于这个原因，爆炸物质爆炸才具有巨大的功率和强烈的破坏作用。

例如每公斤煤块和每公斤煤气的燃烧热都是29000kJ，一块1kg的整煤完全燃烧约需10min，而1kg煤气和空气混合后，只需0.2s即可烧完，属于爆炸过程；同样这些煤气和空气的混合气，在炸药引爆的条件下只需0.7ms就能反应完毕，属于爆轰过程。根据功率与做功时间成反比的关系，可算出它们的功率如下：1kg发热量为29000kJ的煤块燃烧时发出的功率为48kW；1kg发热量为29000kJ的煤气和空气的混合气爆炸时发出的功率为1.4×10^5kW，1kg发热量为29000kJ的煤气和空气的混合气发生爆轰时发出的功率为4.1×10^7kW。这个例子清楚地说明爆炸过程的高速度和相应的释放反应热的高速度是爆炸过程的主要特征。

条件3：反应过程必须形成气体产物

气体在通常大气条件下密度比固体和液体物质要小得多，具有可压缩性，它比固体和液体有大得多的体积膨胀系数，是一种优良的工质。爆炸物质在爆炸瞬间生成大量气体产物，由于爆炸反应速度极快，它们来不及扩散膨胀，都被压缩在爆炸物质原来所占有的体积内，爆炸过程在生成气体产物的同时释放出大量的热量，这些热量也来不及逸出，都加热了生成的气体产物，这样就导致在爆炸物质原来所占有的体积内形成处于高温高压状态的气体。这种气体作为工质，在瞬间膨胀就可以做功，由于功率巨大，就能对周围物体、设备、房屋造成巨大的破坏作用。例如，1L炸药在爆炸瞬间可以产生1000L左右的气体产物，它们被强烈地压缩在原有的体积内，再由于3000～5000℃的高温，这样就形成了数十万个大气压的高温高压气体源，它们瞬间膨胀，功率是巨大的，破坏力也是巨大的。由上述可见，爆炸过程必须有气体产物生成是发生爆炸现象的必要条件。

爆炸过程必须生成气态产物才能造成爆炸作用。这一结论也可以通过一些不生成气体产物的强烈放热反应不具备爆炸作用，来说明生成气体产物是产生爆炸作用的必要条件。例如，铝热剂反应：

$$2Al+Fe_2O_3=Al_2O_3+2Fe+841kJ$$

此反应热效应很大，足以使产物加热到3000℃的高温，而且反应速度也相当快，但终究由于不形成气体产物而不具有爆炸能力。

③ 核爆炸：某些物质的原子核发生裂变反应或聚变反应时，释放出巨大能量而发生的爆炸，如原子弹、氢弹的爆炸。核爆炸发生后，先是产生发光火球，继而产生蘑菇状烟云。这是核爆炸的典型征象。核反应释放的能量能使反应区（又称活性区）介质温度升高到数千万开，压强增到几十亿大气压，成为高温高压等离子体。反应区产生的高温高压等离子体辐射X射线，同时向外迅猛膨胀并压缩弹体，使整个弹体也变成高温高压等离子体并向外迅猛膨胀，发出光辐射，接着形成冲击波（即激波）向远处传播。核爆炸通过冲击波、光辐射、早期核辐射、

核电磁脉冲和放射性污染等效应对人体和物体起杀伤和破坏作用。前四者都只在爆炸后几十秒钟的短时间内起作用，后者能持续几十天甚至更长时间。冲击波可以摧毁地面构筑物和伤害人畜。光辐射主要是可见光和红外线，能烧伤人的眼睛和皮肤，并使物体燃烧，引起火灾。核爆炸早期裂变产物发射出贯穿能力很强的中子流和γ射线，可以贯穿并破坏人体和建筑物。裂变产物、未烧掉的核燃料和被中子活化的元素，都会由气化状态冷凝为尘粒，沉降到地面，造成地面和空气的放射性污染，所发出的γ和β射线称为核爆炸的剩余辐射，也能对人体造成伤害。

（2）按照爆炸反应相分类

① 气相爆炸：包括可燃性气体和助燃性气体混合物的爆炸；气体的分解爆炸；液体被喷成雾状物在剧烈燃烧时引起的爆炸，称为喷雾爆炸；飞扬悬浮于空气中的可燃粉尘引起的爆炸等。气相爆炸的分类见表2-1。

气相爆炸类别　　**表2-1**

类别	爆炸原理	举　例
混合气体爆炸	可燃性气体和助燃气体以适当的浓度混合，由于燃烧波或爆炸波的传播而引起的爆炸	空气和氢气、丙烷、乙醚等混合气的爆炸
气体的分解爆炸	单一气体由于分解反应产生大量的反应热引起的爆炸	乙炔、乙烯、氯乙烯等在分解时引起的爆炸
粉尘爆炸	空气中飞散的易燃性粉尘，由于剧烈燃烧引起的爆炸	空气中飞散的铝粉、镁粉等引起的爆炸
喷雾爆炸	空气中易燃液体被喷成雾状物在剧烈的燃烧时引起的爆炸	油压机喷出的油珠、喷漆作业引起的爆炸

② 液相爆炸：包括聚合爆炸、蒸发爆炸以及由不同液体混合所引起的爆炸。例如硝酸和油脂，液氧和煤粉等混合时引起的爆炸；熔融的矿渣与水接触或钢水包与水接触时，由于过热发生快速蒸发引起的蒸汽爆炸等。液相爆炸举例见表2-2。

③ 固相爆炸：包括爆炸性化合物及其他爆炸性物质的爆炸（如乙炔铜的爆炸）；导线因电流过载，由于过热，金属迅速气化而引起的爆炸等。固相爆炸举例见表2-2。

液相、固相爆炸类别　　**表2-2**

类别	爆炸原因	举　例
混合危险物质的爆炸	氧化性物质与还原性物质或其他物质混合引起爆炸	硝酸和油脂、液氧和煤粉、高锰酸钾和浓酸、无水顺丁烯二酸和烧碱等混合时引起的爆炸
易爆化合物的爆炸	有机过氧化物、硝基化合物、硝酸酯燃烧引起爆炸和某些化合物的分解反应引起爆炸	丁酮过氧化物、三硝基甲苯、硝基甘油等的爆炸；偶氮化铅、乙炔酮等的爆炸

续表

类别	爆炸原因	举　例
导线爆炸	在有过载电流流过时，使导线过热，金属迅速气化而引起爆炸	导线因电流过载而引起的爆炸
蒸气爆炸	由于过热，发生快速蒸发而引起爆炸	熔融的矿渣与水接触，钢水与水混合爆炸
固相转化时造成爆炸	固相相互转化时放出热量，造成空气急速膨胀而引起爆炸	无定形锑转化成结晶形锑时由于放热而造成爆炸

（3）按照爆炸的瞬时燃烧速度分类

① 轻爆：物质爆炸时的燃烧速度为每秒数米，爆炸时无多大破坏力，声响也不太大。例如，无烟火药在空气中的快速燃烧，可燃气体混合物在接近爆炸浓度上限或下限时的爆炸即属于此类。

② 爆炸：物质爆炸时的燃烧速度为每秒十几米至数百米，爆炸时能在爆炸点引起压力激增，有较大的破坏力，有震耳的声响。可燃性气体混合物在多数情况下的爆炸，以及被压缩火药遇火源引起的爆炸等即属于此类。

③ 爆轰：物质爆炸时的燃烧速度为1000～7000m/s。爆轰时的特点是突然引起极高压力并产生超音速的"冲击波"。由于在极短时间内发生的燃烧产物急速膨胀，像活塞一样挤压其周围气体，反应所产生的能量有一部分传给被压缩的气体层，于是形成的冲击波由它本身的能量所支持，迅速传播并能远离爆轰的发源地而独立存在，同时可引起该处的其他爆炸性气体混合物或炸药发生爆炸，从而产生一种"殉爆"现象。某些气体混合物的爆轰速度见表2-3。

某些气体混合物的爆轰速度　　表2-3

混合气体	混合百分比（%）	爆轰速度（m/s）	混合气体	混合百分比（%）	爆轰速度（m/s）
乙醇-空气	6.2	1690	甲烷-氧	33.3	2146
乙烯-空气	9.1	1734	苯-氧	11.8	2206
一氧化碳-氧	66.7	1264	乙炔-氧	40.0	2716
二硫化碳-氧	25.0	1800	氢-氧	66.7	2821

2.1.2 爆炸的破坏作用

1）冲击波

爆炸形成的高温、高压、高能量密度的气体产物，以极高的速度向周围膨胀，像活塞一样强烈挤压周围的静止空气，把爆炸反应释放出的部分能量传给这压缩的空气层，空气受冲击而发生扰动，使其压力、密度和温度突跃升高，这种扰动在空气中传播就成为冲击波，其传播速度极快，在传播过程中可以对周围环境中的机械设备和建筑物产生破坏作用（见表2-4）和使人员伤亡（见表2-5）。冲击波对人体的伤害作用主要是破坏人体血管、肺细胞及支气管，也能伤害胃肠及膈膜。

冲击波的破坏作用主要由其波阵面上的超压引起。在爆炸中心附近，空气冲击波波阵面上的超压可达几个甚至是十几个大气压，在这样高的超压作用下，建筑物将被摧毁，机械设备、管道等也会受到严重破坏。案例：1996年1月31日，湖南邵阳某地因个人非法私自加工炸药引发爆炸事故，134人死亡，495人受伤，直接经济损失1996万元。爆炸冲击波危及1km，距爆炸中心100m范围内的11户人家、112间房屋荡然无存，200m范围内23户人家、140间房屋完全倒塌，500m范围内72户人家、353间房屋严重受损。冲击波在传播过程中超压降低得很快，表2-6列出了100kgTNT炸药爆炸时离爆炸中心不同距离处的超压。

冲击波对砖墙建筑物的破坏　　**表2-4**

超压值（$\times10^5$Pa）	建筑物损坏情况
<0.02	基本上没有破坏
0.02～0.12	玻璃窗的部分或全部破坏
0.12～0.3	门窗部分破坏，砖墙出现小裂纹
0.3～0.5	门窗大部分破坏，砖墙出现严重裂纹
0.5～0.76	门窗全部破坏，砖墙部分倒塌
>0.76	墙倒屋塌

冲击波对生物的杀伤作用　　**表2-5**

超压值（$\times10^5$Pa）	生物杀伤情况
<0.1	无损伤
0.1～0.25	轻伤，出现1/4的肺气肿，2～3个内脏出血点
0.25～0.45	中伤，出现1/3的肺气肿，1～3片内脏出血，一个大片内脏出血
0.45～0.75	重伤，出现1/2的肺气肿，三个以上的片状出血，两个以上大片内脏出血
>0.75	伤势严重，无法挽救，死亡

离爆炸中心不同距离处的超压（100kgTNT）　　**表2-6**

距离（m）	15	16	20	25	30	35
超压（$\times10^5$Pa）	0.91	0.75	0.51	0.32	0.19	0.13

2）碎片冲击

爆炸的机械破坏效应会使容器、设备、装置以及建筑材料等的碎片，在相当大的范围内飞散而造成伤害。碎片的四处飞散距离一般可达100～500m。在一些爆炸事故中，由于爆炸碎片击中人体造成的伤亡常常占到较大的比例。

3）震荡作用

爆炸发生时，特别是较猛烈的爆炸往往会引起短暂的地震波。例如，某市的亚麻厂发生麻尘爆炸时，有连续三次爆炸，结果在该市地震局的地震检测仪上，记录了在7s之内的曲线上出现有三次高峰。在爆炸波及的范围内，这种地震波会造成建筑物的震荡、开裂、松散倒塌等危害。

4）造成二次事故

发生爆炸时，如果车间、库房（如制氢车间、汽油库或其他建筑物）里存放有可燃物资，会造成火灾；高空作业人员受冲击波或震荡作用，会造成高处坠落事故；粉尘作业场所轻微的爆炸冲击波会使积存于地面上的粉尘扬起，造成更大范围的二次爆炸等；附近道路上的人员或车辆受到惊吓还可能引发交通事故。

2.1.3　典型的化学爆炸类型

1）简单分解爆炸

爆炸物在爆炸时不一定发生燃烧，爆炸所需要的能量由爆炸物本身分解时放出的分解热提供。具有分解爆炸特性的物质如乙炔（C_2H_2）、叠氮铅［$Pb(N_3)_2$］等，在温度、压力或摩擦、撞击等外界因素作用下，会发生爆炸性分解，是危险性极大的一类物质。因此，在生产中必须采取相应的防护措施，防止发生这类事故。

（1）气体的简单分解爆炸

某些气体由于分解产生很大的热量，在一定的条件下可能产生分解爆炸，在受压的情况下更容易发生爆炸，例如高压存放下的乙烯、乙炔发生的分解爆炸就属于这类情况。生产中常见的乙炔、乙烯、环氧乙烷和二氧化氮等气体，都具有发生分解爆炸的危险。

以乙炔为例，当乙炔受热或受压时容易发生聚合、加成、取代和爆炸性分解等化学反应，温度达到200～300℃时，乙炔分子就开始发生聚合反应，形成其他更复杂的化合物。例如生成苯（C_6H_6）、苯乙烯（C_8H_8）等的聚合反应时放出热量：

$$3C_2H_2 \rightarrow C_6H_6 + 630J/mol$$

放出的热量使乙炔的温度升高，促使聚合反应加强和加速，从而放出更多的热量，以致形成恶性循环，最后当温度达到700℃，压力超过0.15MPa时，未聚合反应的乙炔分子就会发生爆炸性分解。

乙炔是吸热化合物，即由元素组成乙炔时需要消耗大量的热。当乙炔分解时即放出它在生成时所吸收的全部热量：

$$C_2H_2 \rightarrow 2C + H_2 + 226.04J/mol$$

分解时的生成物是细粒固体碳及氢气，如果这种分解是在密闭容器（如乙炔储罐、乙炔发生器或乙炔瓶）内进行的，则由于温度的升高，压力急剧增大10～13倍而引起容器的爆炸。由此可知，如果在乙炔的聚合反应过程能及时地导出大量的热，则可避免发生爆炸性分解。

增加压力也能促使和加速乙炔的聚合及分解反应。温度和压力对乙炔的聚合与爆炸分解的影响可用图2-1所示的曲线来表示。图中的曲线表明，压力越高，由于聚合反应促成分解爆炸所需的温度就越低；温度越高，在较小的压力下就会发生爆炸性分解。

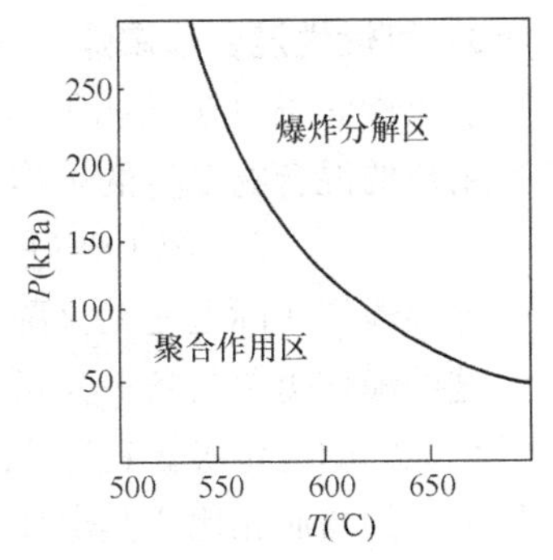

图2-1　乙炔的聚合作用与爆炸分解范围

此外，乙烯在高压下的分解反应式为：

$$C_2H_4 \rightarrow C + CH_4 + 127.8J/mol$$

分解爆炸所需的能量，随压力的升高而降低。

氮氧化物在一定压力下也会产生分解爆炸，其分解反应式为：

$$N_2O \rightarrow N_2 + 0.5O_2 + 81.9J/mol$$

$$NO \rightarrow 0.5N_2 + 0.5O_2 + 90.7J/mol$$

在高压下容易引起分解爆炸的气体，当压力降至某数值时，就不再发生分解爆炸，此压力称为分解爆炸的临界压力。乙炔分解爆炸的临界压力为0.14MPa，N_2O为0.245MPa，环氧乙烷为0.04MPa，乙烯在0℃下的分解爆炸临界压力为4.05MPa。

(2) 固体的简单分解爆炸

乙炔银、乙炔铜、碘化氮、叠氮化铅等爆炸性物质极不稳定，受震动即可引起爆炸，是较危险的爆炸物质。在爆炸时分解为元素，并在分解过程中产生热量。如乙炔银受摩擦或撞击时的分解爆炸反应式为：

$$Ag_2C_2 \longrightarrow 2Ag + 2C + 364kJ$$

如起爆药叠氮化铅的分解爆炸反应式为：

$$Pb(N_3)_2 \longrightarrow Pb + 3N_2 + 1523kJ$$

表面上看，这些反应生成的多是固态产物，但是由于在爆炸反应温度下，银、汞发生气化，同时使附近的空气迅速灼热，形成高温高压气体源，从而导致了爆炸。简单分解的爆炸性物质很不稳定，受摩擦、撞击，甚至轻微震动都可能发生爆炸，其危险性很大。案例：某化工厂的乙炔发生器出气接头损坏后，焊工用紫铜做成接头，使用了一段时间，发现出气孔被黏性杂质堵塞，则用铁丝去捅，正在来回捅的时候，突然发生爆炸，该焊工当场被炸死。调查组调查，确定事故原因是由于铁丝与接头出气孔内表面的乙炔铜互相摩擦，引起乙炔铜的分解爆炸。该事故原因也说明为什么安全规程规定，与乙炔接触的设备零件，不得用含铜量超过70%的铜合金制作。

2）复杂分解爆炸

属于这类的爆炸物质在外界强度较大的激发能的作用下，能够发生高速的放热反应，同时形成强烈压缩状态的气体作为引起爆炸的高温高压气体源。这类物质爆炸时伴有燃烧现象，燃烧所需的氧由物质本身分解供给，爆炸后往往把附近的可燃物点燃，引起大面积火灾。这类物质包括各种含氧炸药、烟花爆竹和有机过氧化物等，和简单分解爆炸物比较，它们对外界的刺激敏感性较低，因而危险性也略低。例如，硝化甘油的分解爆炸反应式为：

$$4C_3H_5(ONO_2)_3 = 12CO_2 + 10H_2O + O_2 + 6N_2 + Q$$

3）可燃性混合物爆炸

这类爆炸发生在气相里，可燃气体、可燃液体蒸气、可燃粉尘与空气（或氧气）组成的混合物发生的爆炸均属此类。例如，一氧化碳与空气混合的爆炸反应：

$$2CO + O_2 + 3.76N_2 = 2CO_2 + 3.76N_2 + Q$$

这类爆炸实际上是在火源作用下的一种瞬间燃烧反应。

这类爆炸需要具备一定的条件，这些条件包括可燃物质的含量、氧化剂含量以及点火源的能量等。这类混合物因为只是在适当的条件下才变为危险的物质，故和上两类物质相比，其爆炸危险性较低，但是由这类物质爆炸造成的事故很多，损失很大，工业生产中遇到这类爆炸事故较普遍。因此，在后面的章节中将会重点讨论可燃性混合物爆炸特性及其安全措施。

2.1.4 爆炸机理

爆炸大多随着燃烧而发生，所以，长期以来燃烧理论的观点认为：当燃烧在某一定空间内进行时，如果散热不良会使反应温度不断提高，温度的提高又会促使反应速度加快，如此循环进展而导致爆炸的发生，亦即爆炸是由于反应的热效应而引起的，因而称为热爆炸。但在另一种情况下，爆炸现象不能简单地用热效应来解释。例如，氢和溴的混合物在较低温度下爆炸时，其反应式为：

$$H_2+Br_2 = 2HBr+3.5kJ/mol$$

反应热总共只有 3.5kJ/mol；而二氧化硫和氢的反应，其反应式为：

$$SO_2+3H_2 = H_2S+2H_2O+12.6kJ/mol$$

反应热是 12.6kJ/mol，却不会爆炸。因此，有些爆炸现象需要用化学动力学的观点来说明，认为爆炸的原因不是由于简单的热效应，而是由于链式反应的结果。

1）热爆炸理论

热爆炸理论又称自燃理论，是关于放热化学反应和放热系统的热自动点火的理论。燃烧和爆炸都是可燃物与氧化剂之间的化学反应，当系统的温度升高到一定程度时，反应的速率将迅速加快，于是便引发了燃烧或爆炸。爆炸物质热爆炸是指爆炸物质受热作用发生化学反应自动加速直到爆炸的现象。热爆炸是爆炸物质起爆的最基本形式，其他各种形式的起爆都以热爆炸为基础。爆炸物质发生放热的化学反应，反应要放出热量，与此同时因各种传热形式要损失热量，这就存在于一个放热和失热之间的热量平衡问题。如果反应热大于体系向环境散失的热量，热爆炸就可以发生，反之爆炸不能发生。

发生爆炸的必要条件是爆炸物质的温度不断上升，导致反应速度不可控制地增加。在爆炸过程中，爆炸物质不断地由反应区取得递增的热量，使温度不断升高，以加快反应速度，直到发生爆炸。当反应放热速率大于向环境的失热速率时，爆炸物质温度不断升高，反应速率不断加快，直到导致爆炸。

许多可燃气混合物的爆炸可以用热爆炸理论来解释。但是有一些爆炸现象用热爆炸理论是无法解释的，而可以用链式反应理论给予合理的说明。

2）链式反应理论

链式反应理论认为，反应自动加速并不一定要依靠热量的积累，也可以通过连锁反应逐渐积累自由基的方法使反应自动加速，直至着火爆炸。按照链式反应理论，爆炸性混合物与火源接触，就会有活性分子生成或成为连锁反应的活性中心。爆炸性混合物在一点上着火后，热以及活性中心都向外传播，促使邻近的一层混合物起化学反应，然后这一层又成为热和活性中心的源泉而引起另一层混合物的反应，如此循环地持续进行，直至全部爆炸性混合物反应完为止。爆炸时的火焰是一层层向外传播的，在没有界限物包围的爆炸性混合物中，火焰是以一层层同心圆球面的形式向各方面蔓延的。火焰的速度在距离着火地点 0.5～1m 处仅为每秒若干米，但以后即逐渐加速，最后可达每秒数百米以上。若在火焰扩展的路程上遇有遮挡物，则由于混合物的温度和压力的剧增，对遮挡物造成极大的破坏。

综上所述，爆炸性混合物发生爆炸有热反应和链式反应两种不同的机理。至于在什么情况下发生热反应，什么情况下发生链式反应，需根据具体情况而定，甚至同一爆炸性混合物在不同条件下有时也会有所不同。

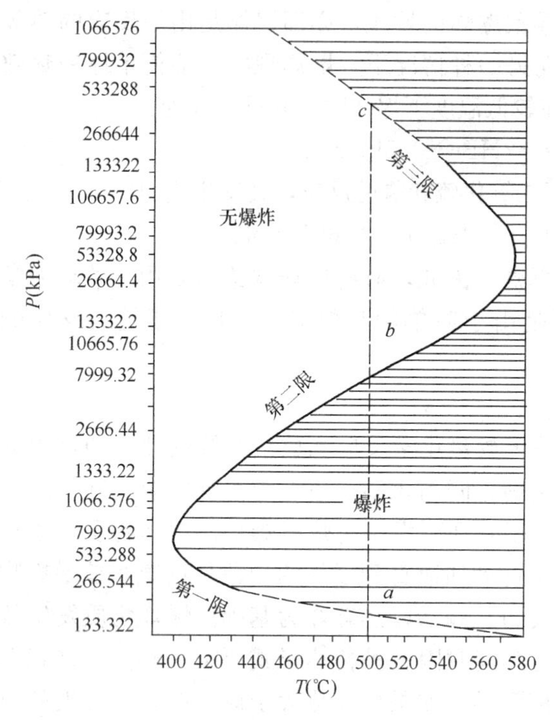

图 2-2　氢和氧混合物（2∶1）爆炸区间

图 2-2 所示为氢和氧按完全反应的浓度（$2H_2+O_2$）组成的混合气发生爆炸的温度和压力区间。图中可见氢和氧反应有三个着火极限，只有结合 2 种爆炸机理才能较好解释这个现象。

从图中可以看出，当压力很低且温度不高时（如在温度 500℃和压力不超过 200Pa 时），由于气体变稀薄，分子向四周的扩散速度提高，而且是压力越低，扩散越快，此时游离基很容易扩散到器壁上销毁，因而大大增加了游离基与壁面碰撞失去活化的机会，这样就提高了连锁中断的速度。当压力下降到某一值后，自由基销毁速度大于自由基增长速度，于是系统由爆炸转为不爆炸，爆炸区和非爆炸区之间出现了第一极限。在第一限下部区域内，连锁中断速度超过支链产生速度，因而反应进行较慢，混合物不会发生爆炸。

从图上可见，当温度为 500℃，压力升高到 200Pa 和 6666Pa 之间时（图中的 a 和 b 点之间），由于产生支链速度大于销毁速度，链反应很猛烈，就会发生爆炸；当压力继续升高，超过 b 点（大于 6666Pa）以后，由于混合物内分子的浓度增高，容易发生链中断反应，致使游离基销毁速度又超过链产生速度，链反应速度趋于缓和，混合物又不会发生爆炸了。这可以用链式反应理论来很好地解释：沿着 a、b 点之间的直线向上移动，也就是保持系统温度不变而升高系统的压力，因为氢氧混合气体压力较高，分子浓度的增大，减少了活化中心与器壁碰撞机会，但是自由基在扩散过程中，与气体内部大量稳定分子碰撞而消耗掉自己的能量，自由基结合成稳定分子，因此自由基主要消耗在气相中。而且随着压力的提高，这种机会越来越多，链的中断速度也越来越大，因而当压力增大到某一数值时，自由基销毁速度可能大于自由基增长速度，这时就出现了第二个极限，于是系统由爆炸转为不爆炸。

图 2-2 中 a 和 b 点时的压力，即 200Pa 和 6666Pa 分别是混合物在 500℃时的爆炸低限和爆炸高限。随着温度增加，爆炸极限会变宽。这是由于链反应需要有一定的活化能，链分支反应速度随温度升高而增加，而链终止的反应却随温度的升高而降低，故升高温度对产生链反应有利，结果使爆炸极限变宽，在图上呈现半

岛形。

越过第二极限的着火高界限后，若再继续提高压力，也就是沿着 b、c 点之间的直线向上移动，会出现第三个极限，高于该界限后会再一次引起爆燃，第三极限的存在可用热爆炸理论来解释。当压力再升高超过 c 点（大于 666610Pa）时，就会开始出现下列反应：

$$H\cdot + O_2 \rightarrow HO_2\cdot$$

$$HO_2\cdot + H_2 \rightarrow H\cdot + H_2O_2$$

$$HO_2\cdot + H_2O \rightarrow OH\cdot + H_2O_2$$

产生游离基 H·和 OH·，这两个反应是放热的，随着压力的增高，反应放热的现象越来越显著，由于反应放热使热量积累而引起反应自动加速的作用越来越重要。结果使反应释放出的热量超过从器壁散失的热量，从而使混合物的温度升高，进一步加快反应，促使释放出更多的热量，导致热爆炸的发生。达到第三爆燃界限时，由于反应放热大于散热而引起的升温和加速已居支配地位，此时的爆燃纯粹是一种热力爆燃，完全遵循热爆炸理论的规律。

综上所述，热反应的爆炸和支链反应爆炸历程有区别。热反应的爆炸：当燃烧在某一空间内进行时，如果散热不良会使反应温度不断提高，温度的提高又促使反应速度加快，如此循环进展而导致发生爆炸。支链反应爆炸：爆炸性混合物与火源接触，就会有活性分子生成，构成连锁反应的活性中心，当链增长速度大于链销毁速度时，游离基的数目就会增加，反应速度也随之加快，如此循环发展，使反应速度加快到爆炸的等级。爆炸是以一层层同心圆球面的形式向各方面蔓延的。

2.2 爆炸极限及其计算

2.2.1 爆炸极限的概念

可燃气体、可燃蒸气或可燃粉尘与空气构成的混合物，并不是在任何混合比例之下都有着火和爆炸的危险，而必须是在一定的比例范围内混合才能发生燃爆。混合的比例不同，其爆炸的危险程度亦不相同。例如，由一氧化碳与空气构成的混合物在火源作用下的燃爆实验情况见表 2-7。

CO 与空气混合在火源作用下的燃爆情况　　表 2-7

CO 在混合气中所占体积（%）	燃爆情况
<12.5	不燃不爆
12.5	轻度燃
12.5～30	燃爆逐渐加强
30	燃爆最强烈
30～80	燃爆逐渐减弱
80	轻度燃爆
>80	不燃不爆

表2-7所列的混合比例及其相对应的燃爆情况，清楚地说明可燃性混合物有一个发生燃烧和爆炸的浓度范围，亦即有一个最低浓度和最高浓度，混合物中的可燃物只有在这两个浓度之间才会有燃爆危险。

可燃物质（可燃气体、蒸气和粉尘）与空气（或氧气）必须在一定的浓度范围内均匀混合，形成预混气，遇点火源才会发生爆炸，这个浓度范围称为爆炸极限（或爆炸浓度极限）。爆炸极限是汉弗莱·戴维（Humphry Davy）在1815～1819年进行煤矿瓦斯爆炸的研究中首先发现的。可燃物质的爆炸极限受诸多因素的影响。例如：可燃气体的爆炸极限受温度、压力、氧含量、能量等影响；可燃粉尘的爆炸极限受分散度、湿度、温度和惰性粉尘等影响。

可燃气体和蒸气的爆炸极限一般用可燃气在空气中（混合物）的体积百分数来表示。如上面所列一氧化碳与空气混合物的爆炸极限为12.5%～80%。可燃粉尘的爆炸极限是以其在单位体积混合物中的质量数（g/m^3）来表示的，例如铝粉的爆炸极限为$40g/m^3$。可燃性混合物能够发生爆炸的最低浓度和最高浓度，分别称为爆炸下限和爆炸上限，如上述的12.5%和80%。这两者有时亦称为着火下限和着火上限。在低于爆炸下限和高于爆炸上限浓度时，既不爆炸，也不着火。这是由于前者的可燃物浓度不够，过量空气的冷却作用阻止了火焰的蔓延；而后者则是空气不足，火焰不能蔓延的缘故。也正因为如此，可燃性混合物的浓度大致相当于完全反应的浓度时，具有最大的爆炸威力，可能形成爆轰。完全反应的浓度可根据燃烧反应方程式计算出来。

可燃性混合物的爆炸极限范围越宽，其爆炸危险性越大，这是因为爆炸极限越宽，则出现爆炸条件的机会越多。爆炸下限越低，少量可燃物（如可燃气体稍有泄漏）就会形成爆炸条件；爆炸上限越高，则有少量空气渗入容器，就能与容器内的可燃物混合形成爆炸条件。生产过程中，应根据各种可燃物所具有爆炸极限的不同特点，采取严防跑、冒、滴、漏和严格限制外部空气渗入容器与管道内等安全措施。应当指出，可燃性混合物的浓度高于爆炸上限时，虽然不会着火和爆炸，但当它从容器或管道里逸出，重新接触空气时却能燃烧，因此仍有发生着火的危险。

2.2.2　爆炸极限的测试

可燃气体爆炸极限测定的方法不止一种，下面简单介绍《空气中可燃气体爆炸极限测定方法》GB/T 12474—2008。该标准规定了测定可燃气体在空气中爆炸极限的方法，适用于常压下测定可燃气体在空气中的爆炸极限值。

测试的原理是将可燃气体与空气按一定的比例混合，然后用电火花进行引燃，改变可燃气体浓度直至测得能发生爆炸的最低、最高浓度。

爆炸极限测试的装置见示意图2-3。装置主要由反应管、点火装置、搅拌装置、真空泵、压力计、电磁阀等组成。可燃气体和空气混合气利用电火花点燃，电火花能量大于混合气的最小点火能。

测试时先将装置抽真空，用分压法配置混合气，配好气后利用无油搅拌泵搅拌，停止搅拌后打开反应管底部泄压阀，然后点火，观察是否出现火焰。用渐近法通过测试确定极限值，测得最接近的火焰传播和不传播两点的浓度，并按下式

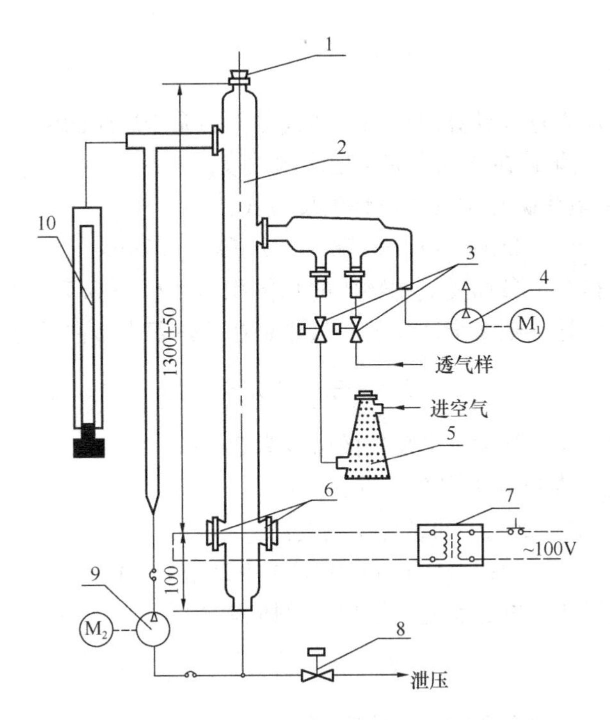

图 2-3 爆炸极限装置示意图

1—安全塞；2—反应管；3—电磁阀；4—真空泵；5—干燥瓶；6—放电电极；7—电压互感器；8—泄压电磁阀；9—搅拌泵；10—压力计；M_1、M_2—电动机

计算爆炸极限值。

$$\varphi = \frac{1}{2}(\varphi_1 + \varphi_2) \tag{2-1}$$

式中 φ——爆炸极限；

φ_1——传播浓度；

φ_2——不传播浓度。

2.2.3 爆炸极限的计算

各种可燃气体和可燃液体蒸气的爆炸极限可用专门仪器测定出来，或用经验公式计算。可燃气体和蒸气的爆炸极限有多种计算方法，主要根据完全燃烧反应所需的氧原子数、完全反应的浓度、燃烧热和散热等计算出近似值，以及其他的计算方法。爆炸极限的计算值与实验值一般有些出入，其原因是在计算式中只考虑到混合物的组成，而无法考虑其他一系列因素的影响，但仍具备参考价值。

1）爆炸完全反应浓度的计算

爆炸性混合物中的可燃物质和助燃物质的浓度比例恰好能发生完全的化合反应时，爆炸所析出的热量最多，所产生的压力也最大，实际的完全反应的浓度稍高于计算的完全反应的浓度。当混合物中可燃物质超过完全反应的浓度时，空气就会不足，可燃物质就不能全部燃尽，于是混合物在爆炸时所产生的热量和压力就会随着可燃物质在混合物中浓度的增加而减小；如果可燃物质在混合物中的浓度增加到爆炸上限，那么，其爆炸现象与在爆炸下限时所产生的现象大致相同。因此，可燃物质完全反应的浓度也就是理论上完全燃烧时在混合物中该可燃物质的含量。

（1）反应式法

根据化学反应方程式计算出可燃气体或蒸气的完全反应的浓度。

【例1】 求一氧化碳在空气中完全反应的浓度。

【解】 写出一氧化碳在空气中燃烧的反应式：

$$2CO+O_2+3.76N_2=2CO_2+3.76N_2$$

根据反应式得知，参加反应的物质的总体积为 2+1+3.76=6.76。若以 6.76 这个总体积为 100 计，则 2 个体积的一氧化碳在总体积中所占的比例为：

$$X=\frac{2}{6.76}=29.6\%$$

答： 一氧化碳在空气中完全反应的浓度为 29.6%。

【例2】 求乙炔在氧气中完全反应的浓度。

【解】 写出乙炔在氧气中的燃烧反应式：

$$2C_2H_2+5O_2=4CO_2+2H_2O+Q$$

根据反应式得知，参加反应的乙炔在总体积中占：

$$X_o=\frac{2}{7}=28.6\%$$

答： 乙炔在氧气中完全反应的浓度为 28.6%。

（2）公式法

可燃气体或蒸气分子式一般用 $C_\alpha H_\beta O_\gamma$ 表示，设燃烧 1mol 气体所必需的氧的物质的量为 n，则完全燃烧反应式可写成：

$$C_\alpha H_\beta O_\gamma+nO_2\longrightarrow \alpha CO_2+0.5\beta H_2O \qquad (2\text{-}2)$$

式中 $n=\alpha+0.25\beta-0.5\gamma$

如果把空气中氧气的浓度取为 20.9%，则在空气中可燃气体完全反应的浓度 X（%）一般可用下式表示：

$$X=\frac{1}{1+\dfrac{n}{0.209}}=\frac{20.9}{0.209+n}\% \qquad (2\text{-}3)$$

设在氧气中可燃气体完全反应的浓度为 X_o（%），即：

$$X_o=\frac{100}{1+n}\% \qquad (2\text{-}4)$$

【例3】 分别求出氢气、甲醇在空气中和氧气中完全反应的浓度。

【解】 H_2：$n=\alpha+0.25\beta-0.5\gamma=0+0.25\times2-0=0.5$

$$X(H_2)=\frac{20.9}{0.209+n}=\frac{20.9}{0.209+0.5}=29.48\%$$

$$X_o(H_2)=\frac{100}{1+0.5}=66.7\%$$

CH_3OH：$n=\alpha+0.25\beta-0.5\gamma=1+0.25\times4-0.5\times1=1.5$

$$X(CH_3OH)=\frac{20.9}{0.209+n}=\frac{20.9}{0.209+1.5}=12.23\%$$

$$X_o(CH_3OH)=\frac{100}{1+1.5}=40\%$$

答：氢气在空气、氧气中完全反应的浓度分别为29.48%和66.7%。甲醇在空气、氧气中完全反应的浓度分别为12.23%和40%。

（3）查表法

根据完全燃烧反应式（2-2）可得：

$$2n=2\alpha+0.5\beta-\gamma \tag{2-5}$$

根据$2n$的数值，从表2-8中可直接查出可燃气体（或蒸气）在空气（或氧气）中完全反应的浓度。

【例4】试分别求丙烷、苯在空气中和氧气中完全反应的浓度。

【解】由公式$2n=2\alpha+0.5\beta-\gamma$，依分子式分别求出$2n$值如下：

C_3H_8 $2n=10$

C_6H_6 $2n=15$

由$2n$值直接从表2-8中分别查出它们的X和X_o值：

$X(C_3H_8)=4\%$ $X_o(C_3H_8)=16.7\%$

$X(C_6H_6)=2.7\%$ $X_o(C_6H_6)=11.76\%$

答：丙烷在空气、氧气中完全反应的浓度分别为4%和16.7%。苯在空气、氧气中完全反应的浓度分别为2.7%和11.76%。

可燃气体（蒸气）在空气（或氧气）中完全反应的浓度 **表2-8**

氧分子数n	氧原子数$2n$	完全反应浓度%		可燃物举例
		在空气中 $X=\frac{20.9}{0.209+n}$	在氧气中 $X_0=\frac{100}{1+n}$	
≤1	0.5	45.5	80.0	氢气、一氧化碳
	1.0	29.5	66.7	
	1.5	21.8	57.2	
	2.0	17.3	50.0	
≤2	2.5	14.3	44.5	甲醇、二硫化碳 甲烷、醋酸
	3.0	12.2	40.0	
	3.5	10.7	36.4	
	4.0	9.5	33.3	
≤3	4.5	8.5	30.8	乙炔、乙醛 乙烯、乙醇
	5.0	7.7	28.6	
	5.5	7.1	26.7	
	6.0	6.5	25.0	
≤4	6.5	6.1	23.5	氯乙烷、乙烷 甲酸乙酯、丙酮
	7.0	5.6	22.2	
	7.5	5.3	21.1	
	8.0	5.0	20.0	
≤5	8.5	4.7	19.0	丙烯、丙醇 丙烷、乙酸乙酯
	9.0	4.5	18.2	
	9.5	4.2	17.4	
	10.0	4.0	16.7	

续表

氧分子数 n	氧原子数 $2n$	完全反应浓度%		可燃物举例
		在空气中 $X=\frac{20.9}{0.209+n}$	在氧气中 $X_0=\frac{100}{1+n}$	
≤6	10.5	3.82	16.00	丁酮、乙醚 丁烯、丁醇
	11.0	3.72	15.40	
	11.5	3.50	14.80	
	12.0	3.36	14.30	
≤7	12.5	3.23	13.80	丁烷、甲酸丁酯 二氯苯
	13.0	3.10	13.30	
	13.5	3.00	12.90	
	14.0	2.89	12.50	
≤8	14.5	2.80	12.12	溴苯、氯苯 苯、戊醇 戊烷、乙酸丁酯
	15.0	2.70	11.76	
	15.5	2.62	11.42	
	16.0	2.54	11.10	
≤9	16.5	2.47	10.81	苯甲醇、甲酚 环己烷、庚烷
	17.0	2.39	10.52	
	17.5	2.33	10.26	
	18.0	2.26	10.00	
≤10	18.5	2.20	9.76	丙酸丁酯 甲基环己醇
	19.0	2.15	9.52	
	19.5	2.10	9.30	
	20.0	2.05	9.09	

2）经验公式法计算爆炸极限

根据完全燃烧反应所需的氧原子数计算有机物的爆炸下限和上限的体积分数，此法的计算误差较大，可作估算之用。

计算爆炸下限公式：

$$L_X=\frac{100}{4.76(N-1)+1} \tag{2-6}$$

计算爆炸上限公式：

$$L_S=\frac{4\times 100}{4.76N+4} \tag{2-7}$$

式中　L_X——可燃性混合物爆炸下限，%；

L_S——可燃性混合物爆炸上限，%；

N——每摩尔可燃气体完全燃烧所需的氧原子数，$N=2n$。

【例 5】 试求乙烷在空气中的爆炸下限和上限。

【解】 先写出乙烷的完全燃烧反应式：

$$2C_2H_6+7O_2=\!=\!=4CO_2+6H_2O$$

然后求 N 值：$N=7$

最后将 N 值分别代入式（2-6）和式（2-7）

$$L_X = \frac{100}{4.76(7-1)+1} = \frac{100}{29.56} = 3.38\%$$

$$L_S = \frac{4 \times 100}{4.76 \times 7 + 4} = \frac{400}{37.32} = 10.7\%$$

答：乙烷在空气中的爆炸极限为3.38%～10.7%。

某些有机物爆炸极限计算值与实验值的比较见表2-9，从表中所列数值可以看出，烷烃的爆炸下限与上限的计算值与实验值非常接近。

烷烃的化学当量浓度及其爆炸极限计算值与实验值的比较　　表2-9

序号	可燃气体	分子式	α	化学当量浓度		爆炸下限 L_X（%）		爆炸上限 L_S（%）		
				$2n_0$	X_0（%）	计算值	实验值	计算值	$2n$	实验值
1	甲烷	CH_4	1	4	9.5	5.2	5.0	14.3	2.5	15.0
2	乙烷	C_2H_6	2	7	5.6	3.4	3.0	10.7	3.0	12.5
3	丙烷	C_3H_8	3	10	4.0	2.2	2.1	9.5	4.0	9.5
4	丁烷	C_4H_{10}	4	13	3.1	1.7	1.5	8.5	4.5	8.5
5	异丁烷	C_4H_{10}	4	13	3.1	1.7	1.3	8.5	4.5	8.4
6	戊烷	C_5H_{12}	5	16	2.5	1.4	1.4	7.7	5.0	8.0
7	异戊烷	C_5H_{12}	5	16	2.5	1.4	1.3	7.7	5.0	7.6
8	二甲基丙烷	C_5H_{12}	5	16	2.5	1.4	—	7.7	5.0	7.5
9	己烷	C_6H_{14}	6	19	2.2	1.2	1.2	7.1	5.5	7.5
10	二甲基丁烷	C_6H_{14}	6	19	2.2	1.2	—	7.1	5.5	7.0
11	甲基戊烷	C_6H_{14}	6	19	2.2	1.2	—	7.1	5.5	7.0
12	庚烷	C_7H_{16}	7	22	1.9	1.0	1.03	6.5	6.0	6.7
13	二甲基戊烷	C_7H_{16}	7	22	1.9	1.0	—	6.5	6.0	6.7
14	辛烷	C_8H_{18}	8	25	1.6	0.9	0.95	6.1	6.5	6.0
15	异辛烷	C_8H_{18}	8	25	1.6	0.9	—	6.1	6.5	6.0
16	壬烷	C_9H_{20}	9	28	1.5	0.8	0.85	5.6	7.0	5.6
17	四甲基戊烷	C_9H_{20}	9	28	1.5	0.8	—	5.6	7.0	4.9
18	二乙基戊烷	C_9H_{20}	9	28	1.5	0.8	—	5.6	7.0	5.7
19	癸烷	$C_{10}H_{22}$	10	31	1.3	0.7	0.75	5.3	7.5	5.4

3）半理论半经验公式法计算爆炸极限

此计算公式用于链烷烃类，其计算值与实验值比较，误差不超过10%。例如，甲烷爆炸极限的实验值为5.0%～15%，与计算值非常接近（见表2-9）。但用来估算 H_2、C_2H_2以及含 N_2、CO 等可燃气体时，出入较大，不可应用。

根据可燃气体的完全反应浓度 X，来确定爆炸下限和上限。计算公式如下：

$$L_X = 0.55X \tag{2-8}$$

$$L_S = 4.8\sqrt{X} \tag{2-9}$$

式中 X 的值可以采用前述完全反应浓度的任一计算方法——反应式法、公式法或查表法得出。

【例 6】 试求甲烷在空气中的爆炸浓度下限和上限。

【解】 列出完全燃烧反应式：

$$CH_4 + 2O_2 \longrightarrow CO_2 + 2H_2O$$

从表 2-8 中查出甲烷在空气中完全燃烧的浓度计算公式为：

$$X = \frac{20.9}{0.209 + n}$$

将 1mol 甲烷完全燃烧所需氧的摩尔数 $n=2$，代入上式得：

$$X = \frac{20.9}{0.209 + 2} = 9.5$$

将 X 值代入式（2-8）和式（2-9）得：

$$L_X = 0.55 \times 9.5 = 5.2\%$$

$$L_S = 4.8\sqrt{9.5} = 14.8\%$$

答：甲烷的爆炸极限为 5.2%～14.8%。

4）北川彻三法计算爆炸上限

此法是日本北川彻三教授提出的利用有机可燃气体（蒸气）分子中的碳原子数来计算其爆炸上限。此法对于烷烃而言，计算值与实测值很接近。

由于同系物有机可燃气体（蒸气）分子中碳原子数 α 与其爆炸上限 L_S 上所需的氧原子数 $2n'$ 之间有直线关系，因此，有机物爆炸上限值可直接由表 2-10 所列的氧原子数 $2n'$ 计算式，求得 $2n'$ 值。由 n' 值即可算得爆炸上限，计算公式如下：

$$L_S = \frac{20.9}{0.209 + n'}\% \tag{2-10}$$

或者无需代入上述计算公式直接从表 2-8 中找到相对应数值。

有机可燃气体（蒸气）爆炸上限相对应的氧原子 $2n'$ 的计算式　　表 2-10

气体介质	$2n'$ 的计算式	有机可燃气体类别
在空气中	$2n' = 0.5\alpha + 2.5$	烷烃（$\alpha \geqslant 3$）
	$2n' = 0.5\alpha + 2.0$	烷烃（$\alpha=1，2$） 烯烃 脂环烃 芳香烃 酮类 一氯代烃（$\alpha \geqslant 3$）
	$2n' = 0.5\alpha + 1.5$	氯代烃（$\alpha=1，2$） 胺类
	$2n' = \alpha$	有机酸类
	$2n' = \alpha - 0.5$	酯类 醇类

续表

气体介质	$2n'$的计算式	有机可燃气体类别
在氧气中	$2n'=0.5\alpha$	烷烃
	$2n'=0.5\alpha-0.5$	烯烃 脂环烃

注：α为有机物分子中碳原子数。

【例7】 试求甲苯在空气中的爆炸上限。

【解】 甲苯的分子式 $C_6H_5CH_3$，其中碳原子数 $\alpha=7$，属于芳香烃。

从表 2-10 中查得与爆炸上限相对应的氧原子数 $2n'$的计算式：

$2n'=0.5\alpha+2$ 将碳原子数代入，$2n'=0.5\times7+2=5.5$

再从表 2-8 中查得与 $2n'$相对应的爆炸上限为 7.1%。

答： 甲苯在空气中的爆炸上限为 7.1%。

【例8】 试求丙烷在空气中的爆炸上限。

【解】 丙烷的分子式 C_3H_8，其中碳原子数 $\alpha=3$，属于烷烃。

从表 2-10 中查得与爆炸上限相对应的氧原子数 $2n'$的计算式：

$2n'=0.5\alpha+2.5$ 将碳原子数代入，$2n'=0.5\times3+2.5=4$

再从表 2-8 中查得与 $2n'$相对应的爆炸上限为 9.5%。

答： 丙烷在空气中的爆炸上限为 9.5%。表 2-9 可以看出用北川彻三方法计算所得的丙烷爆炸上限和实测数据一致。

以上三种方法都是用来计算一种可燃气体爆炸极限的。下面介绍多种气体混合物爆炸极限的计算方法。

5）多种可燃气体组成混合物的爆炸极限计算

由多种可燃气体组成爆炸性混合气体的爆炸极限，可根据各组分的爆炸极限，按照理查特里法则进行近似的计算。其经验公式如下：

$$L_m=\frac{100}{\frac{V_1}{L_1}+\frac{V_2}{L_2}+\frac{V_3}{L_3}+\cdots+\frac{V_n}{L_n}} \tag{2-11}$$

式中 L_m——爆炸性混合气的爆炸极限，%；

L_1、L_2、$L_3\cdots L_n$——组成混合气各组分的爆炸极限，%；

V_1、V_2、$V_3\cdots V_n$——各组分在混合气中的浓度，%。

$$V_1+V_2+V_3+\cdots+V_n=100\%$$

此公式运用条件有 3 个：①各单独组分间不相互发生反应；②燃烧时无催化作用；③各组分反应特性接近或属于同系物。通常用上式求得的爆炸下限比较接近实际，而爆炸上限则有时偏差较大。但用它来求爆炸上限值的大致趋向也是方便的。另外此公式用于煤气、水煤气、天然气等碳氢化合物类混合气爆炸极限的计算比较准确，而对氢与乙烯、氢与硫化氢，甲烷与硫化氢等混合气及一些含二硫化碳的混合气体，则误差较大。氢气、一氧化碳、甲烷混合气爆炸极限的实测值和计算值列于表 2-11。

氢气、一氧化碳、甲烷混合气的爆炸极限　　表 2-11

可燃气的组成体积(%)			爆炸极限(%)		可燃气的组成体积(%)			爆炸极限(%)	
H_2	CO	CH_4	实测值	计算值	H_2	CO	CH_4	实测值	计算值
100	0	0	4.1～75		0	0	100	5.6～15.1	—
75	25	0	4.7～—	4.9～—	25	0	75	4.7～—	5.1～—
50	50	0	6.05～71.8	6.2～72.2	50	0	50	6.4～—	4.75～—
25	75	0	8.2～—	8.3～—	75	0	25	4.1～—	4.4～—
10	90	0	10.8～—	10.4～—	90	0	10	4.1～—	4.2～—
0	100	0	12.5～73.0	—	33.3	33.3	33.3	5.7～26.9	6.6～32.4
0	75	25	9.5～—	9.6～—	55	15	30	4.7～—	5.0～—
0	50	50	7.7～22.8	7.75～25.0	48.5	0	51.5	—～33.6	—～24.5
0	25	75	6.4～—	6.5～—					

【例 9】 某种天然气的组成如下：甲烷 80%，乙烷 15%，丙烷 4%，丁烷 1%。求此天然气爆炸下限。

【解】 通过查表或计算可得各组分的爆炸下限分别为 5.0%，3.22%，2.37% 和 1.86%，则该天然气的爆炸下限为：

$$L_X = \frac{100}{\frac{80}{5.0}+\frac{15}{3.22}+\frac{4}{2.37}+\frac{1}{1.86}} = 4.37\%$$

将各组分的爆炸上限代入式（2-11），也可求出天然气的爆炸上限。

答： 该天然气在空气中的爆炸下限为 4.37%。

6）含有惰性气体的多种可燃气混合物爆炸极限计算

如果爆炸性混合物中含有惰性气体，如氮、二氧化碳等，此类混合气的爆炸极限可以利用图 2-4 来计算。图中给出了常见的几种双组分混合气体爆炸极限的测试曲线。计算方法借用了数学消元法的思路，将一种惰性气体与一种可燃气体配对视为一种“新”的可燃气，然后求出“新”可燃气中可燃气体和惰性气体分别组成的混合比，再从相应的比例图（见图 2-4 ）中查出它们的爆炸极限，最后将各组的爆炸极限代入理查特里公式即可算出混合气的爆炸极限。

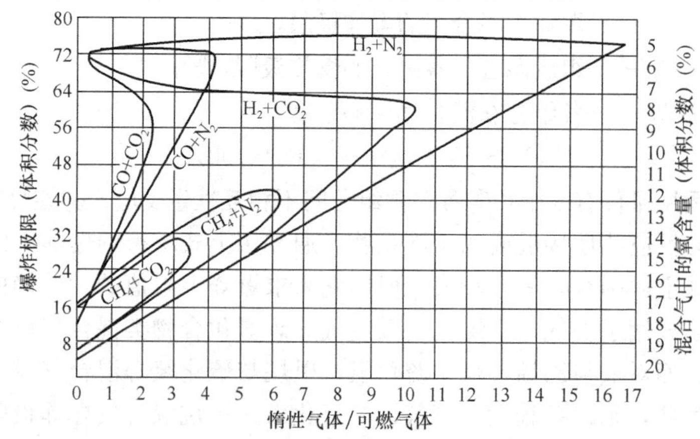

图 2-4　氢、一氧化碳、甲烷和氮、二氧化碳混合气爆炸极限

【例 10】 求某回收煤气的爆炸极限，其组成为：CO 为 58%，CO_2 为 19.4%，N_2 为 20.7%，H_2 为 1.9%。

【解】 将煤气中的四种组分分为两组（1 可燃气体+1 阻燃性气体）

第 1 组：$CO+CO_2$

$$58\%(CO)+19.4\%(CO_2)=77.4\%(CO+CO_2)$$

其中：

$$\frac{CO_2}{CO}=\frac{19.4}{58}=0.33$$

从图 2-4 中查得 $L_S=70\%$，$L_X=17\%$。

第 2 组：H_2+N_2

$$1.9\%(H_2)+20.7\%(N_2)=22.6\%(H_2+N_2)$$

其中：

$$\frac{N_2}{H_2}=\frac{20.7}{1.9}=10.9$$

从图 2-4 中查得 $L_S=76\%$，$L_X=52\%$。

将以上爆炸上限和爆炸下限代入理查特里公式（2-11），即可求得煤气的爆炸极限：

$$L_S=\frac{100}{\frac{77.4}{70}+\frac{22.6}{76}}=71.3\%$$

$$L_X=\frac{100}{\frac{77.4}{17}+\frac{22.6}{52}}=20.0\%$$

答： 该煤气的爆炸极限为 20.0%～71.3%。

【例 11】 求某煤气的爆炸极限，煤气的组成为：CO 为 27.3%，H_2 为 12.4%，CH_4 为 0.7%，CO_2 为 6.2%，N_2 为 53.4%。

【解】 将煤气中的五种组分分为 3 组

第 1 组：CO_2+H_2

$$6.2\%(CO_2)+12.4\%(H_2)=18.6\%(CO_2+H_2)$$

其中：

$$\frac{CO_2}{H_2}=\frac{6.2}{12.4}=0.5$$

从图 2-4 中查得 $L_{S1}=70\%$，$L_{X1}=6\%$。

第 2 组：N_2+CO

$$53.4\%(N_2)+27.3\%(CO)=80.7\%(H_2+N_2)$$

其中：

$$\frac{N_2}{CO}=\frac{53.4}{27.3}=1.96$$

从图 2-4 中查得 $L_{S2}=73\%$，$L_{X2}=40\%$。

第 3 组：CH_4 的爆炸极限为 $L_{S3}=15\%$，$L_{X3}=5\%$。

将以上爆炸上限和爆炸下限代入理查特里公式（2-11），即可求得煤气的爆炸极限：

$$L_X=\frac{100}{\frac{18.6}{6}+\frac{80.7}{40}+\frac{0.7}{5}}=19.0\%$$

$$L_S=\frac{100}{\frac{18.6}{70}+\frac{80.7}{73}+\frac{0.7}{15}}=70.5\%$$

答：该煤气的爆炸极限为 19.0%～70.5%。

7）三组分混合气体的爆炸极限——三元体系三角图图示法

由可燃气体、惰性气体和空气（或氧气）组成混合物（三元体系）的爆炸浓度范围也可用三角坐标图表示，这是一种实用性较强的算图。图 2-5 所示为可燃气体 A、助燃气体 B 和惰性气体 C 组成的三角坐标图，在图内任何一点，表示三种成分的不同百分比。其读法是在点上作三条平行线，分别与三角形的三条边平行，每条平行线与相应边的交点，可读出其浓度。例如，图 2-5 中 M 点表示可燃气体 A 体积分数为 50%，助燃气体 B 体积分数为 20%，惰性气体 C 体积分数为 30%；图 2-5 中 N 点表示可燃气体 A 体积分数为 30%，助燃气体 B 体积分数为 0，惰性气体 C 体积分数为 70%。依此类推。

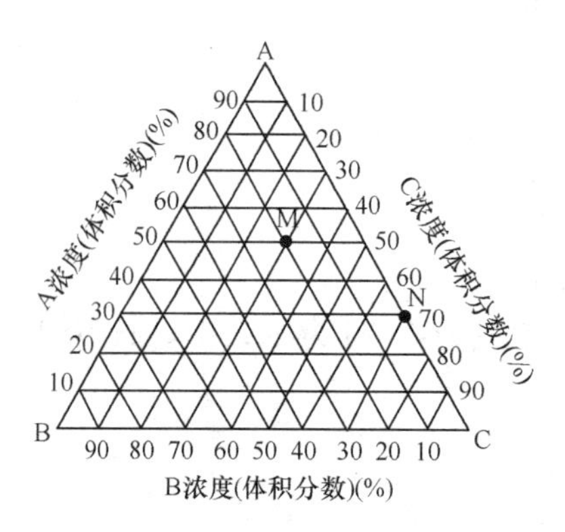

图 2-5　三成分系混合气组成三角坐标

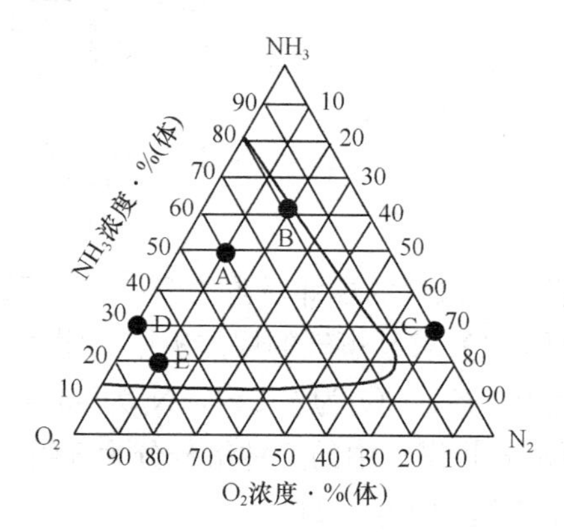

图 2-6　氨-氧-氮混合气的爆炸极限（常温、常压）

图 2-6 是由氨-氧-氮混合气的爆炸极限三角图。图中曲线内的部分表示氨气在氨-氧-氮三元体系中的爆炸极限。图内各点表示的具体意义如表 2-12 所示，其中 A、D、E 点在爆炸极限范围内；B 点在爆炸范围边缘，在点火能量足够大时，有可能发生爆炸；C 点在爆炸极限之外，不会发生爆炸。

氨-氧-氮爆炸极限三角图各点意义　　**表 2-12**

各点组分	O_2（%）	NH_3（%）	N_2（%）
A	40	50	10
B	20	60	20
C	0	30	70

续表

各点组分	O_2（%）	NH_3（%）	N_2（%）
D	70	30	0
E	70	20	10

对某些可燃气体与空气（或氧气）混合的装置，为了防止发生爆炸危险，往往需要加入氮气、二氧化碳等惰性介质，使混合气体处于爆炸范围之外，这时即可利用三角坐标图来确定惰性介质的添加量。以图 2-7 所示的甲烷-氧-氮混合气为例进行分析。连接正三角形顶点 CH_4 和对边（含氧量坐标线）21 点处的直线称空气组分线，因为该直线上任意一点，氧和氮之比等于 21∶79。空气组分线与爆炸三角区的上、下交点，即为甲烷在空气中的爆炸上限 L_S 和爆炸下限 L_X。连接顶点 CH_4 和 N_2 的边，是氧浓度为零的线。平行于这条边的直线表示氧浓度为定值的混合物。在定值氧浓度线中，重要的是通过爆炸上限范围线末端的线，即平行氮气坐标线作爆炸三角区的切线，得临界氧浓度线，该线与氧坐标线的交点即为氧浓度的临界值，这是安全上重要的数值。在添加惰性气体时，只要混气中的氧含量处在临界值以下，混气遇火就不会发生爆炸。甲烷的临界氧含量浓度由图上可知为 12%（温度为 26℃，标准大气压）。例如，某一浓度的混合气体 M_1，其中加进甲烷时，起初得到连接顶点 CH_4 与 M_1 所有组分的混合物，等到均匀后，便得到新的混合物组分 M_2。同样，加入氧气时，就成为连接 M_1 与顶点 O_2 直线上的组分。两种以上气体加入混合气体 M_1 时，可把这些分为两个阶段加以考虑，并由此得到新的组分。例如，加入甲烷和氧气时，首先加入甲烷形成混合物 M_2，接着加入氧形成混合物 M_3。在这些过程中，根据组分点或组分线是落在爆炸范围以内还是在爆炸范围以外，可以判断出爆炸危险性。图中向 M_1 添加甲烷的过程中，是没有爆炸危险的；但在添加氧的过程中，均匀混合物的组分处在爆炸范围之内，有爆炸危险。其他重要的线是从氧的顶点向下限线所作的切线，称之为可燃气体与惰性气体的临界比。可燃气体与惰性气体的比取在这线以下时，不管怎样加入氧气，也不会进入爆炸范围以内。一般下限线平行底边 O_2—N_2 线，当靠近下限线组分取可燃气体时，采用添加惰性气体以防止爆炸的措施，需要知道这个临界比，并使惰性气体浓度超过它才行。在实际生产中采用三角图指导惰化时，应注意实际情况中的温度和压力变化，爆炸范围也发生变化。

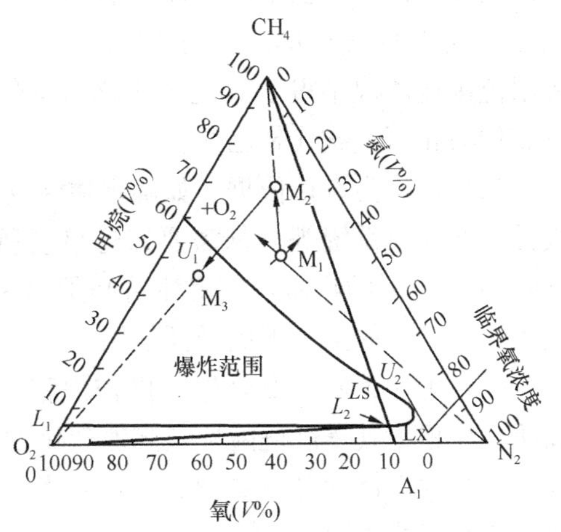

图 2-7　甲烷-氧-氮混合气的爆炸极限三角图

2.2.4　爆炸极限的应用

人们在发现和掌握可燃物质的爆炸极限这一规律之前，认为所有可燃物质都是很危险的，因此防爆条例都比较严格。在认识爆炸极限规律之后，就可以将其实际应用在以下三方面：

（1）可用来评定可燃气体和可燃液体燃爆危险性的大小，作为可燃气体分级和确定其火灾危险性类别的标准。例如，可燃气体按爆炸下限 L_X<10%或 L_X≥10%，其火灾危险性分别为甲类、乙类。实际生产过程中，可通过爆炸极限来区分可燃物质的爆炸危险程度，从而尽可能用爆炸危险性小的物质代替爆炸危险性大的物质。例如，乙炔的爆炸极限为 2.2%～81%，液化石油气组分的爆炸极限分别为丙烷 2.17%～9.5%，丁烷 1.15%～8.4%，丁烯 1.7%～9.6%。它们的爆炸极限范围比乙炔小得多，说明液化石油气的爆炸危险性比乙炔小，因而在气割时推广用液化石油气代替乙炔。

（2）可作为设计依据，如确定建筑物的耐火等级、选择防爆电机和电器类型、设计厂房通风系统等，都需要知道该场所可燃气体的爆炸极限。例如，生产爆炸下限小于 10%的物质，厂房建筑必须是一级、二级耐火等级，应选用隔爆型电气设备，厂房中的空气不应循环使用。

（3）可作为制定安全生产操作规程的依据。在生产和使用可燃气体和液体的场所，应根据其燃爆危险性及其他理化性质，采取相应的防爆技术措施，如通风、检测、惰性气体稀释、置换、检测报警等以保证生产场所可燃气（蒸气）浓度严格控制在爆炸下限以下。

2.3　防爆技术基本理论

2.3.1　可燃物质化学性爆炸的条件

可燃物质的化学性爆炸必须同时具备下列三个条件，且三个条件共同作用才能发生：

（1）存在着可燃物质，包括可燃气体、液体蒸气或薄雾、粉尘。

（2）可燃物质与空气（或氧气）混合并且达到爆炸极限，形成爆炸性混合物。

（3）有足够引燃爆炸性混合物的引爆能量。对于任何一种可燃气体（蒸气）的爆炸性混合物，都有一个最小引燃能量，低于这个能量，混合物就不会发生爆炸。例如，引起烷烃爆炸的电火花的最小电流强度分别为：甲烷 0.57A，乙烷 0.45A，丙烷 0.36A，丁烷 0.48 A，戊烷 0.55A。引爆能源有：明火火源，机械能，高温热体热能，化学能，电能，光能，宇宙射线、放射线的高速粒子束和电磁波能量，原子弹、炮弹、炸药等爆炸的冲击波能量等。

2.3.2　爆炸与燃烧的关系

1）区别

（1）爆炸最主要的特征是压力的急剧上升并不一定着火（发光、放热）；而燃烧肯定有发光放热现象，但与压力无特别关系。燃烧中反应区内产物质点运动方向与燃烧波面方向相反，因此燃烧波面内的压力较低；爆轰时反应区内产物质点运动方向与爆轰波传播方向相同，爆轰波区内压力可高达数十万个大气压，故破坏能力大。

（2）化学爆炸（其中绝大多数是氧化反应）与燃烧现象本质上都属于氧化反

应，但二者反应速度、放热速率不同，火焰传播速度也不同，前者比后者快得多。因为功率与做功时间成反比，反应时间越短，功率越大，则做功的本领大，破坏力也就越大。

(3) 由于燃烧和化学爆炸的反应速度相差较大，因此火灾和爆炸的发展过程显著不同，火灾有初起、发展、衰弱、熄灭阶段等过程，造成的损失随时间延续而加重。因此一旦发生火灾，如能尽快进行扑救，则可减少损失。化学爆炸实质是瞬间燃烧，通常在1s之内完成反应过程，猝不及防，一旦发生，损失无法减免。

2）联系

(1) 化学爆炸与燃烧现象本质上都属于可燃物质的氧化反应。

(2) 化学爆炸和燃烧可随条件而转化。同一物质在一种条件下可以燃烧，在另一种条件下可以爆炸。例如，煤块只能缓慢燃烧，如果将它磨成煤粉，再与空气混合后就可能爆炸。由于燃烧和化学爆炸可以随条件而转化，所以生产过程发生的这类事故，有些是先爆炸后着火，例如油罐、电石库或乙炔发生器爆炸之后，接着往往是一场大火；而在某些情况下会是先火灾而后爆炸，例如抽空的油槽在着火时，可燃蒸气不断消耗，而又不能及时补充较多的可燃蒸气，因而浓度不断下降，当蒸气浓度下降进入某一浓度范围内，则发生爆炸。

2.3.3 防爆技术基本理论及应用

防止可燃物质化学性爆炸三个基本条件的同时存在，就是防爆技术的基本理论。因此，防止可燃物质化学性爆炸全部技术措施的实质，就是制止化学性爆炸三个基本条件的同时存在。现代用于生产和生活的可燃物种类繁多，数量庞大，而且生产过程情况复杂，因此，需要根据不同的条件，采取各种相应的防护措施。但从总体来说，预防爆炸的技术措施都是在防爆技术基本理论指导下采取的。

(1) 在消除可燃物这一基本条件方面，通常采取防止可燃物（可燃气体、蒸气和粉尘）泄漏，即防止跑、冒、滴、漏。这是化工、炼油、制药、化肥、农药和其他使用可燃物质的工矿企业所必须采取的重要技术措施。防止泄漏也是防爆的重要措施，除了预防可燃物质从旋转轴滑动面、接缝、腐蚀孔和小裂纹等处的跑、冒、滴、漏之外，特别需要注意预防从阀门、盖子或管子脱节等处的大量泄漏。又如，某些遇水能产生可燃气体的物质如碳化钙遇水产生乙炔气，则必须采取严格的防潮措施，这是电石库为防止爆炸事故而采取一系列防潮技术措施的理论依据。凡是在生产中可能产生可燃气体、蒸气和粉尘的厂房必须通风良好。

(2) 为消除可燃物与空气（或氧气）混合形成爆炸性混合物，通常采取防止空气进入容器设备和燃料管道系统的正压操作、设备密闭、惰性介质保护以及测爆仪等技术措施。例如为了消除可燃物形成爆炸性混合物而采取的惰化措施，即利用惰性介质氮气、二氧化碳和水等，排除容器设备或管道内的可燃物，使其浓度保持在远小于爆炸下限范围。又如为预防形成爆炸性混合物，可采取措施严格控制系统的氧含量，使其降至某一临界值（氧限值或极限含氧量）以下。

(3) 控制火源，例如采用防爆电动机、电器、静电防护，采用不产生火花的铜制工具或铍铜合金工具，严禁明火，保护性接地或接零以及防雷技术措施等。

2.4 爆炸温度和爆炸压力的计算

物质的爆炸温度和爆炸压力是衡量爆炸破坏力的两个重要参数。

爆炸在瞬间发生，可以认为：爆炸前后爆炸物质和爆炸产物所占的容积是相同的，称为定容过程。在此过程中，爆炸所放出的热量来不及散失出去，而全部用来加热爆炸产物，可认为是绝热过程。在这特定条件下产生的温度和压力即为爆炸的最高温度和最大压力。

爆炸温度和爆炸压力可以用实验的方法进行测定，也可以用理论计算的方法求得。由于爆炸过程极为迅速，过程前后温度、压力发生急剧的突变，可形成数千度的高温和较高的压力。这些往往具有破坏性，它们给实验测定爆炸温度和压力带来许多困难。所以用理论计算的方法求得最高温度和最大压力仍然具有实际意义。

2.4.1 爆炸温度的计算

1）热平衡法

计算的三点假设：爆炸物质的爆炸过程是定容过程；爆炸过程是绝热过程；爆炸产物的热容只是温度的函数。

理论上的爆炸最高温度可根据反应热计算，具体步骤分三步：

（1）列完全反应方程式，得到各产物的摩尔数。

（2）计算产物总热容 $C_v = \Sigma n_i C_{v,i}$。

（3）由热平衡式 $Q_r = C_v \times t$ 计算爆温 t_M。

【例12】求乙醚与空气混合物的爆炸温度。

【解】先列出乙醚在空气中燃烧的反应方程式：

$$C_4H_{10}O + 6O_2 + 22.6N_2 \longrightarrow 4CO_2 + 5H_2O + 22.6N_2$$

氮的摩尔数是按空气中 $N_2 : O_2 = 79 : 21$ 的比例确定的。所以 $6O_2$ 对应的 N_2 应为：

$$6 \times 79/21 = 22.6$$

由反应方程式可知，爆炸前的分子数为29.6，爆炸后为31.6。

然后计算燃烧产物的热容。气体平均摩尔定容热容计算式见表2-13。

根据表中所列计算式，燃烧产物各组分的热容为：

N_2的摩尔定容热容为$[(4.8+0.00045t)\times 4186.8]$ J/(kmol·℃)

H_2O的摩尔定容热容为$[(4.0+0.00215t)\times 4186.8]$ J/(kmol·℃)

CO_2的摩尔定容热容为$[(9.0+0.00058t)\times 4186.8]$ J/(kmol·℃)

气体平均摩尔定容热容计算式 表2-13

气体	热容（4186.8J/kmol·℃）
单原子气体（Ar、He、金属蒸气等）	4.93
双原子气体（N_2、O_2、H_2、CO、NO等）	$4.80+0.00045t$
CO_2、SO_2	$9.0+0.00058t$

续表

气体	热容（4186.8J/kmol·℃）
H_2O、H_2S	$4.0+0.00215t$
所有四原子气体（NH_3及其他）	$10.00+0.00045t$
所有五原子气体（CH_4及其他）	$12.00+0.00045t$

燃烧产物的总热容为：

$$[22.6(4.8+0.00045t)\times 4186.8]+[5(4.0+0.00215t)\times 4186.8]$$
$$+[4(9.0+0.00058t)\times 4186.8]$$
$$=[(688.6+0.0973t)\times 10^3](\text{J/kmol}\cdot℃)$$

燃烧产物的总热容为$[(688.6+0.0973t)\times 10^3]$(J/kmol·℃)。这里的热容是定容热容，符合密闭容器中爆炸情况。

最后求爆炸最高温度。从表1-16查得乙醚的燃烧热为2.7×10^6 J/mol，即2.7×10^9 J/kmol。

因为爆炸速度极快，是在近乎绝热情况下进行的，所以，全部燃烧热可近似地看做用于提高燃烧产物的温度，也就是等于燃烧产物热容与温度的乘积，即：

$$2.7\times 10^9=[(688.6+0.0973t)\times 10^3]\cdot t$$

解上式得爆炸最高温度t为2807℃。

上面计算是将原始温度视为0℃。爆炸最高温度非常高，虽然初始温度与正常室温有若干度的差数，但对计算结果的准确性并无显著的影响。

2）根据燃烧反应方程式与气体的内能计算爆炸温度

可燃气体或蒸气的爆炸温度可利用能量守恒定律估算，即根据爆炸后各生成物内能之总和与爆炸前各种物质内能及物质的燃烧热的总和相等的规律进行计算。公式表示为：

$$\Sigma u_2=\Sigma Q+\Sigma u_1 \tag{2-12}$$

具体的计算步骤分四步：

（1）列完全反应方程式，得反应物、产物各物质的摩尔数。

（2）计算$\Sigma u_1=\Sigma n_{i,1}u_{i,1}$。

（3）查Q，得$\Sigma u_2=\Sigma Q+\Sigma u_1$，而$\Sigma u_2=\Sigma n_{i,2}u_{i,2}$。

（4）插值法，求T（绝对温度）。

式中 Σu_2——爆炸后产物的内能总和；

Σu_1——爆炸前物质的内能总和；

ΣQ——燃烧物质的燃烧热总和。

【例13】已知一氧化碳在空气中的浓度为20%，求CO与空气混合物的爆炸温度。爆炸混合物的最初温度为300K。

【解】通常，空气中氧占21%，氮占79%，所以混合物中氧和氮分别占：

氧 $\frac{21}{100}\times\frac{100-20}{100}=16.8\%$ 氮 $\frac{79}{100}\times\frac{100-20}{100}=63.2\%$

由于气体体积之比等于其摩尔数之比，所以将体积百分比换算成摩尔数，即1mol混合物中应有0.2mol一氧化碳、0.168mol氧和0.632mol氮。

从表 2-14 查得一氧化碳、氧、氮在 300 K 时，其摩尔内能分别为 6238.33 J/mol，6238.33 J/mol 和 6238.33 J/mol，混合物的摩尔内能为：

$$\Sigma u_1 = 0.2\times6238.33 + 0.168\times6238.33 + 0.632\times6238.33 = 6238.33\text{J}$$

从表 1-16 中查得一氧化碳的燃烧热为 285624J，则 0.2mol 一氧化碳的燃烧热为：

$$0.2\times285624 = 57124.8\text{J}$$

燃烧后各生成物内能之和应为：

$$\Sigma u_2 = 6238.33 + 57124.8 = 63363.13\text{J}$$

从一氧化碳燃烧反应式 $2CO + O_2 = 2CO_2$ 可以看出，0.2molCO 燃烧时，生成 0.2molCO_2，消耗 0.1molO_2。1mol 混合物中原有 0.168molO_2，燃烧后应剩下 O_2：

$$0.168 - 0.1 = 0.068\text{mol}$$

N_2的数量不发生变化，则燃烧产物的组成是：

二氧化碳 0.2mol　　氧 0.068mol　　氮 0.632mol

假定爆炸温度为 2400K，由表 2-14 查得二氧化碳、氧和氮的摩尔内能分别为 105507.36J/mol、63220.68J/mol 和 59452.56J/mol，则燃烧产物的内能为：

$$\Sigma u_2 = 0.2\times105507.36 + 0.068\times63220.68 + 0.632\times59452.56 = 62947.5\text{J}$$

说明爆炸温度高于 2400K，于是再假定爆炸温度为 2600K，则内能之和应为：

$$\Sigma u''_2 = 0.2\times116393.04 + 0.068\times69500.88 + 0.632\times65314.08 = 69283.17\text{J}$$

$\Sigma u''_2$值又大于Σu_2值，因相差不太大，所以准确的爆炸温度可用内插法求得：

$$T = 2400 + \frac{2600 - 2400}{69283.17 - 62947.5}(63363.13 - 62947.5) = 2400 + 12 = 2412\text{K}$$

解得爆炸温度 $t = T - 273 = 2139$℃。

不同温度下几种气体和蒸气的摩尔内能（$J\cdot mol^{-1}$）　　表 2-14

K	H_2	O_2	H_2	CO	CO_2	H_2O
200	4061.2	4144.93	4144.93	4144.93	—	—
300	6028.99	6238.33	6338.33	6238.33	6950.09	7494.37
400	8122.39	8373.60	8289.86	8331.73	10048.32	10090.10
600	12309.19	12937.21	12602.27	12631.58	17333.35	15114.35
800	16537.86	17877.64	17082.14	17207.75	25581.35	21227.08
1000	20850.26	23069.27	21855.10	22064.44	34541.10	27549.14
1400	29935.62	33996.82	32029.02	32405.83	53591.04	39439.66
1800	39690.86	45217.44	42705.36	43249.64	74103.36	57359.16
2000	44793.76	51288.30	48273.80	48359.96	84573.36	65732.76
2200	48985.56	57359.16	54009.72	54470.27	95040.36	74306.35
2400	55265.76	63220.68	59452.56	60143.38	105507.36	82898.64
2600	60708.60	69500.88	65314.08	65316.50	116393.04	91890.92
2800	66570.12	75362.40	70756.92	71594.28	127278.72	100901.88
3000	72012.96	81642.60	76618.44	77455.80	138164.40	110112.84
3200	77874.48	88341.48	82479.96	83317.32	149050.08	119742.48

2.4.2 爆炸压力计算

可燃性混合物爆炸产生的压力与初始压力、初始温度、浓度、组分以及容器的形状、大小等因素有关。爆炸时产生的最大压力可按压力与温度及摩尔数成正比的规律确定。根据这个规律有下列关系式：

$$\frac{p}{p_0}=\frac{T}{T_0}\times\frac{n}{m} \tag{2-13}$$

式中 p、T 和 n——爆炸后的最大压力、最高温度（绝对温度）和气体摩尔数；

p_0、T_0 和 m——爆炸前的初始压力、初始温度（绝对温度）和气体摩尔数。

由此可以得出爆炸压力计算公式：

$$p=\frac{Tn}{T_0m}p_0 \tag{2-14}$$

【例 14】 设 $p_0=0.1\text{MPa}$，$T_0=300\text{K}$，$T=2411\text{K}$，求一氧化碳与空气混合物的最大爆炸压力。

【解】 当可燃物质的浓度等于或稍高于完全反应的浓度时，爆炸产生的压力最大，所以计算时应采用完全反应的浓度。

先按一氧化碳的燃烧反应式计算爆炸前后的气体摩尔数：

$$2CO+O_2+3.76N_2=2CO_2+3.76N_2$$

由此可得出 $m=6.76$，$n=5.76$，代入式（2-13）。

$$p=\frac{2411\times5.76\times0.1}{300\times6.76}=0.69\text{MPa}$$

以上计算的爆炸温度与压力都没有考虑热损失，是按理论的空气量计算的，所得的数值都是最大值。

复习思考题

1. 什么是爆炸？爆炸现象有哪些特征？爆炸如何分类？
2. 举例说明化学爆炸的三个条件是什么？
3. 爆炸冲击波对生物和建筑物的危害分别是怎样的？
4. 爆炸极限的概念是什么？如何在生产中应用？
5. 求乙炔在空气中的完全反应浓度。
6. 在乙烷与空气的混合气中，混合气体中所含氧气恰足以使乙烷完全燃烧，求该混合气的爆炸温度和爆炸压力。爆炸混合物的初始温度为 20℃，初始压力为 1.01×10^5Pa。

第3章　危险化学品的燃爆特性

危险化学品是指有爆炸、易燃、毒害、腐蚀、放射性等性质，在运输、装卸和储存保管过程中，易造成人身伤亡和财产损毁而需要特别防护的物品。

在不同的场合，危险化学品的叫法或者说称呼是不一样的，如在生产、经营、使用场所统称化工产品，一般不单称危险化学品。在运输过程中，包括铁路运输、公路运输、水上运输、航空运输都称为危险货物。在储存环节，一般又称为危险物品或危险品，当然作为危险货物、危险物品，除危险化学品外，还包括一些其他货物或物品。在国家的法律法规中名称也不一样，如在《中华人民共和国安全生产法》中称“危险物品”，在《危险化学品安全管理条例》中称“危险化学品”。

危险化学品种类繁多，分类方法也不尽一致，但是不管是哪种分类标准，危险化学品基本上都包括爆炸品、压缩气体和液化气体、易燃液体、易燃固体、自燃物品和遇湿易燃物品、氧化剂和有机过氧化物、有毒品和腐蚀品等。

《危险化学品安全管理条例》中所指的危险化学品以《危险货物品名表》GB 12268—2012列入的为准，在《危险货物品名表》GB 12268—2012中采用的是《危险货物分类和品名编号》GB 6944—2012对危险货物进行分类。

《危险货物分类和品名编号》GB 6944—2012中，将具有爆炸、易燃、毒害、感染、腐蚀、放射性等危险特性，在运输、储存、生产、经营、使用和处置中，容易造成人身伤亡、财产损毁或环境污染而需要特别防护的物质和物品，称之为危险货物，也称危险物品或危险品。按危险货物具有的危险性或最主要的危险性分为9个类别，第1类、第2类、第4类、第5类和第6类再分成项别。

第1类：爆炸品包括a）爆炸性物质；b）爆炸性物品；c）为产生爆炸或烟火实际效果而制造的a）和b）中未提及的物质或物品。第1类划分为6项。

1.1项：有整体爆炸危险的物质和物品。

1.2项：有迸射危险，但无整体爆炸危险的物质和物品。

1.3项：有燃烧危险并有局部爆炸危险或局部迸射危险或这两种危险都有，但无整体爆炸危险的物质和物品。

1.4项：不呈现重大危险的物质和物品。

1.5项：有整体爆炸危险的非常不敏感物质。

1.6项：无整体爆炸危险的极端不敏感物品。

第2类：气体包括a）在50℃时，蒸气压力大于300kPa的物质；b）20℃时在101.3kPa标准压力下完全是气态的物质。本类包括压缩气体、液化气体、溶解气体和冷冻液化气体、一种或多种气体与一种或多种其他类别物质的蒸气混合物、充有气体的物品和气雾剂。第2类划分为3项。

2.1项：易燃气体。本项包括在20℃和101.3kPa条件下满足下列条件之一的气体。a）爆炸下限小于或等于13%的气体；b）不论其爆燃性下限如何，其爆炸极限（燃烧范围）大于或等于12%的气体。

2.2项：非易燃无毒气体。本项包括窒息性气体、氧化性气体以及不属于其他项别的气体。本项不包括在温度20℃时压力低于200kPa，并且未经液化或冷冻液化的气体。

2.3项：毒性气体。本项包括满足下列条件之一的气体。a）其毒性或腐蚀性对人类健康造成危害的气体；b）急性半数致死浓度LC_{50}值小于或等于5000ml/m^{3}的毒性或腐蚀性气体。

第3类：易燃液体。本类包括：a）易燃液体，是指易燃的液体或液体混合物，或是在溶液或悬浮液中有固体的液体，其闭杯试验闪点不高于60℃，或开杯试验闪点不高于65.6℃；本项还包括：在温度等于或高于其闪点的条件下提交运输的液体；以液态在高温条件下运输或提交运输、并在温度等于或低于最高运输温度下放出易燃蒸气的物质。b）液态退敏爆炸品，是指为抑制爆炸性物质的爆炸性能，将爆炸性物质溶解或悬浮在水中或其他液态物质后，而形成的均匀液态混合物。

第4类：易燃固体、易于自燃的物质、遇水放出易燃气体的物质。本类分为3项。

4.1项：易燃固体、自反应物质和固态退敏爆炸品。本项包括a）易燃固体，易于燃烧的固体和摩擦可能起火的固体；b）自反应物质，即使没有氧气（空气）存在，也容易发生激烈放热分解的热不稳定物质；c）固态退敏爆炸品，为抑制爆炸性物质的爆炸性能，用水或酒精湿润爆炸性物质、或用其他物质稀释爆炸性物质后，而形成的均匀固态混合物。

4.2项：易于自燃的物质。本项包括：a）发火物质，即使只有少量与空气接触，不到5min时间便燃烧的物质，包括混合物和溶液（液体或固体）；b）自热物质，发火物质以外的与空气接触便能自己发热的物质。

4.3项：遇水放出易燃气体的物质，指遇水放出易燃气体，且该气体与空气混合能够形成爆炸性混合物的物质。

第5类：氧化性物质和有机过氧化物。本类分为2项。

5.1项：氧化性物质。指本身未必燃烧，但通常因放出氧可能引起或促使其他物质燃烧的物质。

5.2项：有机过氧化物。指含有两价过氧基（—O—O）结构的有机物质。

第6类：毒性物质和感染性物质。本类分为2项。

6.1项：毒性物质，指经吞食、吸入或与皮肤接触后可能造成死亡或严重受伤或损害人类健康的物质。本项包括满足下列条件之一的毒性物质（固体或液体），急性口服毒性$LD_{50} \leqslant 300$mg/kg；急性皮肤接触毒性$LD_{50} \leqslant 1000$mg/kg；急性吸入粉尘和烟雾毒性$LC_{50} \leqslant 4$mg/L；急性吸入蒸气毒性$LC_{50} \leqslant 5000$mL /m^3，且在20℃和标准大气压力下的饱和蒸气浓度大于或等于1/5 LC_{50}。

6.2项：感染性物质，指已知或有理由认为含有病原体的物质。

第7类：放射性物质。指任何含有放射性核素且其活度浓度和发射性总活度都超过《放射性物质安全运输规程》GB 11806—2004规定限值的物质。

第8类：腐蚀性物质。指通过化学作用使生物组织接触时造成严重损伤或在渗漏时会严重损害甚至毁坏其他货物或运载工具的物质。本类包括满足下列条件之一的物质，1）使完好皮肤组织在暴露超过60min、但不超过4h之后开始的最多14d的观察期内全厚度毁损的物质；2）被判定不引起完好皮肤组织全厚度毁损，但在55℃试验温度下，对钢或铝的表面年腐蚀率超过6.25mm/a的物质。

第9类：杂项危险物质和物品，包括危害环境物质。指存在危险但不能满足其他类别定义的物质和物品。

3.1　可燃气体

可燃气体是指能够与空气（或氧气）在一定的浓度范围内均匀混合形成预混气，遇到火源会发生爆炸的，燃烧过程中释放出大量能量的气体。

凡是遇火、受热或与氧化剂接触能着火或爆炸的气体，统称为可燃气体。

3.1.1　气体燃烧形式和分类

气体的燃烧与液体和固体的燃烧不同，它不需要经过蒸发、熔化等过程，气体在正常状态下就具备了燃烧条件，在燃烧时所需要的热量仅仅由于氧化或分解气体以及将气体加热到燃点，因此一般说来，气体比液体和固体都容易燃烧，而且燃烧速度快。

1）燃烧形式

按照燃烧过程的控制因素来分，气体的燃烧有扩散燃烧（物理混合控制）和动力燃烧（化学反应控制）两种形式。

（1）扩散燃烧

可燃气体与空气的混合是在燃烧过程中进行的，即边混合边燃烧。

在这种燃烧体系中，化学反应速度比扩散速度快得多，短时间内不能消除可燃物附近空间中的气体成分和温度的不均匀性，在空间中存在着物质的浓度梯度和温度梯度，这种梯度引起了物质的扩散和热量的传递。物质由浓度高处向浓度低处扩散；热量由温度高处向温度低处传递。即反应物向火焰区扩散，而燃烧产物和热量向背离火焰区扩散。

由于在扩散燃烧中，化学反应速度比扩散速度快得多，因此整个燃烧速度的快慢要由扩散速度来决定，即扩散多少就烧掉多少。一般来说，扩散燃烧是比较平稳的。

生产生活中常见的火炬燃烧、气焊的火焰、燃气加热都属于扩散燃烧。如图3-1所示的火炬燃烧，火焰的明亮层是扩散区，可燃气体和氧是分别从火焰中心（燃料锥）和空气扩散到达扩散区的。这种火焰的燃烧速度很低，一般小于0.5m/s。由于可燃气体与空气是逐渐混合并逐渐燃烧消耗掉，因而形成稳定的燃烧，只要控制得好，就不会造成火灾。

（2）动力燃烧

可燃气体与空气在燃烧之前按一定比例已均匀混合，形成预混气，遇火源而发生爆炸式燃烧。

在这种燃烧体系中，混合物已呈均匀分布，不需要再进一步混合（物质的扩散已经完成），所以燃烧速度主要取决于化学反应速度和热扩散速度。其特征是：反应物质不扩散，而反应区和热在混合物中向未反应区扩散。动力燃烧速度较快，可能导致爆炸。工业企业中的大多数爆炸事故即由这类动力燃烧引起的，造成的人员伤亡和经济损失惨重，是防火防爆安全工作防范的重点。

图 3-2 所示的预混气爆炸示意图，在预混气的空间里，充满了可以燃烧的混合气，一处点火，整个空间立即燃烧起来，发生瞬间的燃烧，即爆炸现象。

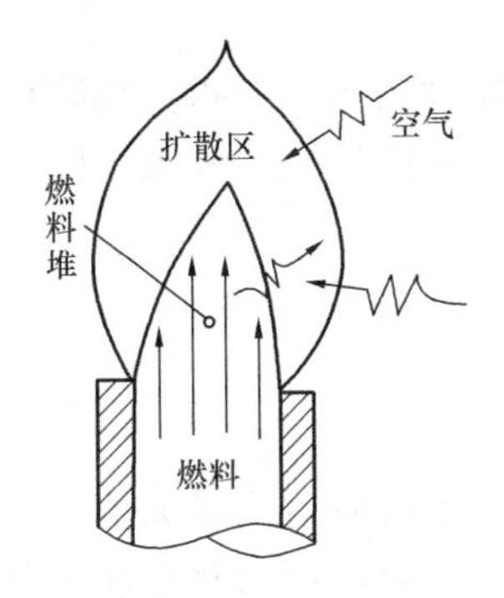

图 3-1 扩散火焰结构示意图

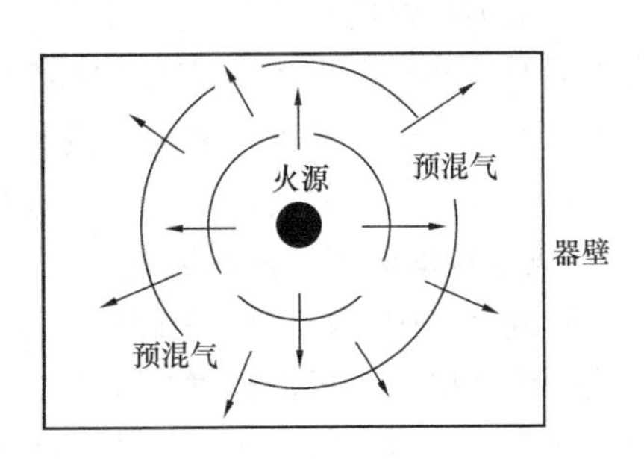

图 3-2 预混气爆炸示意图

此外，如果可燃气体处于压力下而受冲击、摩擦或其他着火源的作用，则发生喷流式燃烧，如气井的井喷火灾、高压气体从燃气系统喷射出来时的燃烧等。井喷失控引发的火灾爆炸是油气勘探开发中性质最为恶劣，损失难以估计的灾难性事故。对于这种喷流燃烧形式的火灾较难扑救，需较多救火力量和灭火剂，应当设法断绝气源，使火灾彻底熄灭。

2）可燃气体的分类

根据《建筑设计防火规范》GB 50016—2014，将可燃气体按照爆炸极限分为两类。

（1）具有甲类火灾危险性的可燃气体爆炸下限＜10％，一般也称为易燃气体，如氢气、甲烷、乙烯、环氧乙烷、氯乙烯、硫化氢、水煤气、天然气等绝大多数气体属于此类。

（2）具有乙类火灾危险性的可燃气体爆炸下限≥10％，如氨、一氧化碳、发生炉煤气等少数可燃气体属于此类。

3.1.2 气体燃烧速度

燃烧速度是指在单位时间、单位体积内所消耗的可燃物的量。对于可燃气体、液体和固体，各自的燃烧形式不同，因此燃烧速度的具体表示方法也不同。燃烧速度并不是可燃物质本身的固有常数，它受许多因素如压力、温度、流动状况等的影响。

1）定义及特点

气体的燃烧速度是指火焰阵面相对于未燃混合物移动速度，它反映了该可燃气体的燃烧特性。阻火器的设计和选用首先是根据所处理可燃气体的标准燃烧速度选取熄灭直径的。

气体燃烧容易，燃烧速度很快，带来的火灾危险性很大，给火灾的扑救增加困难。

气体燃烧速度与气体分子的组成、结构、燃烧后放热多少及燃烧方式等有关。组成和结构简单的单一气体燃烧速度一般比复杂气体的燃烧速度快，燃烧后放热多的气体燃烧速度相对快些，动力燃烧的速度要比扩散燃烧的速度快得多。

2）可燃气体燃烧速度表示方法

（1）扩散燃烧的燃烧速度通常用通过单位面积上的气体流量来表示，实际上就是气体的（扩散）流速，单位为 $m^3/(m^2 \cdot s)$。

（2）动力燃烧的燃烧速度通常用火焰传播速度表示，是指火焰阵面向未燃混合物传播时，相对于地上固定点的移动速度，包括燃烧速度和火焰阵面前未燃混合物因升温膨胀的移动速度和原有的流速，单位为 m/s。

一般来说，气体的燃烧速度常以火焰传播速度来衡量。

3）火焰传播速度的影响因素

（1）混合气中可燃气体的浓度

从理论上讲，火焰传播速度应当在化学当量浓度时达到最大值。但实际测定表明，火焰传播速度的最大速度并不是在混合气中可燃物和氧化剂按化学计量比例燃烧时，而是在可燃物浓度稍高于化学当量浓度燃烧时。

（2）惰性气体浓度

当混合气中惰性气体浓度增加时，火焰传播速度降低，惰性气体的热容越大，火焰传播速度降低得越快。例如 CO 在含 N_2 为 79%、含 O_2 为 21%的气体中燃烧时，其燃烧速度为 45cm/s，而在含 N_2 为 70%、含 O_2 为 30%的气体中燃烧时，其燃烧速度为 62cm/s。

（3）初始温度

可燃气体混合物起始温度越高，其火焰传播速度越快。例如混合气中 CO 含量 50%，初始温度为 20℃时燃烧速度为 40cm/s，初始温度为 230℃时燃烧速度为 120cm/s。

（4）测试管的管径

测试管的管径对火焰传播速度有明显的影响。一般说来，随着管径的增加火焰传播速度增大，但当达到某个极限直径时，火焰传播速度不再增大；当管径减小时，火焰传播速度随之减小，小到某个直径时，火焰就不能传播。

3.1.3 影响气体爆炸极限的因素

可燃气体的爆炸极限不是一个固定的常数，而是受许多因素的影响而变化的。了解这些影响因素具有理论研究和实际应用两方面的意义。一是对测试结果进行分析，由于测试条件不同，所得爆炸极限的数据也有差异，在引用数据时应注明来源；二是在相关手册或资料的表中所列的爆炸极限都是在标准条件下测得的数据，在实际工作中使用这些数据时应根据生产或储存的实际条件进行适当的修正。

可燃气体（蒸气）的爆炸极限受很多因素的影响，下面讨论其中的几个主要影响因素。

1）初始温度

可燃性气体混合物的初始温度越高，爆炸极限范围越大，即爆炸下限降低，上限增高，爆炸危险性增加。这是因为温度升高使其分子内能增加，活性增大，因而反应速度加快，反应时间缩短，导致反应放热速率增加，散热减少，使爆炸反应容易发生。因此温度升高会使易燃易爆系统的危险性增大。表 3-1 所示为丙酮的爆炸极限受温度影响的情况，可见丙酮的爆炸上限受温度的影响较大，它的爆炸极限范围随温度的升高而扩大。

丙酮爆炸极限受温度的影响 **表 3-1**

混合物温度（℃）	爆炸下限的体积分数（%）	爆炸上限的体积分数（%）
0	4.2	8.0
50	4.0	9.8
100	3.2	10.0

温度对爆炸极限的影响可用扎彼特基斯（Zabetakis）等人给出的经验公式来修正：

$$L_t = [1 - 0.000721(t - 25)]L_{25} \tag{3-1}$$

式中 L_t——t℃时的爆炸下限；

L_{25}——25℃时的爆炸下限。

对于爆炸上限也可以用上式来近似计算。

2）初始压力

混合物的初始压力对爆炸极限有很大影响，在高压下影响比较明显，但情况比较复杂，必须实测。通常压力增大，爆炸极限范围扩大，尤其是爆炸上限显著提高，爆炸危险性增加。原因在于处在高压下的气体，其分子比较密集，分子间传热和发生化学反应比较容易，反应速度加快，而散热损失显著减少，因此爆炸范围扩大。图 3-3 和表 3-2 为甲烷在不同初始压力时的爆炸极限。

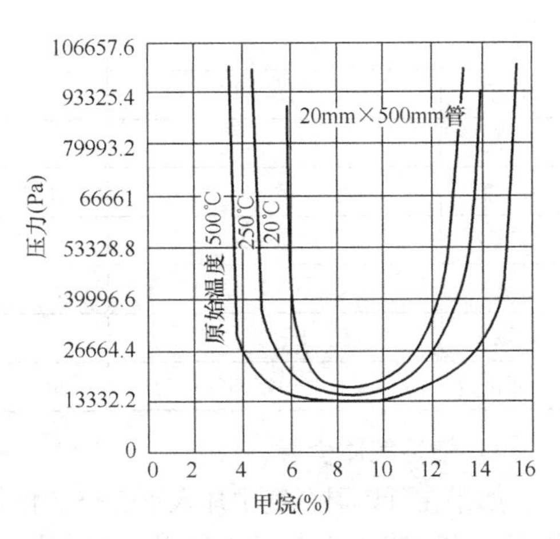

图 3-3 甲烷在不同压力下的爆炸极限

甲烷在不同原始压力时的爆炸极限 **表 3-2**

原始压力（MPa）	爆炸下限的体积分数（%）	爆炸上限的体积分数（%）
0.1	5.6	14.3
1.0	5.9	17.2
5.0	5.4	29.4
12.5	5.4	45.7

从表 3-2 中的数据可以看出，初始压力增大，甲烷爆炸上限明显提高，而下限的变化不显著且不规则。

当混合气的初始压力降低时，爆炸极限范围缩小。当压力降至某一数值时，爆炸下限与爆炸上限相重合，此时对应的压力称为爆炸的临界压力。若压力再降低，则混合气不会爆炸。图 3-3 可见，甲烷在 3 个不同的原始温度下，爆炸极限随压力下降而缩小的情况。此外，又如一氧化碳的爆炸极限在 10MPa 压力时为 15.5%～68%，5.3MPa 时为 19.5%～57.7%，4MPa 时上下限合为 37.4%，在 2.7MPa 时即没有爆炸危险。临界压力的存在表明，在密闭的设备内进行减压操作，可以消除爆炸危险。

3）氧含量

混合气中氧含量增加，爆炸极限范围扩大，尤其是爆炸上限提高得更多，爆炸危险性增加。在下限浓度时由于氧气对可燃气是过量的，因此氧含量的增加对爆炸下限的影响不大，而在上限浓度时氧含量相对不足，所以增加氧含量会使上限显著增高。例如甲烷在空气中爆炸极限范围为 4.9%～15%，而在纯氧中，爆炸极限范围扩大为 5%～61%。常见可燃气体在空气和纯氧中的爆炸极限范围如表 3-3所示。

可燃气体在空气和纯氧中的爆炸极限范围 **表 3-3**

物质名称	在空气中的爆炸极限（%）	范围	在纯氧的爆炸极限（%）	范围
甲烷	4.9～15	10.1	5～61	56.0
乙烷	3～15	12.0	3～66	63.0
丙烷	2.1～9.5	7.4	2.3～55	52.7
丁烷	1.5～8.5	7.0	1.8～49	47.8
乙烯	2.75～34	31.25	3～80	77.0
乙炔	1.53～34	32.47	2.8～93	90.2
氢	4～75	71.0	4～95	91.0
氨	15～28	13.0	13.5～79	65.5
一氧化碳	12～74.5	62.5	15.5～94	78.5

4）惰性气体含量

如果在可燃混合气中加入不燃烧的惰性气体（如氮、二氧化碳、水蒸气、氩、氦等），随着惰性气体所占体积分数的增大，爆炸极限范围则缩小；当惰性气体的含量达到一定浓度时，可使混合气不爆炸。这是因为惰性气体分子可使可燃气体分子和氧分子隔离，在二者之间形成一道不燃烧的屏障。当游离基碰撞惰性气体分子时，则会失去活性，使链式反应中断。若某处已经着火，反应放出的热量也会被惰性气体吸收，热量不能积聚，火焰不能蔓延到其他可燃气分子上，对燃烧起到了抑制作用。

图 3-4 表示在甲烷的混合物中加入惰性气体氩、氦，阻燃性气体二氧化碳及水蒸气、四氯化碳等对爆炸极限的影响。图中可看出惰性气体对混合物爆炸上限的影响较之对下限的影响更为显著。因为惰性气体浓度加大，表示氧的浓度相对减小，而在上限中氧的浓度本来已经很小，故惰性气体浓度稍微增加一点即产生很大影响，而使爆炸上限显著下降。

5）点火源

增加点火源的能量，增大加热面积，延长火源与混合气的接触时间，都会使爆炸极限范围扩大，火灾爆炸危险性增大。以甲烷和空气的混合气为例：当点火火花能量为 1mJ 时，其爆炸极限为 6%～15%；当点火火花能量为 10mJ 时，其爆炸极限范围为 4.9%～15%。几种烷烃引爆的电流强度见图 3-5。但当点火能量提高到一定程度时，爆炸极限就趋近于一个稳定值。所以一般情况下，测定混合气爆炸极限时采用较高的点火能量。

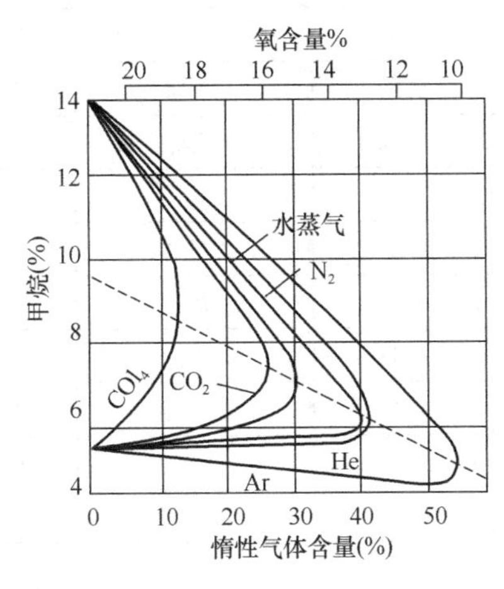

图 3-4 各种惰性气体浓度对甲烷爆炸极限的影响

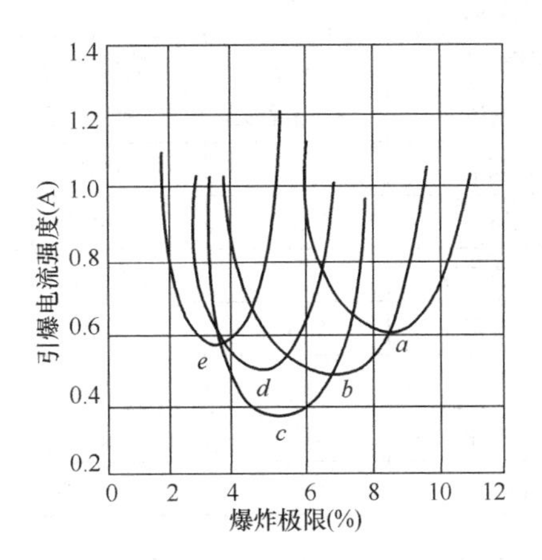

图 3-5 几种烷烃引爆的电流强度

a—甲烷；b—乙烷；c—丙烷；d—丁烷；e—戊烷

各种爆炸性混合物都有一个最低引爆能量，即最小点火能量，它是指能引起爆炸性混合物发生爆炸的最小火源所具有的能量。若点火源的能量小于最小能量，就不能点燃发火。它也是混合物爆炸危险性的一项重要的性能参数，爆炸性混合物的点火能量越小，其燃爆危险性就越大。可燃气体和蒸气在空气中发生燃爆的最小点火能量如表 3-4 所示。

可燃气体和蒸气与空气混合物的最小点火能量 **表 3-4**

物质名称	最小点火能量 mJ	物质名称	最小点火能量 mJ	物质名称	最小点火能量 mJ
饱和烃：		二甲基戊烷	1.64	丙酮	1.15
乙烷	0.285	不饱和烃：		环状物：	
丙烷	0.305	乙炔	0.019	环氧乙烷	0.087
甲烷	0.47	乙烯基乙炔	0.082	环氧丙烷	0.17
戊烷	0.51	乙烯	0.096	环丙烷	0.24
异丁烷	0.52	丙炔	0.152	环戊烷	0.54
异戊烷	0.70	丁二烯	0.175	环己烷	1.38
庚烷	0.70	丙烯	0.282	二氢吡喃	0.365
三甲基丁烷	1.0	2-戊烯	0.51	四氢吡喃	0.54
异辛烷	1.35	酮类：		环戊二烯	0.67
二甲基丙烷	1.57	丁酮	0.68	环己烯	0.525

续表

物质名称	最小点火能量 mJ	物质名称	最小点火能量 mJ	物质名称	最小点火能量 mJ
卤代烃：		乙醛	0.376	异丙烷	2.0
丙基氯	1.08	酯类：		乙胺	2.4
丁基氯	1.24	醋酸甲酯	0.40	芳香烃类：	
异丙基氯	1.55	醋酸乙烯酯	0.70	呋喃	0.225
丙基溴	1000不着火	醋酸乙酯	1.42	噻吩	0.39
醇类：		醚类：		苯	0.55
甲醇	0.215	甲醚	0.33	无机物：	
异丙基硫醇	0.53	二甲氧基甲烷	0.42	二硫化碳	0.015
异丙醇	0.65	乙醚	0.49	氢	0.017
醛类：		异丙醚	1.14	硫化氢	0.068
丙烯醛	0.137	胺类：		氨	1000不着火
丙醛	0.325	三乙胺	0.75		

根据资料，汽油蒸气的最低引爆能量仅有0.2mJ，相当于一枚大头针从1m的高度落到水泥地上所产生的能量，这么微小的火花或是肉眼看不到的静电都可能达到这个最小引爆能量。因此为保证加油站的安全，加油站内必须避免一切火源的出现，禁止明火、禁止吸烟、禁止接打移动电话。

6）容器的尺寸及材质

若容器材质的传热性能好，尺寸又小到一定的程度，则由于器壁的热损失较大，要达到能使可燃气燃烧的最低反应温度，就需要增加混合气的发热量，从而导致爆炸范围缩小。

容器大小对爆炸极限的影响可用链式反应中的器壁效应来解释。随着管径的减小，游离基与器壁碰撞的几率相应增大，丧失活性的机会多，当管径减小到一定程度时，则游离基销毁速度大于产生速度，链式反应终止，燃烧、爆炸不能进行。容器直径越小，火焰在其中越难蔓延，混合物的爆炸极限范围则越小。当容器直径或火焰通道小到某一数值时，火焰不能蔓延，可消除爆炸危险，这个直径称为临界直径，阻火器就是根据这个原理制作的。如甲烷的临界直径为0.4～0.5mm，氢和乙炔为0.1～0.2mm等。

有时容器的材质也对爆炸极限有影响。某些材料对可燃气体爆炸有催化作用，有些材料有钝化作用。例如氢和氟在玻璃容器中混合，甚至在液态空气的低温下于黑暗中也能爆炸；而在银制容器中，常温下才能反应。

除以上影响因素外，光对爆炸极限也有影响。如氢和氯的混合物，在避光黑暗处反应十分缓慢，但强光照射则会导致爆炸。又如甲烷和氯气混合，在黑暗中长时间内不发生反应，但在日光照射下，便会引起激烈的反应，如果两种气体的比例适当则会发生爆炸。另外，表面活性物质对某些介质也有影响，例如在球形器皿内于530℃时，氢气和氧气完全无反应，但是向器皿中插入石英、玻璃、铜或铁棒时，则发生爆炸。

3.1.4 评价可燃气体燃爆危险性的主要技术参数

1）爆炸极限

可燃气体的爆炸极限是表征其爆炸危险性的一种主要技术参数，爆炸极限范围越宽，爆炸下限浓度越低，爆炸上限浓度越高，则燃烧爆炸危险性越大。可燃气体在普通情况（20℃及101325Pa）下的爆炸极限见表3-5。

常见可燃气体在普通情况（20℃及101325Pa）下的爆炸极限　　表3-5

分子式	物质名称	在空气中的爆炸极限（%）	
		下限	上限
CH_4	甲烷	5.3	15
C_2H_6	乙烷	3.0	16.0
C_3H_8	丙烷	2.1	9.5
C_4H_{10}	丁烷	1.5	8.5
C_5H_{12}	戊烷	1.7	9.8
C_6H_{14}	己烷	1.2	6.9
C_2H_4	乙烯	2.7	36.0
C_3H_6	丙烯	1.0	15.0
C_2H_2	乙炔	2.1	80.0
C_3H_4	丙炔（甲基乙炔）	1.7	无资料
C_4H_6	1，3-丁二烯（联乙烯）	1.4	16.3
CO	一氧化碳	12.5	74.2
C_2H_6O	甲醚；二甲醚	3.4	27.0
C_2H_4O	环氧乙烷；氧化乙烯	3.0	100.0
CH_3Cl	甲基氯；氯甲烷	7.0	19.0
C_2H_5Cl	氯乙烷；乙基氯	3.6	14.8
H_2	氢	4.1	74
NH_3	氨；氨气	15.7	27.4
CH_2O	甲醛	3.97	57.00
H_2S	硫化氢	4.0	46.0
C_2H_3Cl	氯乙烯	3.6	31.0
HCN	氰化氢	5.6	40.0
C_2H_7N	二甲胺（无水）	2.8	14.4
C_3H_9N	三甲胺（无水）	2.0	11.6

2）爆炸危险度

可燃气体或蒸气的爆炸危险性还可以用爆炸危险度来表示。爆炸危险度综合考虑了爆炸极限范围与爆炸下限两个因素，其计算公式如下：

$$\text{爆炸危险度}=\frac{\text{爆炸上限浓度}-\text{爆炸下限浓度}}{\text{爆炸下限浓度}}$$

爆炸危险度说明，气体的爆炸浓度极限范围越宽，爆炸下限浓度越低，爆炸上限浓度越高，其爆炸危险性就越大。几种典型气体的爆炸危险度见表3-6。

典型气体的爆炸危险度 **表3-6**

名称	爆炸危险度	名称	爆炸危险度
氨	0.87	乙烯	12.33
甲烷	1.83	辛烷	5.32
乙烷	3.17	氢	17.78
丁烷	3.67	乙炔	31.00
一氧化碳	4.92	硫化氢	10.50

3）传爆能力

传爆能力是爆炸性混合物传播燃烧爆炸能力的一种度量参数，用最小传爆断面表示。爆炸性混合物的火焰尚能传播而不熄灭的最小断面称为最小传爆断面。

当可燃性混合物的火焰经过两个平面间的缝隙或小直径管子时，如果其断面小到某个数值，由于游离基销毁的数量增加而破坏了燃烧条件，火焰即熄灭。这种阻断火焰传播的原理称为缝隙隔爆。

设备内部的可燃混合气被点燃后，通过25mm长的接合面，能阻止将爆炸传至外部的可燃混合气的最大间隙，称为最大试验安全间隙。根据最大试验安全间隙的大小将爆炸性混合物传播爆炸的危险性分为3级，具体内容将在第4章详述。

4）爆炸压力和威力指数

（1）爆炸压力

可燃性混合物爆炸时产生的压力为爆炸压力，它是度量可燃性混合物将爆炸时产生的热量用于做功的能力，也是防爆设备强度设计的重要依据。发生爆炸时，如果爆炸压力大于容器的极限强度，容器便发生破裂。各种可燃气体或蒸气的爆炸性混合物，在正常条件下的爆炸压力一般都不超过1MPa，但爆炸后压力的增长速度却是相当大的。

（2）爆炸威力指数

气体爆炸的破坏性还可以用爆炸威力指数来表示。爆炸威力指数是反映爆炸对容器或建筑物冲击度的一个量，它与爆炸形成的最大压力有关，同时还与爆炸压力的上升速度有关。爆炸威力指数=最高爆炸压力×平均爆炸压力上升速度。

典型气体的爆炸压力增长速度及爆炸威力指数见表3-7。

典型可燃气体的爆炸压力、增长速度及爆炸威力指数 **表3-7**

名称	爆炸压力（MPa）	爆炸压力增长速度（MPa/s）	爆炸威力指数
氢	0.62	90	55.80
乙炔	0.95	80	76
乙烯	0.78	55	42.9
丁烷	0.62	15	9.3

5）自燃点

可燃气体的自燃点不是固定不变的数值，而是受压力、浓度、密度、容器材质及直径、容积、催化剂等因素的影响。

一般规律为压力越高，自燃点越低；可燃气体与空气混合浓度为化学当量浓度时，自燃点最低；密度越大，自燃点越低；容器材质不同，自燃点有变化；容器直径越小，自燃点越高；容器容积越大，自燃点越低；钝性催化剂能提高自燃点，活性催化剂能降低自燃点。可燃气体在压缩过程中（例如在压缩机中）较容易发生爆炸，其原因之一就是自燃点降低的缘故。在氧气中测定时，所得自燃点数值一般较低，而在空气中测定则较高。

同一物质的自燃点随一系列条件而变化，这种情况使得自燃点在表示物质火灾危险性上降低了作用，但在判定火灾原因时，就不能不知道物质的自燃点。所以，在利用文献中的自燃点数据时，必须注意它们的测定条件。测定条件与所考虑的条件不符时，应该注意其间的变化关系。在普通情况下，可燃气体和蒸气的自燃点如表 3-8 所示。

常见可燃气体在普通情况下的自燃点 **表 3-8**

物质名称	自燃点（℃）	物质名称	自燃点（℃）
甲烷	650	一氧化碳	644
乙烷	540	氨	651
丙烷	530	硫化氢	216
丁烷	429	乙烯	426
戊烷	309	乙炔	406

爆炸性混合气处于爆炸下限浓度或爆炸上限浓度时的自燃点最高，处于完全反应浓度时的自燃点最低。在通常情况下，都是采用完全反应浓度时的自燃点作为标准自燃点。例如，硫化氢在爆炸上限时的自燃点为 373℃，在爆炸下限时的自燃点为 304℃，在完全反应浓度时的自燃点是 216℃，故取用 216℃ 作为硫化氢的标准自燃点。因此，应当根据爆炸性混合气的自燃点选择防爆电器的类型，控制反应温度，设计阻火器的直径，采取隔离热源的措施等。与爆炸性混合物接触的任何物体，如电动机、反应罐、暖气管道等，其外表面的温度必须控制在接触的爆炸性混合物的自燃点温度以下。

为了使防爆设备的表面温度限制在一个合理的数值上，将在标准试验条件下的爆炸性混合物按其自燃点分为六组。结合前述的最大实验安全间隙，将爆炸性混合气体进行分级分组，作为防爆电气设备选型的主要依据，具体内容将在第 4 章详述。

6）化学活泼性

（1）可燃气体的化学活泼性越强，其火灾爆炸的危险性越大。化学活泼性强的可燃气体在通常条件下即能与氯、氧及其他氧化剂起反应，发生火灾和爆炸。

（2）价键不饱和的可燃气体比相对应价键饱和的可燃气体的火灾爆炸危险性大。例如，乙烷、乙烯和乙炔分子结构中的价键分别为单键（$H_3C—CH_3$）、双键（$H_2C=CH_2$）和三键（$HC\equiv CH$），则它们的燃烧爆炸和自燃的危险性依次增加。

7）相对密度

可燃气体的相对密度是指可燃气体对空气质量之比，各种可燃气体对空气的相对密度可通过下式计算：

$$d = \frac{M}{29} \tag{3-2}$$

式中　M——可燃气体的摩尔质量；

29——空气的平均摩尔质量。

（1）与空气密度相近的可燃气体，容易互相均匀混合，形成爆炸性混合物。

（2）比空气重的可燃气体泄漏出来时，往往沿着地面扩散，漂浮于地表、沟渠、隧道、厂房死角等处，长时间聚集不散，易与空气在局部形成爆炸性混合气体，遇火源则发生燃烧或爆炸；同时密度大的可燃气体一般有较大的发热量，在火灾条件下，易于造成火势扩大。

（3）比空气轻的可燃气体容易扩散，易与空气形成爆炸性混合气体，而且能顺风飘动，迅速蔓延和扩展。

掌握可燃气体的密度特点，不仅对评价其火灾危险性，而且对正确选择通风排气口的位置，确定防火间距以及采取防止火势蔓延的措施都具有实际意义。

8）扩散性

（1）扩散性是指物质在空气及其他介质中的扩散能力，比空气重得多的燃料蒸气扩散速度比那些密度接近于空气的蒸气的扩散速度慢得多。

（2）可燃气体（蒸气）在空气中的扩散速度越快，火灾蔓延扩展的危险性就越大。气体的扩散速度取决于扩散系数的大小。一些可燃物质的扩散系数见表3-9。

一些物质在空气中的扩散系数（760mmHg，25℃）（cm^2/s）　　**表3-9**

物质	扩散系数×10^{-2}	物质	扩散系数×10^{-2}	物质	扩散系数×10^{-2}
戊烷	8.42	丙烯醇	10.21	丙烯腈	10.59
己烷	7.32	丙酮	10.49	溴	10.64
辛烷	6.16	甲酸	15.3	二硫化碳	10.45
苯	9.32	醋酸	12.35	汞	14.23
甲苯	8.49	甲酸甲酯	10.90	二氧化硫（0℃）	10.3
苯乙烯	7.01	醋酸乙酯	8.61	氨（0℃）	17
乙苯	7.55	四氯化碳	8.28	三氧化硫（0℃）	9.5
邻二甲苯	7.27	氯仿	8.88	氯化氢（0℃）	13
氯苯	7.47	1,1-二氯乙烷	9.19	二氧化碳（0℃）	13.8
硝基苯	7.21	3-氯丙烯	9.25	氧（0℃）	17.8
苯胺	7.35	乙二醇	10.05	氮（0℃）	13.2
甲醇	15.20	乙二胺	10.09	氢（0℃）	61.1
乙醇	11.81	二乙胺	9.93		

9）可压缩性和受热膨胀性

气体的压力、温度和体积之间的关系，可用理想气体状态方程式表示：

$$pV = nRT \tag{3-3}$$

式中 p——气体压力，MPa；

V——气体体积，m^3或L等；

n——气体的摩尔数或kg/mol；

R——气体常数，为 $8.315Pa \cdot m^3 \cdot mol^{-1} \cdot K^{-1}$ 或 $0.008205MPa \cdot L \cdot mol^{-1} \cdot K^{-1}$；

T——热力学温度，K。

理想气体状态方程式的计算值与真实气体有一定的误差，而且随着压力升高，误差往往加大。

(1) 当压力不变时，气体的温度与体积成正比，即温度越高，体积越大。例如压力不变时，液态丙烷60℃时的体积比10℃时的体积膨胀了20%还多。

(2) 当温度不变时，气体的体积与压力成反比，即压力越大，体积越小。例如对100L质量一定的气体加压至1013.25kPa时，其体积可以缩小到10L。所以气体通常都是经压缩后存于钢瓶中的。

(3) 在体积不变时，气体的温度与压力成正比，即温度越高，压力越大。也就是说当储存在固定容积容器内的气体被加热时，温度越高，其膨胀后形成的压力就越大。如果盛装压缩气体或液化气体的容器（钢瓶）在储运中受高温、暴晒等热源作用时，容器内的气体就会急剧膨胀，产生比原来大得多的压力，当压力超过容器的极限耐压强度时，就会引起容器的膨胀，甚至爆裂，引发爆炸事故。因此，在储存、运输和使用压缩气体和液化气体的过程中，一定要注意防火、防晒、隔热等措施；在向容器内充装时，要注意极限温度和压力，严格控制充装量，防止超装、超温和超压。

10) 带电性

氢气、乙烯、乙炔、天然气、液化石油气等压缩气体或液化气体从管口或破损处高速喷出时能产生静电。其主要原因是气体本身剧烈运动造成分子间的相互摩擦；气体含有固体颗粒或液体杂质在压力下高速喷出时与喷嘴产生的摩擦等。

根据相关实验，液化石油气喷出时，产生的静电电压可达9000V，其放电火花足以引起燃烧。因此压力容器内的可燃压缩气体或液化气体，在容器、管道破损时或放空速度过快时，都易产生静电，一旦放电就会引起着火或爆炸事故。

带电性是评价可燃气体火灾危险性的参数之一，根据它可以采取设备接地、控制流速等相应的预防措施。

综上所述，可燃气体燃爆危险程度可根据爆炸极限、自燃点、最小点火能量、最大试验安全间隙等数值来判断。爆炸极限范围越宽，自燃点越低，最小点火能量越小，最大试验安全间隙越小，则其火灾爆炸危险性越大。

3.2 可燃液体

凡遇火、受热或与氧化剂接触能着火、爆炸的液体，都称为可燃液体。常见的如汽油、苯、甲苯、二甲苯、乙醇等。

3.2.1　液体燃烧形式和液体火灾

大部分液体的燃烧是由于受热气化形成蒸气以后，按气体的燃烧方式（扩散燃烧或动力燃烧）进行。液面上的蒸气点燃后则产生火焰并出现热量的扩展，火焰向液面的传热主要靠辐射；而火焰向液体里层的传热方式主要是传导和对流。

1）油品的沸溢和喷溅

含有水分、黏度较大的重质石油产品，如原油、重油、沥青油储罐等发生燃烧时，有可能发生沸溢和喷溅现象。此时，燃烧的油品大量外溢，四处流散，甚至从罐内猛烈喷出，形成巨大的火柱，可高达数十米，火柱顺风向喷射距离可达百米以上。燃烧的油罐一旦发生沸溢或喷溅，不仅容易造成人员的伤亡，而且由于火场上辐射热大量增加，容易直接延烧相邻油罐，扩大火情，具有很大的危险性。

石油及其产品中的水一般以乳化水和水垫两种形式存在。乳化水是石油在开采运输过程中，石油中的水由于强力搅拌成细小的水珠悬浮于油中而成。放置久后，油水分离，水因比重大而沉降在底部形成水垫。

石油及其产品是多种碳氢化合物的混合物。在油品连续燃烧的过程中，首先是处于液层表面的沸点较低、密度较小的轻馏分首先被蒸发，离开液面进入燃烧区被烧掉，而高沸点、高密度的重馏分，携带在表面接受的热量逐步下沉，从而使油品逐层往深部加热，形成了热波现象，其实质是液相中的对流加热。随着油品的持续燃烧，液面蒸发组分的沸点越来越高，液面的温度逐渐上升，热波的温度也越来越高。在热波向液体深层运动时，由于热波温度远高于水的沸点，因此热波会使油品中的乳化水气化，大量的蒸气要穿过油层向液面逃出去，在向上移动的过程中形成了油包气的气泡，即油的一部分形成了含有大量蒸气气泡的泡沫。液体体积因此急剧膨胀，向外溢出，同时产生很大的压力将上部未形成泡沫的油品抛出罐外，使液面猛烈沸腾起来，如图3-6（*a*）所示。大量油泡群溢出罐外，形成如图3-6（*b*）所示的沸溢。

随着燃烧的进行，热波的温度逐渐升高，热波向下传递的距离也越深，当热波到达水垫时，如图3-7（*a*）所示，水垫的水大量蒸发，蒸气体积迅速膨胀，可以把水垫上面的液体层抛向空中，向罐外四处喷射，仿佛下“火雨”一般，造成大面积或多火场型火灾，这就是喷溅现象，如图3-7（*b*）所示。

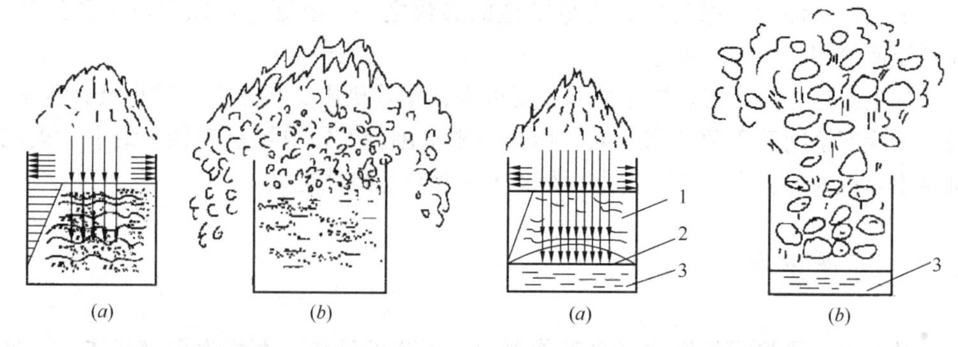

图3-6　油罐沸溢火灾示意图

图3-7　油罐喷溅火灾示意图
1—高温层；2—水蒸气；3—水垫

根据上述的分析，可以知道并不是所有的油品都会发生沸溢和喷溅现象，只有同时具备下列三个条件才会发生：

（1）油品具有热波的特性，且热波界面的向下推移速度大于油品燃烧直线速度，即油品沸程较宽，密度相差较大。通常仅在具有宽沸点范围的重质油品如原油、重油中存在明显的热波，且热波面推移速度大于燃烧直线速度。而轻质油品如汽油、煤油等，由于它们的沸点范围较窄，各组分间的密度相差不大，热波现象不明显，热波面推移速度接近于零。

（2）油品具有足够的黏度，水蒸气不容易从下而上穿过油层，容易在水蒸气泡周围形成油品薄膜，形成油包水。若油品黏度较低，水蒸气很容易通过油层，就不容易形成沸溢或喷溅。

（3）油中必须含有水，水遇热波变成蒸气。油品中的水可以是悬浮水滴、乳化水或在油层下面形成水垫。

归纳起来就是含水的重质油品容易发生沸溢或喷溅。当这些油品燃烧时，由于热辐射和热波的作用，热逐层向下传播，当热波面与油中悬浮水滴、乳化水或是达到水垫层时，水被加热汽化，体积急剧膨胀，产生很大的压力，使油液溢出，甚至喷出。

一般情况下，发生沸溢要比喷溅的时间早得多。发生沸溢的时间与原油种类，水分含量有关。根据实验，含有水分1%的石油，经45～60分钟燃烧就会发生沸溢。喷溅发生的时间与油层厚度、热波移动速度以及油的燃烧线速度有关。油罐火灾在出现喷溅前，通常会出现油面蠕动、涌涨的现象，火焰增大、发亮、变白，出现油沫2～4次，烟色由浓变淡，发出剧烈的“嘶嘶”声等。金属油罐会发生罐壁颤抖，伴有强烈的噪声，烟雾减少，火焰更加明亮，火舌尺寸变大形似火箭。当油罐发生喷溅时，能把燃油抛出70～120m，不仅使火灾形势猛烈发展，而且严重危及扑救人员的生命安全。1989年8月12日青岛黄岛油库发生火灾，在燃烧的过程中由于五号油罐发生了猛烈喷溅，导致四号油罐突然爆炸，继而引起周围多个油罐爆炸，近四万吨原油燃烧，形成面积达一平方公里的恶性火灾，致使15名消防人员和4名职工牺牲，81名消防官兵和12名职工受伤。

为了防止油品沸溢和喷溅，一是要设法除去或尽量减少油品中的水分，二是在扑救时要慎用泡沫或水。

2）喷流火灾

处于压力下的可燃液体，燃烧时呈喷流式燃烧。如油井井喷火灾，高压燃油系统从容器、管道喷出的火灾等。喷流式燃烧速度快，冲力大，火焰传播迅速，在火灾初起阶段如能及时切断气源（如关闭阀门等），则可较易扑灭；燃烧时间延长，能造成熔孔扩大、窑门或井口装置被严重烧损等，会迅速扩大火势，则较难扑灭。

3.2.2 可燃液体的分类

1）按闪点分类

根据《建筑设计防火规范》GB 50016—2014，将可燃液体按照闪点（闭杯试验）高低分为三类。

(1) 甲类液体，闪点<28℃，如汽油、丙酮、乙醇、乙醚等。

(2) 乙类液体，60℃>闪点≥28℃，如煤油、松节油、溶剂油、樟脑油等。

(3) 丙类液体，闪点≥60℃，如润滑油、植物油、重油、闪点≥60℃的柴油等。

液体的燃烧是通过其挥发出来的蒸气与空气中的氧剧烈反应实现的。易燃液体几乎都是有机化合物，它们的分子量较小，易于挥发，特别是受热后挥发得更快，挥发出来的可燃气体遇到火花或受热，立即就与空气中的氧发生剧烈反应而燃烧，甚至引起爆炸。所以，易燃液体有很大的火灾爆炸危险性。

2）按化学性质和商品类别不同分类

按化学性质和商品类别，易燃液体大致可分为下面几类：

(1) 化学化工原料及溶剂，如汽油、苯、乙醇、甲醚、丙酮等。

(2) 硅的有机化合物，如二乙基二氯硅烷、三氯硅烷等。

(3) 各种易燃性漆类，如硝基清漆、稀薄剂等。

(4) 各种树脂和粘合剂，如生松香和黏合剂等。

(5) 各种油墨和调色油，如影写板油墨和照相油色等。

(6) 含有易燃液体的物品，如擦铜水等。

(7) 盛放于易燃液体中的物品，如金属镧、铷、铈等盛放于易燃液体煤油中。

(8) 其他，如二硫化碳、胶棉液等。

3.2.3 可燃液体的燃烧速度

液体的燃烧速度与它的组成结构有关。物质中含碳、氢、硫、磷等可燃性元素越多，燃烧的速度越快，反之越慢。如苯是由92.3%的碳和7.7%的氢组成；而乙醇是由52.2%的碳，13%的氢和34.8%的氧组成的，所以乙醇的燃烧速度比苯慢。可燃液体的燃烧速度也和它的沸点、比重等性质有关。但由于液体燃烧过程的初始阶段是蒸发，而蒸发需要吸热，速度是比较慢的，所以液体的燃烧速度主要取决于液体的蒸发速度。

1）可燃液体燃烧速度表示方法

(1) 燃烧重量速度，单位时间内在单位面积上烧掉的液体的重量，单位为kg/(m^2·h)或g/(cm^2·min)。

(2) 燃烧直线速度，单位时间内烧掉的液层高（厚）度，单位为mm/min或cm/h。

2）可燃液体燃烧速度的影响因素

液体的燃烧速度也不是固定不变的，它受多种因素的影响。

(1) 燃烧区（火焰锋面）传给液体的热量，该热量不同，燃烧速度也不同。火焰锋面的热量向液体传热的主要途径是辐射，因此液体的热容、蒸发潜热以及火焰的辐射能力均对液体的燃烧速度有影响。

(2) 液体的初始温度，初温对可燃液体的燃烧速度有重要影响，初温越高，液体蒸发速度越快，燃烧速度也就越快，如表3-10所示。

(3) 液体贮罐的直径，当液体在贮罐中燃烧时，其速度还和贮罐直径有关。通过对煤油、汽油、轻油的燃烧速度随罐径变化的实验研究发现：罐径小于10cm

时，燃烧速度随罐径增大而减小；罐径在10～80cm时，燃烧速度随罐径增大而增大；罐径大于80cm时，燃烧速度基本稳定下来，不随罐径再变化了。原因在于罐径比较小时，燃烧速率由导热决定，而在罐径比较大时，燃烧速率由辐射传热决定，火焰传热的机理随着罐径的改变相应地发生了重大的变化。

苯和甲苯在不同初温时的燃烧速度　　表3-10

苯的温度（℃）	16	40	57	60	70
苯的燃烧速度（mm/min）	3.15	3.47	3.69	3.87	4.07
甲苯的温度（℃）	17	52	82	98	—
甲苯的燃烧速度（mm/min）	2.68	3.32	3.68	4.01	—

（4）水含量，可燃液体（主要是石油产品）中水分含量增大时，由于燃烧时油中水分蒸发消耗了一部分热量，同时蒸发的水蒸气充满燃烧区，使得可燃蒸气与氧的浓度降低，从而燃烧速度减小。

（5）风速，风随火焰沿液面上的蔓延有很大影响，如果风向与火焰运动的方向一致，风速大时，火焰蔓延速度急剧增加，火焰温度高，液面获得的热量多，燃烧速度增快。但风速过大时又有可能使燃烧熄灭。

3.2.4 可燃液体的爆炸极限

1）爆炸浓度极限和爆炸温度极限

可燃液体的爆炸极限有两种表示方法：一是可燃蒸气的爆炸浓度极限，有上、下限之分，以“%”（体积分数）表示；二是可燃液体的爆炸温度极限，也有上、下限之分，以“℃”表示。因为可燃蒸气的浓度是可燃液体在一定温度下形成的，在一定温度下由于蒸发，当达到气液相平衡时，在可燃性液体表面会形成等于爆炸浓度上限或爆炸浓度下限的饱和蒸气浓度。与这两个饱和蒸气浓度对应的温度即为可燃液体的爆炸温度上、下限值。因此，爆炸温度极限体现着一定的爆炸浓度极限，两者之间有相对应的关系。例如，酒精的爆炸温度极限为11℃～40℃，与此相对应的爆炸浓度极限为3.3%～18%。液体的温度可随时方便地测出，与通过取样和化验分析来测定蒸气浓度的方法相比要简便得多，因此利用液体的爆炸温度极限值预测其燃爆危险性更为方便。常见可燃液体的爆炸温度极限和爆炸浓度极限见表3-11。

液体的爆炸温度极限和爆炸浓度极限　　表3-11

液体名称	爆炸浓度极限（%）	爆炸温度极限（℃）
酒精	3.3～18	11～40
甲苯	1.2～7.75	1～31
松节油	0.8～62	32～53
车用汽油	0.79～5.16	－39～－8
灯用煤油	1.4～7.5	40～86
乙醚	1.85～35.5	－45～13
苯	1.5～9.5	－14～12

2）爆炸温度极限与燃爆危险性

利用爆炸温度极限可以预测各种可燃液体的爆炸危险性。爆炸温度下限就是闪点。爆炸温度下限越低，爆炸温度上限越高，爆炸温度范围越广，发生爆炸的机会就越多，爆炸危险性也就越大。

利用爆炸温度极限来判断可燃液体的蒸气爆炸危险性，有时候比爆炸浓度极限更方便。例如，已知苯蒸气的爆炸浓度极限是1.5%～9.5%，判断苯在室温（0℃～28℃）条件下其蒸气与空气的混合气体遇火源能否发生爆炸？这个问题是无法直接做判断的。但是如果知道了苯的爆炸温度极限是－14℃～＋19℃，那么马上可以得出苯蒸气与空气混合物在室温条件下可能会发生爆炸。因为在0℃～19℃这段温度内，苯蒸气浓度正处在爆炸极限范围之内。

可燃液体的爆炸温度极限与室温的关系有下列4种情形：

（1）比如苯，爆炸温度下限$t_{下}$＝－14℃，爆炸温度上限$t_{上}$＝＋19℃，与室温的关系是部分重合，因此苯在室温0℃～19℃范围内是能爆炸的。

（2）比如酒精，$t_{下}$＝＋11℃，$t_{上}$＝＋40℃，与室温关系是部分重合，因此酒精在室温11℃～28℃范围内是能爆炸的。

（3）比如煤油，$t_{下}$＝＋40℃，$t_{上}$＝＋86℃，与室温关系是没有重合，因此煤油在室温范围内是不会爆炸的。

（4）比如汽油，$t_{下}$＝－38℃，$t_{上}$＝－8℃，完全低于室温范围，因此汽油在室温范围内其饱和蒸气浓度已经超过爆炸上限，它与空气的混合物遇火源是不会发生爆炸的。但是在实际的仓储条件下，由于库房的通风，汽油蒸气往往达不到饱和状态而处在非饱和蒸气浓度状态，其蒸气与空气混合气遇火源是会发生爆炸的。

通过上述分析可以得到以下结论：

（1）凡爆炸温度下限（$t_{下}$）小于最高室温的可燃液体，其蒸气与空气混合物遇火源均能发生爆炸。

（2）凡爆炸温度下限（$t_{下}$）大于最高室温的可燃液体，其蒸气与空气混合物遇火源均不能发生爆炸。

（3）凡爆炸温度上限（$t_{上}$）小于最低室温的可燃液体，其饱和蒸气与空气混合物遇火源不发生爆炸，其非饱和蒸气与空气的混合气遇火源有可能发生爆炸。

3）爆炸温度极限的测定

爆炸温度下限的测定就是闪点的测定。爆炸温度上限的测定仍然用闭口杯法，当可燃液体温度已经高于闪点时仍继续加热液体，直到液体的饱和蒸气与空气的混合物遇火源不能燃烧时液体的温度，即为该液体的爆炸温度上限。

3.2.5　评价可燃液体燃爆危险性的主要技术参数

评价可燃液体火灾爆炸危险性的主要技术参数包括闪点、饱和蒸气压力和爆炸极限。此外，还有液体的其他性能，如相对密度、流动扩散性、沸点和膨胀性等。

1）饱和蒸气压力

饱和蒸气是指在单位时间内从液体蒸发出来的分子数与返回到液体里的分子数相等的蒸气，此时蒸发和凝结达到动态平衡。在密闭容器中，液体都能蒸发成饱和蒸气。饱和蒸气所具有的压力叫做饱和蒸气压力，简称蒸气压力，以 p_z表示。液体的蒸气压是液体的重要性质，它仅与液体的本质和温度有关，而与液体的数量以及液面上方的空间大小无关。

如果液体是可燃的，液面上气相空间原先有空气，那么形成的饱和蒸气就是可燃蒸气与空气的混合物。可燃液体的蒸气压力越大，则蒸发速度越快，闪点越低，所以火灾危险性越大。蒸气压力是随着液体温度而变化的，即随着温度的升高而增加，超过沸点时的蒸气压力，能导致容器爆裂，造成火灾蔓延。表 3-12 列举了一些常见可燃液体的蒸气压力。

根据可燃液体的蒸气压力，可以求出蒸气在空气中的浓度，其计算式为

$$C = \frac{p_Z}{p_H} \tag{3-4}$$

式中 C——混合物中的蒸气浓度，%；

p_Z——在给定温度下的蒸气压力，Pa；

P_H——混合物的压力，Pa。

如果 P_H等于大气压力，即 101325Pa，则计算式可改写为

$$C = \frac{p_Z}{101325} \tag{3-5}$$

通过上述公式可以算出在一定温度下液体饱和蒸气的浓度，再根据该液体的爆炸浓度极限可判断此温度下液体的燃爆危险性。

几种可燃液体的饱和蒸气压力 P_Z（Pa） **表 3-12**

液体名称	−20℃	−10℃	0℃	10℃	20℃	30℃	40℃	50℃	60℃
丙酮	—	5160	8443	14705	24531	37330	55902	81168	115510
苯	991	1951	3546	5966	9972	15785	24198	35824	52329
航空汽油	—	—	11732	15199	20532	27988	37730	50262	—
车用汽油	—	—	5333	6666	9333	13066	18132	24065	—
二硫化碳	6463	11199	17996	27064	40237	58262	82260	114217	156040
乙醚	8933	14972	24583	28237	57688	84526	120923	168626	216408
甲醇	836	1796	3576	6773	11822	19998	32464	50889	83326
乙醇	333	747	1627	3173	5866	10412	17785	29304	46863
丙醇	—	—	436	952	1933	3706	6733	11799	18598
丁醇	—	—	—	271	628	1227	2386	4413	7893
甲苯	232	456	901	1693	2973	4960	7906	12399	18598
乙酸甲酯	2533	4686	8279	13972	22638	35330	—	—	—
乙酸乙酯	867	1720	3226	5840	9706	15825	24491	37637	55369
乙酸丙酯	—	—	933	2173	3413	6433	9453	16186	22918

【例 1】桶装甲苯的温度为 20℃，而大气压力为 101325Pa。试求甲苯的饱和蒸气浓度。

【解】从表 3-12 查得甲苯在 20℃时饱和蒸气压力 P_Z为 2973Pa，代入式（3-4）即得：

$$C = \frac{p_Z}{p_H} = \frac{2973}{101325} = 2.93\%$$

答： 桶装甲苯在20℃时的饱和蒸气浓度为2.93%。从表3-11中可以查出甲苯的爆炸极限为1.27%～7.75%。例题中求得甲苯的蒸气浓度正在这个范围之内，因此甲苯在20℃时具有爆炸危险。

由于液体的蒸气压力是随温度而变化的，因此可以利用饱和蒸气压力来确定可燃液体在储存和使用时的安全温度和压力。

【例2】 有一个储存苯的罐温度为10℃，请确定是否有爆炸危险？如有爆炸危险，请问应选择什么样的储存温度比较安全？

【解】 先由表3-12查出苯在10℃时的蒸气压力为5960Pa，代入式（3-5），则

$$C = \frac{p_Z}{101325} = \frac{5960}{101325} = 5.89\%$$

表3-11中查得苯的爆炸极限为1.5%～9.5%，故苯在10℃时具有爆炸危险。

消除形成爆炸浓度的温度有两个可能：一是低于闪点的温度；二是高于爆炸上限的温度。但苯的闪点为－14℃，凝固点为5℃，若储存温度低于闪点，苯就会凝固。因此，安全储存温度应采取高于爆炸上限的温度。已知苯的爆炸上限为9.5%，代入下式：

$$p_z = p_H \cdot C = 101325 \times 0.095 = 9625.8\text{Pa}$$

从表3-12查得苯的蒸气压力为9625.8Pa时，处于10～20℃范围内，用内插法求得：

$$10 + \frac{(9625.8 - 5966) \times 10}{9972 - 5966} = 10 + 9 = 19℃$$

答： 储存苯的安全温度应高于19℃。

【例3】 某厂在车间中使用丙酮作溶剂，操作压力为500kPa，操作温度为25℃。请问丙酮在该压力和温度下有无爆炸危险？如有爆炸危险，应选择何种操作压力比较安全？

【解】 先求出丙酮的蒸气浓度。查表3-12并通过计算得到丙酮在25℃时的蒸气压力为30931Pa，代入式（3-4）得出丙酮在500kPa下的蒸发浓度：

$$C = \frac{p_Z}{p_H} = \frac{30931}{500000} = 6.2\%$$

丙酮的爆炸极限为2%～13%，说明在500kPa压力下丙酮是有爆炸危险的。

如果温度不变，那么，为保证安全则操作压力可以考虑选择常压或负压。如选择常压，则浓度为

$$C = \frac{p_Z}{101325} = \frac{30931}{101325} = 30.5\%$$

如选择负压，假设真空度为39997Pa，则浓度为

$$C = \frac{p_Z}{p_H} = \frac{30931}{101325 - 39997} = 50.4\%$$

显然，在常压或负压的两种压力下，丙酮的蒸气浓度都超过爆炸上限，无爆炸危险。但相比之下，负压生产比较安全。

2）爆炸极限

可燃液体的着火和爆炸是蒸气而不是液体本身，因此，爆炸极限对液体燃爆危险性的影响和评价同可燃气体，即爆炸极限范围越宽，爆炸下限越低，爆炸上限越高，可燃液体的燃爆危险性越大。

可燃液体的爆炸温度极限可以用仪器测定，也可利用饱和蒸气压力公式，通过爆炸浓度极限进行计算。因为在一定温度下，由于蒸发，当达到气液相平衡时，在可燃性液体表面会形成等于爆炸浓度上限或下限的饱和蒸气浓度，与这两个饱和蒸气浓度对应的温度即为可燃性液体的爆炸温度上、下限值。

【例4】已知甲苯的爆炸浓度极限为1.27%～7.75%，大气压力为101325Pa。试求其爆炸温度极限。

【解】先利用式（3-4）求出在大气压力101325Pa下，甲苯在爆炸浓度下限的饱和蒸气压：

$$p_{ZX}=\frac{1.27\times101325}{100}=1286.83\text{Pa}$$

从表3-12查得甲苯在1286.83Pa蒸气压力下，处于0～10℃之间，利用内插法求得甲苯的爆炸温度下限：

$$t_x=0+\frac{(1286.83-901)\times10}{1693-901}=4.87℃$$

同样的步骤可求甲苯的爆炸温度上限：

$$p_{ZS}=\frac{7.75\times101325}{100}=7852.69\text{Pa}$$

从表3-12查得甲苯在7852.69Pa蒸气压力下处于30～40℃之间，利用内插法求得甲苯的爆炸温度上限：

$$t_s=30+\frac{(7582.69-4960)\times10}{7906-4960}=30+\frac{28926.9}{2946}=39.8℃$$

答：在101325Pa大气压力下，甲苯的爆炸温度极限为4.87～39.8℃。

3）闪点

可燃液体的闪点越低，则表示越易起火燃烧。因为在常温甚至在冬季低温时，只要遇到明火就可能发生闪燃，所以具有较大的火灾爆炸危险性。例如苯的闪点为－14℃，乙醇的闪点为11℃，所以苯在冬季也会遇明火而闪燃，因此苯比乙醇发生火灾和爆炸的危险性更大，相应于它们的储存、运输、使用中的防火和防爆措施也有所不同。几种常见可燃液体的闪点如表3-13所示。

两种完全互溶的可燃混合的闪点一般低于各组分的闪点的算术平均值，并且接近于含量大的组分的闪点。例如，纯甲醇闪点为7℃，纯乙酸戊酯的闪点为28℃。当60%的甲醇与40%的乙酸戊酯混合时，其闪点并不等于7×60%＋28×40%＝15.4℃，而是等于10℃。甲醇和丁醇（闪点36℃）1∶1的混合液，其闪点等于13℃，而不是1/2×（7＋36）＝21.5℃。再比如车用汽油的闪点为－36℃，灯用煤油的闪点为40℃，如果将汽油和煤油按1∶1的比例混合，那么混合物的闪点应低于（－36）×50%＋40×50%＝2℃。在煤油中如果加入1%的汽油，煤油的闪点要降低10℃以上。

在可燃液体中掺入互溶的不燃液体，也就是可燃液体与不燃液体混合液，其闪点随着不燃液体含量的增加而升高，当不燃组分含量达到一定值时，混合液体不再发生闪燃。例如，在甲醇中加入41%的四氯化碳，则不会出现闪燃现象，这种性质在安全上可加以利用。

几种常见可燃液体的闪点　　表3-13

物质名称	闪点（℃）	物质名称	闪点（℃）	物质名称	闪点（℃）
甲醇	7	苯	−14	醋酸丁酯	13
乙醇	11	甲苯	4	醋酸戊酯	25
乙二醇	112	氯苯	25	二硫化碳	−45
丁醇	35	石油	−21	二氯乙烷	8
戊醇	46	松节油	32	二乙胺	26
甲醚	−41	醋酸	40	航空汽油	−44
乙醚	−45	醋酸乙酯	1	煤油	18
丙酮	−20	甘油	160	车用汽油	−39

各种可燃液体的闪点可用专门仪器测定，也可用计算法求定。可燃液体的闪点可以通过如下几种方法近似计算得到。

（1）根据可燃液体沸点计算，经验公式如下：

$$t_f = 0.6946 t_b - 73.7 \tag{3-6}$$

式中　t_f——可燃液体闪点，℃；

t_b——可燃液体沸点，℃。

经验公式法计算的结果比较粗糙，只能作为近似估算用。

下列几种方法都是利用液体饱和蒸气压力来计算闪点的，其求得的闪点和实测值比较接近，对实际应用足够准确。

（2）利用爆炸浓度极限求闪点，因为闪点温度时液体的蒸气浓度就是该液体蒸气的爆炸浓度下限。

【例5】 已知乙醇的爆炸浓度极限为3.3%～18%，试求乙醇的闪点和爆炸温度极限。

【解】 乙醇在爆炸浓度下限（3.3%）时的饱和蒸气压力为：

$$p_{ZX} = 101325C = 101325 \times 0.033 = 3343.73\text{Pa}$$

从表3-12查得乙醇蒸气压力为3343.73Pa时，其温度处于10～20℃之间，并且在10℃和20℃时的蒸气压力分别为3173Pa和5866Pa。可用内插法求得闪点和爆炸温度下限：

$$t_f = t_x = 10 + \frac{(3343.73 - 3173) \times 10}{5866 - 3173} = 10 + 0.6 = 10.6℃$$

同理再求出乙醇的爆炸温度上限：

$$C = \frac{p_Z}{101325}$$

$$p_{ZS} = 0.18 \times 101325 = 18238.5\text{Pa}$$

从表3-12中查得乙醇在18238.5Pa蒸气压力时的温度约等于40℃。

答：乙醇的闪点约为10.6℃，其爆炸温度极限为10.6～40℃。

（3）多尔恩顿公式。

$$p_f = \frac{p_H}{1+(n-1)\times 4.76} \tag{3-7}$$

式中 p_f——闪点下可燃液体的饱和蒸气压，Pa；

p_H——可燃液体蒸气与空气混合气体的总压力，通常等于101325Pa；

n——燃烧1mol可燃液体所需的氧原子摩尔数，可通过燃烧反应式确定。

【例6】 计算苯在101325Pa大气压下的闪点。

【解】 根据燃烧反应式求出 n 值：

$$C_6H_6 + 7.5O_2 = 6CO_2 + 3H_2O$$

$$n = 15$$

根据式（3-7），计算在闪点时的饱和蒸气压：

$$p_f = \frac{p_H}{1+(n-1)\times 4.76} = \frac{101325}{1+(15-1)\times 4.76} = 1498.0\text{Pa}$$

从表3-12查得苯在1498Pa蒸气压力下处于－20～－10℃之间，用内插法求得其闪点：

$$t_f = -20 + \frac{(1498-991)\times 10}{1951-991} = -14.7℃$$

答：苯在101325Pa的压力下闪点为－14.7℃。

（4）布里诺夫公式。

$$p_f = \frac{AP_H}{D_0 n} \tag{3-8}$$

式中 p_f——闪点温度下的可燃液体饱和蒸气压，Pa；

P_H——可燃液体蒸气与空气混合气体的总压力，通常等于101325Pa；

A——仪器常数；

n——燃烧1 mol可燃液体所需的氧分子摩尔数；

D_0——可燃液体蒸气在空气中标准状态下的扩散系数，见表3-14。

运用式（3-8）进行计算时，需首先根据已知某一液体的闪点求出 A 值，然后再进行计算。

常见液体蒸气在空气中的扩散系数 D_0 **表3-14**

液体名称	在标准状况下的扩散系数	液体名称	在标准状况下的扩散系数
甲醇	0.1325	丙醇	0.085
乙醇	0.102	丁醇	0.0703
戊醇	0.0589	乙酸乙酯	0.0715
苯	0.077	乙酸	0.1064
甲苯	0.0709	二硫化碳	0.0892
乙醚	0.0778	丙酮	0.086

【例7】 已知甲苯的闪点为5.5℃，大气压为101325Pa，试求苯的闪点。

【解】先根据甲苯的闪点求出 A 值。

查表 3-12 并算出甲苯在 5.5℃时的蒸气压力为 1336.6Pa，$n=9$，$D_0=0.0709$，代入式（3-8）：

$$A=\frac{p_f D_0 n}{101325}=\frac{1336.6\times0.0709\times9}{101325}\approx0.0084$$

再将苯的 $n=7.5$，$D_0=0.077$ 代入式（3-8）求苯在闪点温度的蒸气压力：

$$p_f=\frac{Ap_H}{D_0 n}=\frac{0.0084\times101325}{0.077\times7.5}\approx1473.8\text{Pa}$$

从表 3-12 查得苯在 1473.8Pa 蒸气压力下处于−20～−10℃之间，用内插法求得苯的闪点为

$$-20+\frac{(1473.8-991)\times10}{1951-991}\approx-15℃$$

答：在大气压力为 101325Pa 时，苯的闪点为−15℃。

4）受热膨胀性

热胀冷缩是一般物质的共性，可燃液体受热或在阳光下暴晒会使液体温度升高，液体体积膨胀，同时蒸发速度加快，蒸气压也会随之增大。如果发生在密闭容器中，这两种因素可能会导致容器内压力升高，造成容器的鼓胀甚至破裂，液体漫流，进而引起燃烧或爆炸事故。可燃液体受热后的体积膨胀值，可用下式计算：

$$V_t=V_0(1+\beta t) \tag{3-9}$$

式中　V_t——液体 t℃时的体积，L；

V_0——液体 0℃时的体积，L；

t——液体受热后的温度，℃；

β——体积膨胀系数，即温度升高 1℃时，单位体积的增量。表 3-15 为几种液体在 0～100℃的平均体积膨胀系数。

液体的受热膨胀系数 β　　　　**表 3-15**

液体名称	体膨系数（$℃^{-1}$）	液体名称	体膨系数（$℃^{-1}$）	液体名称	体膨系数（$℃^{-1}$）
乙醚	0.00160	乙醇	0.00110	氯仿	0.00140
丙酮	0.00140	甲醇	0.00140	硝基苯	0.00083
苯	0.00120	戊烷	0.00160	甘油	0.00050
甲苯	0.00110	煤油	0.00090	苯酚	0.00089
二甲苯	0.00095	石油	0.00070	二硫化碳	0.00120

【例 8】有一装有乙醚的玻璃瓶存放在暖气片旁，瓶体积为 24 L，灌装时气温为 0℃，并留有 5%的空间，暖气片的散热温度平均为 60℃。试问这样存放乙醚瓶有无危险？

【解】从表 3-15 查得乙醚的体积膨胀系数为 0.0016，根据式（3-9）求出乙醚受热达到 60℃时的总体积：

$$V_t=V_0(1+\beta t)=(24-24\times5\%)\times(1+0.0016\times60)=24.99\text{L}$$

乙醚瓶的体积为 24 L，故 60℃时乙醚体积已超出玻璃瓶体积：

$$24.99-22.8\approx 2.19L$$

同时，通过表3-12查得乙醚在60℃时的蒸气压已达到216408Pa，约2个大气压力。

答：乙醚玻璃瓶存放在暖气片旁有爆炸危险，应移至其他安全地点存放。

通过以上分析可以看出，尽管液体分子间的引力比气体大得多，它的体积随温度的变化比气体小得多，而压力对液体的体积影响相对于气体来说就更小了，但是，对于液体具有的这种受热膨胀性质，从安全角度出发仍需加以注意并应采取必要的措施。所以，对盛装易燃液体的容器应按规定留出足够的空间，夏天要储存于阴凉处或用喷淋冷水降温的方法加以防护。

5）其他燃爆性质

（1）沸点

液体沸腾时的温度（即蒸气压等于大气压时的温度）称为沸点。沸点低的可燃液体，蒸发速度快，闪点低，因而容易与空气形成爆炸性混合物。所以，可燃液体的沸点越低，其火灾和爆炸危险性越大。低沸点的液体在常温下，其蒸气与空气能形成爆炸性混合物。

（2）相对密度

同体积的液体和水的质量之比，称为相对密度。可燃液体的相对密度大多小于1。相对密度越小，则蒸发速度越快，闪点也越低，因而其火灾爆炸的危险性越大。

可燃蒸气的相对密度是其摩尔质量和空气摩尔质量之比。大多数可燃蒸气都比空气重，能沿地面漂浮，遇着火源能发生火灾和爆炸。

比水轻且不溶于水的液体着火时，不能用水扑救。比水重且不溶于水的可燃液体（如二硫化碳）可储存于水中，既能安全防火，又经济方便。

（3）流动性

流动性是任何液体的通性。由于易燃液体容易着火，其流动性的存在增加了火灾危险性。如可燃液体渗漏会很快向四周流淌，其表面积扩大，挥发速度加快，空气中可燃蒸气的浓度增加，会促使火势蔓延，扩大燃烧面积，给救援工作带来困难。所以为了防止液体泄漏、流淌，在储存工作中应置备事故槽（罐），构筑防火堤，设置水封井等；液体着火时，应设法堵截流散的液体，防止火势扩大蔓延。

液体流动性的强弱主要取决于液体本身的黏度。黏度越小，液体的流动越强，反之则越弱。液体的黏度随着温度的升高而减小，流动性增强，因而火灾危险性增大。

（4）带电性

大部分可燃液体是高电阻率（电阻率在$10^{15}\Omega\cdot cm$范围内）的电介质，具有带电能力，如醚类、酮类、酯类、芳香烃类、二硫化碳、石油及其产品等。有带电能力的液体在灌注、输送和流动过程中，都有因摩擦产生静电放电而发生火灾爆炸的危险。

醇类、醛类和羧酸类不是电介质，电阻率低，一般都没有带电能力，其静电火灾危险性较小。

（5）分子量

同一类有机化合物中，一般是分子量越小，沸点越低，闪点就越低，所以火灾爆炸危险性也越大。分子量越大，自燃点较低，受热时越容易自燃起火。如甲醇、乙醇、丙醇的闪点、自燃点的变化见表3-16，它们的火灾危险性依次减小。

几种醇类同系物分子量与闪点和自燃点的关系　　**表3-16**

醇类同系物	分子式	分子量	沸点（℃）	闪点（℃）	自燃点（℃）	热值（kJ/kg）
甲醇	CH_3OH	32	64.7	7	445	23865
乙醇	C_2H_5OH	46	78.4	11	414	30991
丙醇	C_3H_7OH	60	97.8	23.5	404	34792

（6）分子结构

从各种烃类液体的分子结构看，其易燃性大致有如下规律。

烃的含氧衍生物燃烧的容易程度一般是：醚＞醛＞酮＞酯＞醇＞羧酸。

不饱和的有机液体比饱和的有机液体的火灾危险性大，因为不饱和烃类的相对密度小，相对分子量小，分子间作用力小，沸点低，闪点低。例如火灾危险性：丙烯醇＞丙醇，丙烯醛＞丙醛。

在同系物中，异构体比正构体的火灾危险性大，受热自燃危险性则小。例如火灾危险性：异丙醇＞正丙醇，乙酸异丁酯＞乙酸丁酯。

在芳香烃的衍生物中，液体火灾危险性的大小主要取决于取代基的性质和数量。有两种情况：一是以甲基（CH_3）、氯基（Cl）、羟基（OH）、胺基（NH_2）等取代时，取代基的数量越多，其燃烧爆炸的危险性越小。例如甲苯 $C_6H_5CH_3$、二甲苯 $C_6H_4(CH_3)_2$、三甲苯 $C_6H_3(CH_3)_3$ 的火灾危险性依次降低。而以硝基（NO_2）取代时，取代基的数量越多，则燃烧爆炸的危险性越大。例如硝基苯 $C_6H_5NO_2$、二硝基苯 $C_6H_4(NO_2)_2$、三硝基苯 $C_6H_3(NO_2)_3$ 的爆炸危险性依次增大。

3.3　可燃固体

凡遇火、受热、撞击、摩擦或与氧化剂接触能着火的固体物质，统称为可燃固体。可燃固体品种繁多，数量巨大。如木材、煤等燃料；纸、布、丝、绵等纤维制品；硫磺、橡胶、塑料、树脂等化工制品以及各种农副产品。

3.3.1　固体燃烧形式和分类

1）固体的燃烧形式

如前面章节所述，固体可燃物的燃烧与气体、液体燃烧有相似之处，但是比较复杂。根据固体可燃物燃烧的特点，大致有这四类情形：（1）升华式燃烧，例如樟脑、萘、乌洛托品等某些固体物质，对其加热则直接升华为蒸气，蒸气和空气中的氧发生燃烧反应。（2）熔融蒸发式燃烧，例如松香、硫、磷等熔点低的固体物质以及蜡烛、沥青、石蜡等固体燃料，受热后先熔化成液体，再蒸发产生蒸气并分解、氧化而燃烧。（3）热分解式燃烧，如木材、煤、纸张、棉花、塑料、人造纤维等复杂的固体物质，对它们加热时，固体内部会发生一系列复杂的热分解反应，放出 CO、H_2、CH_4……等可燃气体以及 CO_2、H_2O 蒸气等非可燃气体，其中可燃气态产物与空气中的氧进行燃烧反应，大多数的固体都属于热分解式燃烧。不同的固体发生热分解式燃烧时各有特点，例如热塑性材料要熔化、分解为小分子物质后，才开始蒸发，受热后熔化、流淌，有时滴落到火焰源上而燃烧，有时聚积在一起形成大的池状燃烧，火势猛烈难以扑灭；另一类物质如聚氨酯材料，受热后分解形成挥发性液体，然后液体蒸发氧化燃烧；而木材、纸张、其他纤维产品和大多数热固性树脂等材料受热时直接分解产生大量的挥发性产物。在上述这些固体发生热分解式燃烧时，其热解产物中有的毒性可能很强，如苯乙烯和氰化物，有的极易燃烧，如碳氢化合物和一氧化碳等，有的容易进一步分解。(4) 固体表面燃烧，如焦炭和金属等固体既不升华、熔融蒸发，也不发生热分解，而是直接和空气中的氧进行燃烧，呈炽热状态，无火焰发生，属于无焰燃烧。前三类燃烧既可以是预混燃烧，也可是扩散燃烧，在一般情况下，首先是预混，然后转变为扩散燃烧，第四类只能是扩散燃烧。

2）可燃固体的分类

根据《建筑设计防火规范》GB 50016—2014，按照燃烧的难易程度、燃烧的速度以及燃烧产物的毒性将可燃固体分为三类。

(1) 甲类固体

燃点与自燃点低，易燃，燃烧速度快，燃烧产物毒性大，如红磷、三硫化磷、五硫化磷、硝化纤维素、二硝基苯、二硝基甲苯、闪光粉、可发性聚苯乙烯珠体等。

(2) 乙类固体

燃烧性能比甲类固体差，燃烧速度较慢，燃烧产物毒性稍小，也就是不属于甲类的易燃固体，如硫磺、安全火柴、赛璐路板或片、萘、樟脑、生松香、十八烷基乙酰胺、苯磺酰肼（发泡剂 BSH)、硝化纤维胶片、镁粉、铝粉、锰粉等。

(3) 丙类固体

燃烧性能比甲、乙类固体差的可燃固体，一般指燃点>300℃的高熔点固体及燃点<300℃的天然纤维，如纸张、木材、木炭、煤、聚乙烯塑料、聚丙烯塑料、天然橡胶、粘胶纤维、涤纶、腈纶、丙纶、毛、丝、棉、麻、竹、谷物、面粉等。

一般将具有甲、乙类火灾危险性的固体物质称为易燃固体，丙类称为可燃固体，常以燃点 300℃作为分界线。

3.3.2 固体的燃烧速度

固体的燃烧速度一般要小于可燃气体和液体，这是由它燃烧过程复杂决定的。固体燃烧速度的表示方法和液体一样，分为燃烧重量速度和燃烧线速度，常用的是燃烧重量速度，单位为 kg/（m^2·h)。表 3-17 列出了通过实验测得的某些固体物质的燃烧速度值。

影响固体燃烧速度的主要因素有：

(1) 固体密度。固体密度越大，燃烧速度越小。

(2) 固体含水量。固体含水量越大，燃烧速度越小。主要是因为潮湿的固体燃烧时要消耗一部分热量来蒸发水分。

（3）固体比表面积。比表面积是固体的表面积与其体积之比值。固体的粒度不同、几何形状不同，其比表面积也不同。比表面积越大，燃烧时单位体积固体接受的热量就越大，因此燃烧速度大。

（4）固体初始温度。固体初始温度越高，燃烧速度越快。

某些固体物质的燃烧速度 表3-17

物质名称	燃烧的平均速度 kg·$(m^2 \cdot h)^{-1}$
木材（水分14%，厚度2cm的木板和板条）	50
天然橡胶（重10～30kg的块）	30
人造橡胶	24
布质电胶木（厚2～15cm，长1m的板条）	32
酚醛塑料（一些仪器壳、电器附件的废品）	10
棉花（水分6%～8%，生产废花）	8.5
聚苯乙烯树脂	30
纸张（报纸）	24
有机玻璃	41.5
人造短纤维（水分6%）	21.6

3.3.3 评价固体火灾危险性的主要技术参数

1）燃点

燃点是可燃物质遇明火而发生持续燃烧的最低温度，是可燃固体物质燃爆危险性的主要参数。燃点低的可燃固体在能量较小的热源作用下，或者受撞击、摩擦等，会很快受热升温达到燃点而着火。所以，可燃固体的燃点越低，越容易着火，火灾危险性就越大。在火场上，燃点低的固体往往先着火，通常是火灾蔓延的主要方向。因此控制可燃物质的温度在燃点以下是防火措施之一。

2）熔点

物质由固态转变为液态的最低温度称为熔点。绝大多数固体物质燃烧时是在气态下进行的。通常熔点低的可燃固体受热时容易蒸发气化，因此燃点也较低，燃烧速度较快，燃爆危险性较大。某些低熔点的易燃固体还有闪燃现象，如萘、二氯化苯、聚甲醛、樟脑等，其闪点大都在100℃以下，所以火灾危险性大。可燃固体的燃点、熔点和闪点见表3-18。

3）自燃点

与气体、液体比较，固体物质的密度大，受热时蓄热条件好，不宜散热而易聚热，因此自燃点一般都低于可燃液体和气体的自燃点，大体上介于180～400℃之间。可燃固体的自燃点越低，其受热自燃的危险性就越大。在火灾现场，如几种可燃物质所受辐射热相等时，自燃点低的物质先着火，火势会向存放这种物质的方向蔓延。现场扑救时，应先将自燃点低的危险物质撤离火灾现场。

有些可燃固体达到自燃点时，会分解出可燃气体与空气发生氧化而燃烧，这类物质的自燃温度一般较低，例如纸张和棉花的自燃温度为130～150℃。熔点高的可燃固体的自燃点比熔点低的可燃固体的自燃点低一些，粉状固体的自燃点比块状固体的自燃点低一些。可燃固体的自燃点见表 3-19。

可燃固体的燃点、熔点和闪点　　表 3-18

物质名称	熔点（℃）	燃点（℃）	闪点（℃）	物质名称	熔点（℃）	燃点（℃）	闪点（℃）
萘	80.2	86	80	聚乙烯	120	400	
二氯化苯	53		67	聚丙烯	160	270	
聚甲醛	62		45	聚苯纤维	100	400	
甲基萘	35. 1		101	硝酸纤维		180	
苊	96		108	醋酸纤维	260	320	
樟脑	174～179	70	65.5	粘胶纤维		235	
松香	55	216		锦纶－6	220	395	
硫磺	113	255		锦纶－66		415	
红磷		160		涤纶	250～265	390～415	
三硫化磷	172.5	92		二亚硝基间苯二酚	255～264	260	
五硫化磷	276	300		有机玻璃	80	158	
重氮氨基苯	98	150		石蜡	38～62	195	

可燃固体的自燃点　　表 3-19

名称	自燃温度（℃）	名称	自燃温度（℃）	名称	自燃温度（℃）
黄（白）磷	60	木材	250	布匹	200
三硫化四磷	100	硫	260	赤磷	200
纸张	130	沥青	280	松香	240
赛璐路	140	木炭	350	蒽	470
棉花	150	煤	400	萘	515
焦炭	700				

4）热分解性质

硝化纤维及其制品、硝基化合物、某些合成树脂和棉花等由多种元素组成的固体物质，其火灾危险性还取决于热分解温度。大多数情况下，热分解温度和燃点无严格区分。热分解温度越低，燃烧速度越快，燃爆危险性就越大。

5）比表面积

固体的比表面积越大，即与空气接触的表面积越大，越易发生氧化作用，燃烧速度也就越快，所以同样的可燃固体，如单位体积的表面积越大，其危险性就越大。例如，铝粉比铝制品容易燃烧，硫粉比硫块燃烧快，松木片的燃点为 238℃，松木粉的燃点为 196℃。

3.4 可燃粉尘

呈细微颗粒状的固体物质称为粉尘。粉状的可燃固体飞扬悬浮在空气中并达到爆炸极限时，有发生爆炸的危险。早在1785年，世界上第一次有记载的粉尘爆炸发生在意大利都灵的面粉仓库。在1906年法国Courriers煤矿粉尘爆炸死亡了1096人之后，各国都兴起了粉尘爆炸的大量实验研究。在我国，1942年发生的本溪煤矿煤粉爆炸事故（死亡1549人，受伤246人）、1987年哈尔滨亚麻厂粉尘爆炸事故（死亡47人，受伤179人）、2014年秦皇岛骊骅淀粉有限公司粉尘爆炸事故（死亡19人，受伤49人）等，损失和教训都十分惨重。我国在20世纪80年代才开始开展这方面的研究。近几年来，我国每年发生粉尘爆炸的频率为：局部爆炸150～300次，系统爆炸1～3次，且呈增长趋势。粉尘可以看作是固体的一种特殊状态，但由于其在燃爆中表现出特性，所以将其单独讨论。

3.4.1 粉尘特性

整块的固体物质被粉碎成粉尘后，其燃烧特性有很大的变化，原来是不燃物质可能变成可燃物质，原来是难燃物质可能变成易燃物质，这一变化是由粉尘的特性所决定的。

1）粉尘的分散度和表面积

任何粉尘群体，无论用什么方法生产，其粉尘直径都不是一样大小，而是由直径不等的粉尘组成的。所谓粉尘的分散度就是粉尘按不同粒径（直径）分布的一种形式，如果其中小粒径粉尘很多，就认为粉尘分散度大。

粉尘的分散度不是固定不变的，它会因原料、空气湿度以及空气运动速度不同而变化，也会随高度不同而不同，地面附近的分散度最小，距地面越高，粉尘分散度越大。

分散度的大小决定着粉尘的表面积，其分散度越大，则表面积越大，表面分子越多，导致表面自由能越大，化学活性越强，火灾危险性越大。

2）粉尘的吸附性和活性

任何固体表面都有吸附其他物质的能力，粉尘具有很大的表面积，所以粉尘具有很强的吸附性。

随着粉尘分散度的增加，部分内部粒子变成表面粒子，使得破坏原有粒子之间吸引力的能量储存在粉尘表面，称为表面能。

粉尘分散度越大，表面能越大，粉尘的活性越高，燃烧的化学反应就越激烈。

3）粉尘的动力稳定性

粒子始终保持分散状态而不向下沉积的稳定性称为动力稳定性。粉尘悬浮在空气中同时受到重力作用和扩散作用，重力作用使粉尘发生沉降，扩散作用使粉尘具有在空间均匀分布的趋势。当粉尘粒子小到一定程度后，扩散作用与重力作用平衡，粉尘就不会沉降了，易于空气形成粉尘云。

3.4.2 粉尘爆炸的概念和种类

在一定条件下能与气态氧化剂或空气发生剧烈氧化反应的粉尘称为可燃粉尘。粉尘悬浮在空气中或气态氧化剂中，形成的高浓度粉尘与气体的混合物称为粉尘云。火焰在弥散于空间中的可燃粉尘云中传播，引起显著的压力、温度跃升的现象称为粉尘爆炸。火焰以远低于原始粉尘云中的音速的速度在粉尘云中稳定传播的现象称为粉尘燃烧。火焰以高于原始粉尘云中的音速的速度在粉尘云中稳定传播的现象称为粉尘爆轰。

随着经济的发展，塑料、有机合成、粉末冶金及粮食加工等工业也不断发展。粉尘的种类和用量急剧增加，加之操作工艺的自动化、连续性，粉尘爆炸的潜在危险性大大增加。粉尘爆炸的危险性存在于不少工业生产部门，目前已发现下述几类粉尘具有爆炸性：①金属粉尘，如镁粉、钛粉、铝粉；②煤炭粉尘，如活性炭和煤；③粮食粉尘，如面粉、淀粉；④合成材料粉尘，如塑料粉尘、染料粉尘、化纤原料粉尘；⑤饲料粉尘，如血粉、鱼粉；⑥农副产品粉尘，如棉花、烟草、中药、糖粉尘；⑦轻纺原料产品粉尘，如棉尘、麻尘、纸粉、木粉、化学纤维粉尘。

3.4.3 粉尘爆炸的机理和过程

飞扬悬浮于空气中的粉尘与空气组成的混合物，也和气体或蒸气混合物一样，具有爆炸下限和爆炸上限。粉尘混合物的爆炸反应也是一种连锁反应，即在火源作用下，产生原始小火球，随着热和活性中心的发展和传播，火球不断扩大而形成爆炸。

粉尘爆炸是一个瞬间的连锁反应，属于不定常的气固二相流反应，其爆炸过程比较复杂，它受诸多因素的制约。关于粉尘的爆炸主要包括下列两种观点：

（1）气相点火机理

将粉尘爆炸归属于气相爆炸，可看作粉尘本身中贮藏可燃性气体。

① 供给粒子表面以热能，使其表面温度上升。

② 粒子表面的分子由于热分解或干馏作用，生成气体分布在粒子周围。

③ 分解或干馏气体与空气混合，形成爆炸性混合气体，遇火产生火焰（发生反应）。

④ 由火焰（反应）产生的热量，加速了粉尘粒子的分解，放出可燃气体，与空气混合，继续燃烧传播。

这是一种连锁反应，当外界热量足够时，火焰传播速度越来越快，直至引起爆炸；若热量不足，火焰则会熄灭。具体过程如图 3-8 所示。

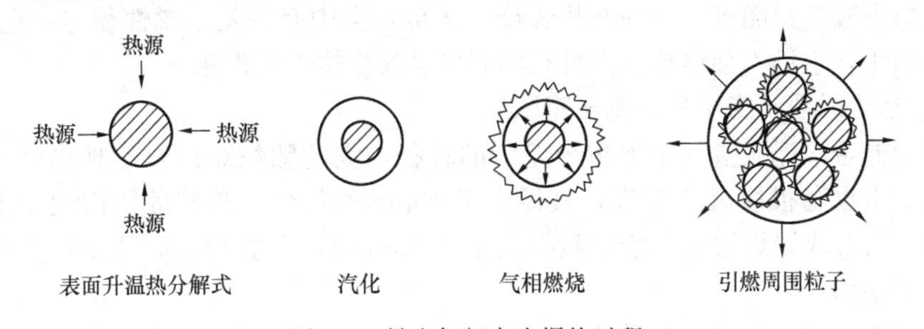

图 3-8 粉尘气相点火爆炸过程

（2）表面非均相点火机理

① 煤粒受热后，内部的碳氢化合物裂解挥发出来，挥发份种类很多，但主要是 CO、H_2、CH_4、C_2H_2……C_nH_m等可燃气体，这些挥发份与周围空间中的氧发生燃烧反应。

② 煤粒逸出挥发份后，剩下固体物质是碳，氧气与碳颗粒表面发生反应，使

颗粒表面点火，此时碳在气相氧化剂中属于气固两相燃烧。

③ 挥发份在颗粒周围形成气相层，阻止氧气向颗粒表面扩散。

④ 挥发份点火，并促使粉尘颗粒重新燃烧。

具体过程如图 3-9 所示。

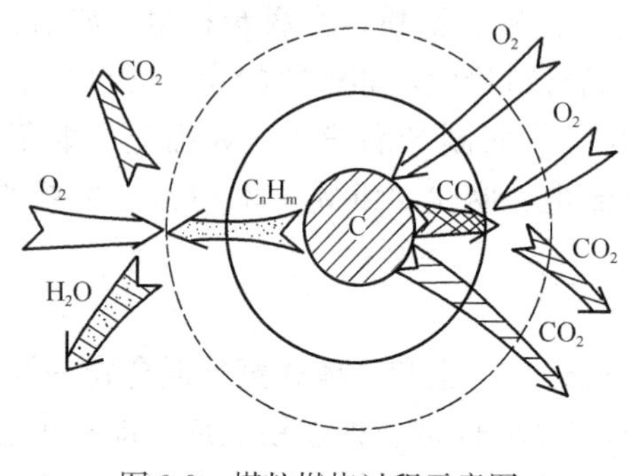

图 3-9　煤粒燃烧过程示意图

事实上，单个粉尘颗粒点火机理并不能完全代表粉尘云点火行为，原因在于：

① 粉尘云点火过程必须考虑颗粒之间的相互作用及影响。

② 粉尘云中粉尘颗粒大小和形状不完全相同，粉尘颗粒存在一定粒径分布范围，这种颗粒尺度分布非单一性对粉尘云点火也会产生影响。

③ 粉尘云点火必须考虑氧浓度影响，而且随着粉尘浓度增大，这种颗粒之间争夺氧的情形会变得愈加突出。

因此，在粉尘/空气混合物中，每个颗粒的热损失比单个颗粒点火分析情况下的热损失要小，也就是说，粉尘云点火温度要比单个颗粒点火温度低。一般来说，粉尘云点火及火焰传播过程主要由小粒径粉尘颗粒点火行为控制，大颗粒粉尘只发生部分反应（颗粒表面被烧焦），有些甚至根本不发生反应。也就是说，只有那些能在空中悬浮一段时间，并保持一定浓度的小颗粒粉尘云才会发生点火和爆炸。

3.4.4　粉尘爆炸条件

1）粉尘本身具有可燃性

可燃粉尘分为有机粉尘和无机粉尘两大类。面粉、淀粉、茶叶粉尘、木材屑、木粉、中药材粉尘、纤维粉尘、糖、谷物、塑料等，这些有机粉尘受热后发生裂解，放出可燃气体，并留下可燃的碳。无机粉尘有硫磺、铝粉、镁粉、锌粉等金属粉尘，这些粉尘虽不会热分解出可燃气体，但能熔融蒸发出可燃蒸气进行燃烧，有些金属颗粒本身能进行气固两相燃烧。无机粉尘中有些是不燃性粉尘，例如砂、岩石的粉尘，它们不会爆炸，而且有抑制可燃粉尘爆炸的作用。

2）粉尘悬浮于空中并达到一定浓度

粉尘能否悬浮在空气中取决于粉尘的粒径，大的颗粒难以自然地悬浮，即使悬浮在空中也会很快沉积下来，直径小于 10μm 的粉尘，其扩散作用大于重力作用，粉尘易形成爆炸层云。粉尘粒径大于 400μm 时，多数粉尘即使用强点火源也不能使其爆炸。

悬浮于空气中的粉尘要处于一定浓度范围之内遇火源才会发生爆炸，这个浓度范围就是粉尘的爆炸极限。

3）火源必须具有一定的能量

粉尘燃烧首先需要加热，或熔融蒸发，或热分解出可燃气体，因此需要较多的初始热量。

3.4.5　粉尘爆炸的特点

与可燃气体混合物的爆炸相比较，粉尘爆炸具有下列特点：

(1) 粉尘爆炸的感应期长，可达数十秒，为气体的数十倍。所谓感应期是指粉尘从接触火源到发生爆炸所需要的时间。粉尘的燃烧是一种固体的燃烧，其过程比气体的燃烧过程复杂，有的要经过尘粒表面的分解或蒸发阶段，有的是要有一个由表面向中心延烧的过程，因而感应期较长。这为粉尘爆炸监测、抑制和泄压提供了宝贵的时间。

(2) 粉尘爆炸的最小起爆能量至少在 10mJ 以上，数量级为气体爆炸的近百倍。但是应当注意的是大多数火源的能量都能达到粉尘的起爆能量。

(3) 粉尘爆炸时发生二次爆炸的可能性较大。发生粉尘爆炸时，初始爆炸的冲击波将沉积粉尘再次扬起，形成粉尘云，并被其后的火焰引燃，发生的连续爆炸称为二次爆炸。因为粉尘初始爆炸会将沉积在设备上的粉尘扬起，爆炸中心经过一很短时间后会形成负压，周围的新鲜空气会进行补充，形成所谓的"返回风"，与扬起的粉尘混合，在初始爆炸的余火引燃下引起二次爆炸。由于二次爆炸时粉尘浓度比第一次高得多，二次爆炸的威力要比第一次大得多。

(4) 粉尘爆炸压力、升压速度略低于可燃气体混合物爆炸，但正压作用时间比可燃气爆炸长。可燃气爆炸反应极其迅速，升压速度快，爆炸压力高，但是衰减也很快。粉尘爆炸反应慢，升压慢，压力较低，一般为 0.3～0.8MPa，很少超过 1MPa。但是由于粉尘粒子不断释放可燃的挥发份，而且粒子中包含的挥发份又多，所以压力衰减慢，正压作用时间长，因此粉尘爆炸造成的破坏往往比可燃气爆炸严重。升压速度慢为泄压设计提供了条件。

(5) 除了自身分解的毒性气体产物外，粉尘爆炸还由于反应时间短，易发生不完全燃烧，会产生大量的 CO，因此粉尘爆炸的毒性更大。

(6) 粉尘爆炸时因粒子边燃烧边飞散，容易使人体受到灼伤。

总之和可燃混合气爆炸相比，引起粉尘爆炸的条件相对苛刻些，但是一旦发生，后果往往更严重。

3.4.6 粉尘爆炸参数及其影响因素

1) 粉尘爆炸极限

粉尘爆炸极限包括爆炸上限和爆炸下限。粉尘爆炸下限是在粉尘与空气的混合物中，遇火源能发生爆炸的粉尘最低浓度；粉尘爆炸上限是在粉尘与空气的混合物中，遇火源能发生爆炸的粉尘最高浓度。一般用单位体积内所含粉尘的质量表示，单位是 g/m^3。粉尘爆炸下限一般为 20～60g/m^3，爆炸上限为 2～6kg/m^3。粉尘混合物的爆炸危险性是以其爆炸浓度下限（g/m^3）为依据来判断的。因为粉尘混合物达到爆炸下限时，所含固体物已相当多，以云雾（尘云）的形状而存在，这样高的浓度通常只有设备内部或直接接近它的发源地的地方才能达到。至于爆炸上限，因为浓度太高，以致大多数场合都不会达到，所以没有实际意义，例如糖粉的爆炸上限为 13.5 kg/m^3。常见粉尘的爆炸浓度下限见表 3-20。

爆炸下限越低，粉尘爆炸危险性越大。不同种类粉尘的爆炸下限不同，同种物质粉尘的爆炸下限也不是固定不变的，它的变化与下列因素有关。

(1) 粉尘粒径越小，爆炸下限越低。

(2) 氧浓度越高，爆炸下限越低。纯氧中粉尘爆炸下限只有空气中爆炸下限的 1/3～1/4，而能发生爆炸的粉尘最大颗粒则加大到空气中相应值的 5 倍，如图 3-10 所示。

(3) 可燃挥发份含量越高，粉尘爆炸下限越低。

(4) 点火源强度增大时，爆炸下限降低。

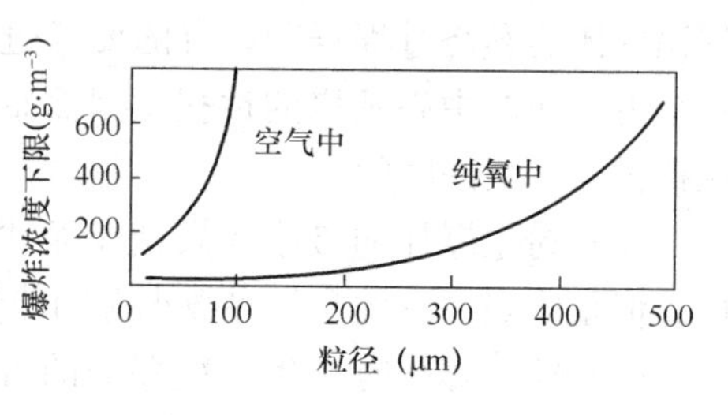

图 3-10 爆炸下限与氧含量及粒径的关系

2) 粉尘爆炸压力和升压速度

粉尘在某浓度爆炸时能达到的最大压力称爆炸压力，用 P_m表示。在规定容积和点火能量下，粉尘云中可燃粉尘浓度范围内，不同浓度值对应的所有爆炸压力峰的最大值称为粉尘云最大爆炸压力，用 P_{max}表示。常见粉尘的最大爆炸压力如表 3-20 所示。爆炸压力 P_m与时间 t 的比值称为升压速度，用 $(dp/dt)_m$表示。在规定容积和点火能量下，爆炸产生最大爆炸压力时的压力—时间上升曲线的斜率的最大值，称为最大升压速度，用 $(dp/dt)_{max}$表示。

粉尘爆炸压力和升压速度是造成设备破坏的主要参数。爆炸压力越大，升压速度越快，对设备的破坏越严重。不同物质的粉尘这两个参数的值是不一样的。同种物质的粉尘爆炸压力和升压速度受下列因素的影响而变化。

① 粉尘粒径越小，爆炸压力越大，升压速度越快。粉尘越细，表面积越大，燃烧越完全，燃烧速度越快。

② 空气中氧含量越低，粉尘爆炸压力、升压速度均会下降。

③ 粉尘中所含惰性物质和水分增多，会降低爆炸压力和升压速度。例如，煤粉中含 11%的灰分时还能爆炸，而当灰分达 15%～30%时，就很难爆炸了。

④ 小容器中粉尘爆炸升压速度较快，大容器中粉尘爆炸升压速度较慢，而爆炸压力变化不大。只要容器体积≥0.04m³，最大升压速度和容器体积的关系就符合“立方根定律”，即 $(dp/dt)_{max} \cdot V^{1/3} = K_{st}$，式中 K_{st}为常数。

粉尘的自燃点、爆炸下限及最大爆炸压力 **表 3-20**

名称	自燃点 (℃)	爆炸下限 (g·m⁻³)	最大爆炸压力 (MPa)
铝	645	35	0.603
铁	315	120	0.197
镁	520	20	0.441
锌	680	500	0.088
醋酸纤维	320	25	0.557
α-甲基丙烯酸酯	440	20	0.388
六次甲基四胺	410	15	0.428
石碳酸树脂	460	25	0.415
邻苯二甲酸酐	650	15	0.333
聚乙烯塑料		25	0.564

续表

名称	自燃点（℃）	爆炸下限（g·m⁻³）	最大爆炸压力（MPa）
聚苯乙烯	490	20	0.299
棉纤维	530	100	0.449
玉米淀粉	470	45	0.49
烟煤	610	35	0.312
煤焦油沥青		80	0.333
硫	190	35	0.279
木粉	430	40	0.421

3）最小点火能量（E_{min}）

E_{min}是粉尘云中可燃粉尘处于最容易着火的浓度时，使粉尘云着火的点火源能量的最小值。粉尘的最小点火能量一般为 10mJ 至数百 mJ，它除了与粉尘的种类有关外，还与粉尘的浓度、粒径、含水量、含氧量、可燃气体含量等许多因素有关。

（1）粉尘粒径越大，最小点火能量增大，如图 3-11 所示。

（2）粉尘浓度和最小点火能量关系很大，每种粉尘都有一个最易引燃的浓度。

（3）粉尘含水量增高会使最小点火能量增高，如图 3-12 所示。

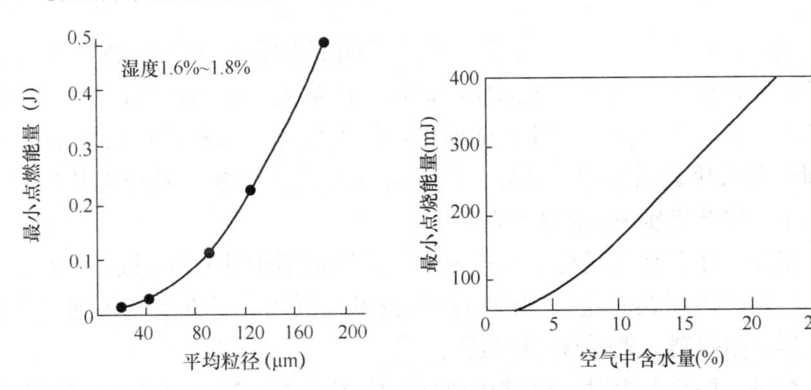

图 3-11　粒度与点火能量的关系　　图3-12　气相中含水量对最小点火能量的影响

3.4.7 粉尘防爆原则及扑救

粉尘爆炸一旦发生，扑救极其困难，因此对粉尘爆炸必须贯彻“预防为主”的方针。粉尘防爆的原则是缩小粉尘扩散范围，清除积尘，控制火源，适当增湿，采用抑爆装置，设置泄压装置等。具体可以采取如下措施。

1）消除粉尘源

采用良好的除尘设施控制厂房内的粉尘是首要的。可用的措施有封闭设备，通风排尘、抽风排尘或润湿降尘等。除尘设备的风机应装在清洁空气一侧，易燃粉尘不能用电除尘设备；金属粉尘不能用湿式除尘设备。设备启动时，先开启除尘设备，后开主机；停机时则正好相反，防止粉尘飞扬。粉尘车间各部位应平滑，尽量避免设置其他无关设施（如窗幕、门帘等）。管线等尽量不要穿越粉尘车间，宜在墙内铺设，防止粉尘积聚。假如条件允许，可在粉尘车间喷雾状水、在被粉碎的物质中增加水分，促使粉尘沉降，防止形成粉尘云。在车间内做好清洁工作，人工及时清扫，也是消除粉尘源的好方法。

2）严格控制点火源

消除点火源是预防粉尘爆炸最实用、最有效的措施。在常见点火源中，电火花、静电、摩擦火花、明火、高温物体表面、焊接切割火花等是引起粉尘爆炸的主要原因，因此要对此高度重视。此类场所的电气设备应严格按照《爆炸危险环境电力装置设计规范》GB 50058—2014进行设计、安装，达到整体防爆要求，尽量不安装或少安装易产生静电，撞击产生火花的材料制作，并采取静电接地保护措施。被粉碎的物质必须经过严格筛选、去石和吸铁修理，以免杂质进入粉碎机内产生火花。近年来因集尘设施粉尘清理不及时，长期运转积热引起的火灾事故屡有发生，也应引起人们的重视。

3）惰化

向有粉尘爆炸危险的场所，充入足够的惰性气体或将惰性粉尘撒在粉尘层上面，使这些粉尘混合物失去爆炸性的方法称为惰化。粉尘爆炸的惰性气体保护适用于密闭装置，对连续性生产或粉体的输送设备中，密封比较困难。

4）实施粉尘爆炸控制

爆炸控制是指爆炸发生时，采用一定措施限制爆炸传播，使爆炸事故不至于扩大的技术。

（1）泄爆：有粉尘和气态氧化剂或空气存在的围包体内发生爆炸时，在爆炸压力未达到围包体的极限强度之前使爆炸产生的高温、高压燃烧产物和未燃物通过围包体上的薄弱部分向无危险方向泄出，使围包体不致被破坏的控制技术。例如对车间厂房采用轻质屋顶、墙体、门窗等作为泄压面积以减小爆炸的破坏性，在生产设备上安装泄压膜、泄压活门。

（2）阻爆：在含有可燃粉尘的通道中，设置能够阻止火焰通过和阻波、消波的器具，将爆炸阻断在一定范围内的控制技术。例如在可燃粉尘流通的管路中，安装阻火器、阻爆器、阻爆阀门等装置。

（3）抑爆：爆炸发生时，通过物理化学作用扑灭火焰，使未爆炸的粉尘不再参与爆炸的控爆技术。易发生粉尘爆炸的设备和管道，可考虑安装一种有效的抑爆系统，该系统能在粉尘爆炸初期，迅速喷洒消焰剂，将火焰熄灭，达到抑制粉尘爆炸目的。装置由爆炸检测机构和消焰剂撒播机构两部分组成。爆炸检测机构应反应迅速、动作准确，发出信号迅速，其传感器主要为压力传感器。检测机构发出的信号传送到撒播机构以后，撒播机构在10^{-2}～10^{-3}s内快速把消焰剂撒播出去。撒播方法有用电雷管起爆，使充满灭火剂的容器破坏，灭火剂喷出；也可在装满灭火剂的容器内用氮气加压，当雷管起爆时容器比较薄弱的部分破裂，由于加压气体的压力使灭火剂从开口处喷出。撒播机构内的灭火剂可用卤代烷、磷酸铵粉末或水等。爆炸抑爆装置见图3-13。

扑救粉尘爆炸事故的有效灭火剂是水，尤以雾状水为佳。它既可以熄灭燃烧，又可湿润未燃粉尘，驱散和消除悬浮粉尘，降低空气浓度，但忌用直流喷射的水和泡沫，也不宜用有冲击力的干粉、二氧化碳、1211灭火剂，防止沉积粉尘因受

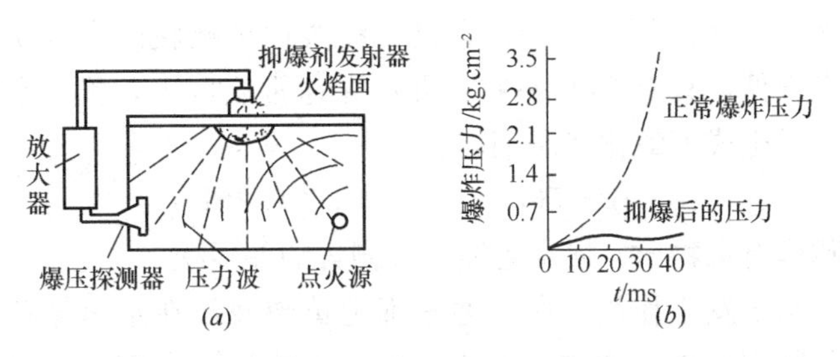

图 3-13 粉尘爆炸抑制装置

（a）抑爆装置；（b）抑制后爆炸压力曲线

冲击而悬浮引起二次爆炸。

对一些金属粉尘（忌水物质）如铝、镁粉等，遇水反应，会使燃烧更剧烈，因此禁止用水扑救，可以用干沙、石灰等（不可冲击）。堆积的粉尘如面粉、棉麻粉等，明火熄灭后内部可能还阴燃，也因引起足够重视；对于面积大、距离长的车间的粉尘火灾，要注意采取有效的分隔措施，防止火势沿沉积粉尘蔓延或引发连锁爆炸。

3.5 其他危险物质

3.5.1 自燃性物质

如前所述，凡是无明火直接作用，由于受热升温或本身自行放热达到自燃点而自行燃烧的物质，称为自燃性物质。常见的自燃性物质有黄磷、二乙基锌、三乙基铝、油布、油脂、赛璐珞胶片等。

1）自燃性物质的分级

自燃性物质都是比较容易氧化的，在着火之前氧化作用是缓慢进行的，而着火时氧化反应是剧烈进行的。根据自燃的难易程度及危险性大小，自燃性物质可分为两级。

（1）一级自燃物质。此类物质与空气接触极易氧化，反应速度快；同时，它们的自燃点低，易于自燃，火灾危险性大。例如黄磷、铝铁熔剂等。

（2）二级自燃物质。此类物质与空气接触时氧化速度缓慢，自燃点较低，如果通风不良，积热不散也能引起自燃。例如油纸、油布等带有油脂的物品。

上述两类分别对应《建筑设计防火规范》GB 50016—2014 中，储存物质火灾危险性中的甲、乙类自燃物品。

2）自燃性物质的燃爆危险特性

自燃性物质由于化学组成不同，以及影响自燃的条件（如温度、湿度、助燃物、含油量、杂质、通风条件等）不同，因此有各自不同的危险特性。

（1）遇空气自燃

自燃物品大部分性质非常活泼，具有极强的还原性，接触空气后能迅速与空气中的氧化合，并产生大量的热，达到其自燃点而着火。接触氧化剂和其他氧化性物质反应更加剧烈，甚至爆炸。此类物质的包装必须保证密闭，充氮气保护或根据其特性用液封密闭。例如黄磷，它是一种淡黄色蜡状的半透明固体，非常容易氧化，自燃点很低，只有34℃左右。即使在通常温度下，置于空气中也能很快引起自燃，燃烧后生成五氧化二磷烟雾。

$$4P+5O_2=2P_2O_5+3098.2kJ$$

五氧化二磷是有毒物质，遇水还能生成剧毒的偏磷酸。

由于黄磷不与水发生作用，所以通常都把黄磷浸没在水里储存和运输。如果在运输时发现包装容器破损渗漏，或水位减小不能浸没全部黄磷时，应立即加水并换装处理，否则会很快引起火灾。如遇有黄磷着火情况，可用长柄铁夹等工具把燃着的黄磷投入盛有水的桶中即可消除事故，但不可用高压水枪冲击着火的黄磷，以防被水冲散的黄磷扩大火势。

(2) 遇湿易燃

硼、锌、锑、铝的烷基化合物类，烷基铝卤化物类（如氯化二乙基铝、三溴化三甲基铝等），烷基铝类（三甲基铝、三乙基铝等）的自燃物品化学性质非常活泼，具有极强的还原性，遇氧化剂和酸类反应剧烈。除在空气中能自燃外，遇水或受潮还能分解而自燃或爆炸。如三乙基铝在空气中能氧化而自燃：

$$2Al(C_2H_5)_3+21O_2=12CO_2+15H_2O+Al_2O_3$$

此外，三乙基铝遇水还能发生爆炸。其机理是三乙基铝与水作用产生氢氧化铝和乙烷，同时放出大量的热，从而导致乙烷爆炸。这类自燃物质遇空气、遇湿都易燃，火灾危险性极大，所以在储存、运输、销售时，包装应充氮密封，防水、防潮。起火时不可用水或泡沫等含水的灭火剂扑救。

此外，铝铁熔剂、铝导线焊接用药包也有遇湿易燃危险。铝铁熔剂用于焊接铁轨，是铝粉和氧化铁粉末按25：75的比例混合而成的熔接剂，混合物引燃后发生剧烈反应，同时放出大量的热，可使温度达2500℃以上而得到熔融的铁水。

$$8Al+3Fe_3O_4=9Fe+4Al_2O_3+3870.06kJ$$

由于水在此高温下会分解成H_2和O_2，有引起爆炸的危险，所以铝铁熔剂着火不可以用水扑救。

(3)积热自燃

硝化纤维及其制品如胶片、废影片、X光片等，化学性质不稳定，常温下就能发生缓慢分解。当堆积在一起或仓库通风不好时，分解反应产生的热量无法散失，放出的热量越积越多，便会自动升温达到其自燃点而着火。此类物品由于本身含有硝酸根(NO_3^-)，化学性质很不稳定，在常温下就能于空气中缓慢分解，在阳光作用及受潮的影响下氧化速度会加快，析出一氧化氮(NO)。一氧化氮不稳定，在空气中与氧化合生成二氧化氮(NO_2)，而二氧化氮会与潮湿空气中的水分化合生成硝酸或亚硝酸。

$$3NO_2+H_2O=2HNO_3+NO$$

硝酸或亚硝酸会进一步加速硝化纤维及其制品的分解，放出的热量也就越来越多，引发自燃。此类物品在空气充足的条件下燃烧速度极快，比相应数量的纸张快5倍，并能产生有毒和刺激性气体。

硝化纤维及其制品着火时，可用泡沫和水进行扑救，但要注意防止复燃和防毒，应及时将灭火后的物质深埋。

油纸、油布等含油脂的物品，当积热不散时，也易发生自燃。油纸、油布是纸和布经桐油等干性油浸涂处理后的制品。桐油的主要成分是桐油酸甘油酯，其分子含有3个双键（—C=C—），化学性质不稳定，在空气中容易与氧发生氧化反应生成一层硬膜，通常由于氧化表面积小，产生的热量少，可随时消散，不会发生自燃。但如果制成油纸、油布、油绸等物品后，桐油与空气中氧接触的表面积大大增加，氧化时析出的热量相应增多。当油纸、油布处于卷紧、堆积的条件下时，就会因积热不散升温到自燃点而起火，尤其是空气潮湿的情况下，更易促使自燃的发生。因此，此类自燃物质常用分格的透风笼箱作包装箱，并限高、限量分堆存放，目的是把自燃物品中经氧化而释放出的热量不断地散逸掉，在大量远途运输和储存时要特别注意通风和晾晒。

3.5.2 遇水燃烧物质

凡是与水或潮气接触能分解产生可燃气体，同时放出热量而引起可燃气体的燃烧或爆炸的物质，称为遇水燃烧物质。

遇水燃烧物质还能与酸或氧化剂发生反应，而且比遇水发生的反应更为剧烈，其着火爆炸的危险性更大。

1）分类

（1）活泼金属及其合金，如钾、钠、锂、铷、钠汞齐、钾钠合金等；还有某些金属的氢化物，如氢化钠、氢化钙、氢化铝钠等。它们遇水都会发生剧烈反应，放出氢气和热量，其热量能使氢气自燃或爆炸。

$$2Na+2H_2O=2NaOH+H_2\uparrow+371.8\ kJ$$

$$NaH+H_2O=NaOH+H_2\uparrow+132.3kJ$$

（2）金属碳化物，如碳化钙、碳化钾、碳化钠、碳化铝等。它们遇水反应剧烈，放出碳氢化合物可燃气体和热量，引起碳氢化合物气体的自燃或爆炸。

$$CaC_2+2H_2O=Ca(OH)_2+C_2H_2\uparrow+Q$$

$$Al_4C_3+12H_2O=4Al(OH)_3+3CH_4\uparrow+Q$$

（3）硼氢化合物，如二硼氢、十硼氢、硼氢化钠等。它们遇水剧烈反应，放出氢气和热量，发生燃烧或爆炸。

$$B_2H_6+6H_2O=2H_3BO_3+6H_2\uparrow+419kJ$$

$$NaBH_4+3H_2O=NaBO_3+5H_2\uparrow+Q$$

（4）金属磷化物，如磷化钙、磷化锌等。它们遇水反应生成磷化氢并放热，磷化氢自燃点低（45～60℃），在空气中易自燃。

$$Ca_3P_2+6H_2O=3Ca(OH)_2+2PH_3\uparrow+Q$$

（5）其他如氢化钙、保险粉（连二亚硫酸钠）等，遇水能发生化学反应，但释放出的热量较少，不足以把反应产生的可燃气体加热至自燃点。不过，当可燃气体一旦接触火源也会立即着火燃烧。

总之，遇水燃烧物质引发火灾分两种情况：一种是遇水后发生剧烈的化学反应，释放出高热能把反应产生的可燃气体点燃；另一种是遇水后发生化学反应，需要靠外界的火源把反应产生的可燃气体点燃。

2）分级

根据遇水或受潮后发生反应的剧烈程度和危险性大小，遇水燃烧物质可分为两级。

一级遇水燃烧物质，遇水发生剧烈反应，单位时间内产生可燃气体多而且放出大量热量，容易引起燃烧爆炸。属于一级遇水燃烧物质的主要有活泼金属（如锂、钠、钾、铷、铯、钡等金属）及其氢化物，硫的金属化合物、磷化物和硼烷等。

二级遇水燃烧物质，遇水发生的反应比较缓慢，放出的热量比较少，产生的可燃气体一般需在火源作用下才能引起燃烧。属于二级遇水燃烧物质的有金属钙、锌粉、亚硫酸钠、氢化铝、硼、氢化钾等。

在生产、储存中，将所有遇水燃烧物质均划为甲类火灾危险。

3）遇水燃烧物质的燃爆危险特性

（1）遇水易燃易爆

这是此类物品的通性，其特点是：

① 遇水后发生剧烈的化学反应，使水分解，夺取水中的氧与之化合，放出可燃气体和热量。当可燃气体与空气混合达到爆炸极限时，或接触明火，或由于反应放出的热量达到引燃温度时就会发生着火或爆炸。如金属钠、氢化钠、二硼氢等遇水反应剧烈，放出氢气多，产生热量大，能直接使氢气燃爆。

② 遇水后反应较为缓慢，放出的可燃气体和热量少，可燃气体接触明火时才可引起燃烧。如氢化铝、硼氢化钠等。

③ 电石、碳化铝、甲基钠等遇湿易燃物品盛放在密闭容器内，遇湿后放出的乙炔和甲烷及热量逸散不出来而积累，致使容器内的气体越积越多，压力越来越大，当超过了容器的强度时，就会胀裂容器以致发生化学爆炸。

（2）遇氧化剂和酸着火爆炸

遇湿易燃物品除遇水能反应外，遇到氧化剂、酸也能发生反应，而且比遇到水反应的更加剧烈，危险性更大。有些遇水反应较为缓慢，甚至不发生反应的物品，当遇到酸或氧化剂时，也能发生剧烈反应。这是因为遇湿易燃物品都是还原性很强的物品，而氧化剂和酸类等物品都具有较强的氧化性，所以它们反应更剧烈。

例如，把少量锌粉撒到水里去，并不会发生剧烈反应，但是如果把少量锌粉撒到酸中，即使是较稀的酸，也会立即有大量氢气泡冒出，反应非常剧烈。又如，金属钠、氢化钡等与硫酸反应生成氢气，碳化钙和硫酸反应生成乙炔等，它们的反应式如下：

$$2Na + H_2SO_4 = Na_2SO_4 + H_2\uparrow$$

$$BaH_2 + H_2SO_4 = BaSO_4 + 2H_2\uparrow$$

$$CaC_2 + H_2SO_4 = CaSO_4 + C_2H_2\uparrow$$

遇水或遇酸燃烧性是遇水燃烧物质共同的危险性。因此，在储存、运输和使用时，应注意防水、防潮、防雨雪。遇水燃烧物质着火时，不准用水或酸碱泡沫灭火剂及泡沫灭火剂扑救。因为酸碱泡沫灭火剂是利用碳酸氢钠溶液和硫酸溶液的作用，产生二氧化碳气体进行灭火的。其反应式为：

$$2NaHCO_3+H_2SO_4=Na_2SO4+2H_2O+2CO_2\uparrow$$

泡沫灭火剂是利用碳酸氢钠溶液和硫酸铝溶液的作用，产生二氧化碳进行灭火的，其反应式为：

$$6NaHCO_3+Al_2(SO_4)_3=3Na_2SO_4+2Al(OH)_3+6CO_2\uparrow$$

从以上反应式可以看出，这些灭火剂是以溶液为药剂的。溶液中含有大量的水，所以用这两种灭火剂来扑救遇水燃烧物质的火灾是不适宜的。此外由酸碱灭火器和泡沫灭火器喷射出来的喷液中，多少都含有尚未作用的残酸，因此，用这类灭火剂来扑救遇水燃烧物质的火灾，犹如火上加油，会引起更大危险。

遇水燃烧物质引起的火灾应用干砂、干粉灭火剂、二氧化碳灭火剂等进行扑救。

(3) 自燃危险性

有些物品不仅有遇湿易燃危险，而且还有自燃危险性。有些遇水燃烧物质（如碱金属、硼氢化合物）放置于空气中即具有自燃性。有的遇水燃烧物质（如氢化钾）遇水能生成可燃气体，放出热量且具有自燃性。如金属粉末类的锌粉、铝镁粉等，在潮湿空气中能自燃，与水接触，特别是在高温下反应比较强烈，能放出氢气和热量。

铝镁粉是金属镁粉和金属铝粉的混合物。铝镁粉与水反应比镁粉或铝粉单独与水反应要强烈的多。镁粉或铝粉单独与水反应，除产生氢气外，还生成氢氧化镁或氢氧化铝，后者能形成保护膜，阻止反应继续进行，不会引起自燃。而铝镁粉与水反应则同时生成氢氧化镁和氢氧化铝，这后两者之间又能起反应生成偏铝酸镁：

$$2Al+6H_2O=2Al(OH)_3+3H_2\uparrow+Q$$

$$Mg+2H_2O=Mg(OH)_2+H_2\uparrow+Q$$

$$2Al(OH)_3+Mg(OH)_2=Mg(AlO_2)_2+4H_2O$$

由于反应中偏铝酸镁能溶解于水，破坏了氢氧化镁和氢氧化铝对镁粉和铝粉的保护作用，使铝镁粉不断与水发生剧烈反应，产生氢气和大量的热，从而引起燃烧。

另外，金属的硅化物、磷化物类物品遇水放出在空气中能自燃且有毒气体四氢化硅和磷化氢，这类气体的自燃危险是不容忽视的。如硅化镁和磷化钙与水的反应：

$$Mg_2Si+4H_2O=2Mg(OH)_2+SiH_4\uparrow+Q$$

$$Ca_3P_2+6H_2O=3Ca(OH)_2+2PH_3\uparrow+Q$$

因此，具有自燃危险性的这类遇水燃烧物质的储存必须与水及潮气等可靠隔离。由于锂、钠、钾、铷、铯和钠钾合金等金属不与煤油、汽油、石蜡等作用，所以可把这些金属浸没于矿物油或液体石蜡等不吸水分物质中严密储存。采取这种措施就能使这些遇水燃烧物质与空气和水蒸气隔离，避免变质和发生危险。

(4) 毒害性和腐蚀性

在遇湿易燃物品中，有一些与水反应生成的气体是易燃有毒的，如乙炔、磷化氢、四氢化硅等。尤其是金属的磷化物、硫化物与水反应，可放出有毒的可燃气体，并放出一定的热量；同时，遇湿易燃物品本身很多也是有毒的，如钠汞齐、钾汞齐等都是毒害性很强的物质。硼和氢的金属化合物类的毒性比氰化氢、光气的毒性还大。因此，还应特别注意防毒。

碱金属及其氢化物类、碳化物类与水作用生成的强碱，都具有很强的腐蚀性，故应注意防腐蚀。

3.5.3 氧化剂和有机过氧化物

凡能氧化其他物质而自身被还原的物质，亦即在氧化—还原反应中得到电子的物质称为氧化剂。当氧化剂与易燃物接触、混合时，则能引起燃烧或爆炸，因此此类物质也列入燃爆危险物之中。

在无机化学反应中，可以由电子的得失或化合价的变化来判断氧化还原反应。但在有机化学反应中，由于大多数有机化合物都是以共价键组成的，它们分子内的原子间没有明显的电子得失，很少有化合价的变化，所以，在有机化学反应中常把与氧的化合或失去氢的反应称为氧化反应，而将与氢的化合或失去氧的反应称为还原反应，把在反应中失去氧或获得氢的物质称为氧化剂。例如，过氧乙酸（氧化剂）和甲醛（还原剂）的化学反应。

CH_3COOOH（过氧乙酸）+ $HCHO$（甲醛）→ $HCOOH$（甲酸）+ CH_3COOH（乙酸）

1）氧化剂的分类

氧化剂按化学组成分为无机氧化剂和有机氧化剂两大类。每类氧化剂按氧化性强弱，又各分为一、二两级。

（1）无机氧化剂

一级无机氧化剂大多数是碱金属（锂、钠、钾、铷、铯）或碱土金属（钙、镁、锶）的过氧化物和含氧酸盐类，如过氧化钠、高氯酸钠、硝酸钾、高锰酸钾等。这些氧化剂的分子中含有过氧基（—O—O—）或高价态元素（N^{+5}、Cl^{+7}、Mn^{+7}等），极不稳定，容易分解，氧化性强，属于强氧化剂，能引起燃烧或爆炸。例如，过氧化钠遇水或酸的时候，便立即发生反应，生成过氧化氢；过氧化氢更容易分解为水和原子氧。其反应如下：

$$Na_2O_2 = Na_2O + [O] \qquad Na_2O_2 + 2H_2O = 2NaOH + H_2O_2$$

$$Na_2O_2 + H_2SO_4 = Na_2SO_4 + H_2O_2 \qquad H_2O_2 = H_2O + [O]$$

原子氧有很强的氧化性，遇易燃物质或还原剂很容易引起燃烧或爆炸，如果不与其他物质作用，原子氧便自行结合，生成氧气：

$$[O] + [O] = O_2$$

氧气的助燃作用会引起火灾或爆炸。

二级无机氧化剂虽然也容易分解，但比一级氧化剂稳定，是较强氧化剂，能引起燃烧。除一级无机氧化剂外的所有无机氧化剂均属此类，如亚硝酸钠、亚氯酸钠、连二硫酸钠、重铬酸钠、高锰酸银等。

（2）有机氧化剂

多数有机氧化剂属一级，一级有机氧化剂大多数是有机过氧化物或硝酸化合物，这类氧化剂都含有过氧基（—O—O—）或高价态氮原子，极不稳定，可分解出氧原子，氧化性能很强，是强氧化剂，如过氧化苯甲酰、硝酸胍、硝酸脲等。

二级有机氧化剂的氧化性能稍次于一级，数量不多，全部是有机过氧化物，如过醋酸、过氧化环已酮等。这类氧化剂虽然也容易分解出氧，但化学性质比一级氧化剂稳定。

无机氧化剂和有机氧化剂中都有不少过氧化物类的氧化剂。有机氧化剂由于含有过氧基，受到光和热的作用，容易分解析出氧，常因此发生燃烧和爆炸。例如，过氧化苯甲酰（$(C_6H_5CO)_2O_2$）受热、摩擦、撞击就发生爆炸，与硫酸能发生剧烈反应，引起燃烧并放出有毒气体。又如，硝酸钾受热时分解为亚硝酸钾和原子氧，遇易燃品或还原剂时容易发生燃烧或爆炸，并且还可以促使硝酸盐的进一步分解，从而扩大其危险性。原子氧在不进行其他反应时便立即自行结合为氧，硝酸钾的分解反应方程式如下：

$$2KNO_3 = 2KNO_2 + O_2\uparrow$$

氧化剂氧化性强弱的规律，对于元素来说，一般是非金属性越强，其氧化性就越强，因为非金属元素具有获得电子的能力，如 I_2、Br_2、Cl_2、F_2 等物质的氧化性依次增强。离子所带的正电荷越多，越容易获得电子，氧化性也就越强，如 4 价锡离子（Sn^{4+}）比 2 价锡离子（Sn^{2+}）具有更强的氧化性。化合物中若含有高价态的元素，而且这个元素化合价越高，其氧化性就越强，如氨（NH_3）中的氮是 −3 价，亚硝酸钠（$NaNO_2$）中的氮是 +3 价，硝酸钠（$NaNO_3$）中的氮是 +5 价，则它们的氧化性依次增强。

2）氧化剂的危险性

（1）氧化性或助燃性

氧化剂具有强烈的氧化性能，本身不燃烧，但是在接触易燃物、有机物或还原剂时，能发生氧化反应，剧烈时会引起燃烧、爆炸。很多氧化剂受热分解放出氧气，增强了它们的氧化性。

（2）燃烧爆炸性

① 少数有机氧化剂本身具有可燃性。如硝酸胍、硝酸脲、过氧化氢尿素、高氯酸醋酐溶液、二氯异氰尿酸、三氯异氯尿酸、四硝基甲烷等，不仅具有很强的氧化性，而且当受热、撞击、摩擦或日光照射时，本身会分解，产生大量的气体并放出大量的热，从而引起爆炸。因此该类物质除防止与任何可燃物质相混外，还应隔离所有火种和热源，防止阳光暴晒和任何高温的作用。

② 氧化剂遇酸后，大多数能发生反应，而且反应常常是剧烈的，甚至引起爆炸。如过氧化钠、高锰酸钾与硫酸，氯酸钾与硝酸接触等都十分危险。

$$Na_2O_2 + H_2SO_4 \rightarrow Na_2SO_4 + H_2O_2$$

$$2KMnO_4 + H_2SO_4 \rightarrow K_2SO_4 + 2HMnO_4$$

$$KClO_3 + HNO_3 \rightarrow HClO_3 + KNO_3$$

在上述反应的生成物中，除硫酸盐比较稳定外，过氧化氢、高锰酸、氯酸、硝酸盐等都是一些性质很不稳定的氧化剂，极易分解而引起着火或爆炸。因此，氧化剂不可与硫酸、硝酸等酸类物质混储混运。这些氧化剂着火时，也不能用泡沫和酸碱灭火器扑救。

③ 有些氧化剂如过氧化钠、过氧化钾等活泼金属的过氧化物，遇水或吸收空气中的水蒸气和二氧化碳时，能分解放出原子氧，致使可燃物质燃爆。过氧化钠与水和二氧化碳反应生成原子氧的反应式如下：

$$Na_2O_2 + H_2O \rightarrow 2NaOH + [O]$$

$$Na_2O_2 + CO_2 \rightarrow Na_2CO_3 + [O]$$

此外，漂粉精（主要成分是次氯酸钙）吸水后，不仅能放出原子氧，还能放出大量的氯；高锰酸锌吸水后形成的液体，接触纸张、棉布等有机物能立即引起燃烧。所以这类氧化剂在储运中应当包装严密，防止受潮、雨淋。着火时禁止用水扑救，也不能用二氧化碳扑救。

④ 在氧化剂中，强氧化剂与弱氧化剂相互之间接触能发生复分解反应，产生高热而引起着火或爆炸。因为弱氧化剂在遇到比它更强的氧化剂时，即成为还原剂，如漂白粉、亚硝酸盐、亚氯酸盐、次氯酸盐等，当遇到氯酸盐、硝酸盐等氧化剂时，即显示还原性，并发生剧烈反应，引起着火或爆炸。如硝酸铵与亚硝酸钠作用能分解生成硝酸钠和比其危险性更大的亚硝酸铵。因此，氧化性弱的氧化剂不能与比它们氧化性强的氧化剂一起储运，应注意分隔。

（3）毒害性和腐蚀性

绝大多数氧化剂都具有一定的毒害性和腐蚀性，能毒害人体，灼伤皮肤，而且氧化剂在化学反应后还能产生有毒物质。例如三氧化铬（铬酸）既有毒性也有腐蚀性。活泼金属的过氧化物、各种含氧酸等，有很强的腐蚀性，能够灼伤皮肤和腐蚀其他物品。

3）氧化剂的储存和运输防护

对氧化剂的储存、运输的防护要点是：

（1）储存和运输时避免受光、受热、摩擦、撞击等。

（2）不得与酸类、有机物、还原剂等混存、混运。

（3）不同品种氧化剂应分别储运。

（4）储存时应防水、防潮、防酸。

（5）氧化剂与自燃、易燃及遇水易燃物品不得混装。

3.6 爆炸性物质

凡是受到高热、摩擦、撞击、震动、光或受到一定物质激发能在瞬间引起单分解或复分解的化学反应，并以机械功的形式在极短时间内放出能量的物质，统称为爆炸性物质或爆炸品，俗称为炸药。

3.6.1 爆炸物质的特点

（1）炸药是能够发生自身燃烧反应的物质。本身含有可燃元素碳、氢和氧化剂（氧），而且碳、氢与氧间并未以直接的化合键结合。一旦炸药得到了引发能量，原来的分子结构被破坏，氧与碳、氢相化合，形成自身燃烧反应。

（2）炸药是具有化学爆炸特性的相对稳定物质。须有外界提供足够的能量，才会破坏其平衡状态而发生爆炸。

(3) 炸药是具有高能量密度的物质。炸药与一般燃料的热值相差不多，但是由于一般燃料反应速度慢，放出的能量随反应气体散失了，而炸药爆炸反应速度极快，能量在爆炸完成的瞬间就全部放出，因此具有较高的能量密度。

3.6.2 爆炸物质爆炸的特点（与气体混合物爆炸相比）

(1) 反应速度极快，通常在万分之一秒内即可完成。爆炸能量在极短时间内放出，爆炸功率可达 20 多万千瓦，破坏力极大。而气体混合物爆炸时的反应速度要慢得多，时间约数百分之一秒至数十分之一秒，所以爆炸功率要小得多。

(2) 产生大量的热，且因反应速度极快，温度可升至 2400～3400℃。而气体混合物爆炸后也有大量热量产生，但因反应速度相对较慢，温度很少超过 1000℃。

(3) 产生大量的气体，爆炸压力高。如 1kg 硝铵炸药爆炸时产生 869～963L 气体，并在十万分之三秒内放出，爆炸压力可达 10^4MPa，所以破坏力很大。而气体混合物爆炸时放出的气体产物相对较少，因为爆炸速度较慢，压力很少超过 10 大气压。

3.6.3 爆炸物质的分类

1）按组成分类

(1) 爆炸化合物：这类爆炸性物质具有一定的化学组成，它们的分子中含有某种不稳定的原子团或基团，亦称为爆炸原子团，如叠氮化合物的爆炸基团—N=N≡N，乙炔化合物的爆炸基团—C≡C—等。一般情况下，所含原子团的稳定性越小、数量越多则敏感度越高。当受到外界能量的作用时，这些不稳定原子团的键很容易破裂分解，能释放出大量热能，会很快转为爆轰。表 3-21 给出了常见的 10 种含有不稳定原子团的爆炸性化合物。

爆炸化合物按化学结构的分类　　表 3-21

序号	爆炸化合物名称	爆炸性原子团	举例
1	硝基化合物	—N(=O)O	三硝基甲苯
2	硝酸酯	—O—N(=O)O	硝化甘油、硝化棉
3	硝胺	>N—N(=O)O	黑索金、特屈儿
4	叠氮化合物	—N=N≡N	叠氮铅、叠氮化钠
5	重氮化合物	—N=N—	二硝基重氮酚
6	雷酸盐	—N=C—	雷汞、雷酸银
7	乙炔化合物	—C≡C—	乙炔银、乙炔汞
8	过氧化物和臭氧化物	—O—O—和—O—O—O—	过氧化二苯、臭氧
9	氮的卤化物	—NX	氯化氮、溴化氮
10	氯酸盐和高氯酸盐	O—Cl(=O)O 和 —O—Cl(=O)(=O)O	氯酸铵、高氯酸铵

（2）爆炸混合物（混合炸药）：它是由两种或两种以上的爆炸组分和非爆炸组分经机械混合而成的，例如硝铵炸药、黑色火药等。

2）按用途分类

（1）起爆药：最容易受外界微小的能量激发而发生燃烧或爆炸，并能迅速形成爆轰的一种敏感炸药。起爆药主要作为引爆剂，用来引爆猛炸药，爆炸后随即达到稳定爆轰，它最主要的特点是感度高，对外界作用非常敏感，在很小的外界能量作用（如热、撞击、通电、针刺、摩擦和火焰）下就能引起爆炸，而且爆轰成长期非常短，爆速在短时间内达到最大值。常用的起爆药有雷汞、叠氮铅、基特拉辛和二硝基重氮酚，主要用来制造雷管、火帽等起爆器材。

（2）猛炸药（爆破药）：以一定的外界激发冲量作用能引起自持爆轰的物质，是用来破坏障碍物的炸药，对外界感度较低，稳定性好，不易爆炸，通常都需要借助起爆药来引爆，猛炸药爆炸的主要形式是爆轰，因此猛炸药具有较高的威力和猛度，对周围介质会产生极大破坏作用。猛炸药主要用于填装各种军用弹药、工程爆破和金属的爆炸加工，常用的单质猛炸药有梯恩梯、特屈儿、硝化甘油、泰安、硝基胍、黑索金、奥克托金等，有时将两种猛炸药配合成混合炸药用，如代那买特、铵梯炸药、铵油炸药、梯黑炸药等。

（3）发射药（火药）：在没有外界氧的作用下能迅速而有规律的稳定燃烧，并释放出大量热能和气体的固态物质，在特定条件下也可发生爆轰。发射药的特征反应为爆燃，在密闭和半密闭条件下燃速很快，产生大量气体，能造成数千个大气压。发射药主要用作爆竹、枪弹炮弹弹丸的发射和火箭推进剂。按组成可分为有烟发射药和无烟发射药。常用的无烟发射药以硝化棉、硝化甘油为主体，有烟发射药以氯酸钾为主体。以硝酸钾、硫磺、木炭为组分的发射药为黑火药。

（4）烟火剂（烟火药）：是一些成分不定的混合物，其主要成分有氧化剂、有机或无机可燃物、金属粉末以及粘合剂。它的主要化学反应形式是燃烧，在一定条件下也能爆炸。烟火剂主要用来制造信号弹、照明弹、燃烧弹、曳光弹、烟幕弹以及民间用的各种烟花、礼花等，分别利用的是其速燃后产生的一种或几种效应，如利用强光制成照明弹，利用高温制成燃烧弹，利用各种色彩制成信号弹、礼花等。

3.6.4　炸药的爆炸性能参数

1）爆热

单位质量炸药爆炸时所释放出的热量，单位是 kJ/kg 或 kJ/mol。爆热是评定炸药做功能力大小的重要参数，是一个很重要的爆炸性能参数。爆热愈大，表示炸药对外做功的能力愈大，也就是破坏能力越大。

2）爆温

炸药爆炸瞬间爆炸产物被所放热量加热达到的最高温度，单位是℃或 K。爆温高低取决于爆热和爆炸产物的组成。

3）爆容

单位质量炸药爆炸时所形成的气体产物在标准状态下所占据的体积，单位是 L/kg。爆容越大，炸药对外做功的能力也越大。

4）爆速

炸药爆炸时爆轰波在炸药内部沿直线的传播速度，单位是m/s。爆速是衡量炸药爆炸强度的重要标志。爆速越大，炸药爆炸越强烈。

5）爆压

爆炸产物在爆炸反应完成瞬间所具有的压强，单位是kPa。由于在爆炸过程中爆炸产物的压力是不断变化的，所以爆压是指爆轰波前沿所具有的压强。爆压是炸药瞬间猛烈破坏程度的标志。

6）威力

炸药爆炸时生成的高温高压气体产物膨胀对外做功的能力，主要取决于爆热和爆容的大小。炸药的威力理论上可用炸药的潜能或用爆热和热功当量的乘积来表示。实际上常用铅铸扩大法实验值来表示，即以一定量（10g）的炸药，装于铅铸的圆柱形孔内爆炸，测量爆炸后圆柱形孔体积的变化，即体积增量（单位：ml）作为炸药的威力数值。威力值越大，表明炸药做功的能力越大。

7）猛度

炸药爆炸时对接触的物质和介质的粉碎能力。猛度越大，与其接触的材料被炸得越碎。猛度的大小取决于爆速和爆压。猛度常用铅柱或铜柱压缩值来表示，即将一定量（50g）的炸药放在符合规定的铅柱上，以铅柱在爆炸后被压缩而减小的高度数值（单位：mm）表示。

威力和猛度是两个综合性指标，常以相对值表示。即以TNT的威力和猛度值为基准（100），用相对值（其他炸药的威力和猛度值/TNT的对应值×100%）来表示各种炸药的威力和猛度。表3-22列出了部分炸药的爆炸性能参数值。

某些炸药爆炸性能参数 表3-22

名称	别名	爆热(kJ/kg)	爆容(L/kg)	爆速(m/s)	爆压(kPa)	威力(TNT当量%)	猛度(TNT当量%)
三硝基甲苯	梯恩梯TNT	4396	750	6950	196	100	100
三硝基苯酚	苦味酸PA	4187	700	7350	220	101	107
苦味酸铵	D炸药	3349	—	6850	—	99	91
三硝基苯甲硝胺	特屈儿CE	4857	760	7560	252	125	116
硝酸铵	AN	1424	980	—	—	56	—
丙三醇三硝酸酯	硝化甘油	6699	690	7580	225	140	—
季戊四醇四硝酸酯	泰安PETN	5799	790	8350	300	145	129
环三亚甲基三硝胺	黑索金RDX	6196	908	8754	347	150	135
环四亚甲基四硝胺	奥克托金HMX	6196	908	9100	380	145	—

3.6.5 与安全有关的炸药特性

1）感度

炸药在外界能量的作用下发生爆炸反应的难易程度，是确定炸药爆炸危险性的一个重要指标，是衡量爆炸稳定性大小的一个重要标志。通常感度的高低以引起炸药爆炸反应所需要的最小外界能量来表示，这个最小的外界能量称为起爆能。

起爆能越小，则炸药的感度越高。感度越高，爆炸危险性越大。常见的起爆能有加热、火花、火焰引起的热能，撞击、摩擦、针刺引起的机械能，电火花、电热引起的电能以及雷管炸药引起的爆炸能等。与此相对应的，炸药具有热感度、机械感度、静电感度以及爆轰感度。不同的炸药对不同的起爆能，其感度是不相同的。

影响炸药感度的因素很多，主要有以下几种：

（1）化学结构。不同爆炸品的化学组成与结构起着决定性的因素。一般的规律是：炸药分子中爆炸基团越活泼，数目越多，其感度越大。如$-O-NO_2$、$=N-NO_2$、$-NO_2$的稳定性顺序为：$-NO_2>=N-NO_2>-O-NO_2$，所以炸药感度就表现为：硝酸酯>硝胺>硝基化合物。

（2）物态。这是指炸药所处的“相”状态。同一炸药在熔融状态的感度普遍要比固态高得多，这是因为炸药从固相转变为液相时要吸收熔化潜热，它的内能较高。另外，在液态时具有较高的蒸气压，很小的外界能量即可激发炸药爆炸，因此，在操作过程中应特别注意安全。

（3）温度。随着温度的升高，炸药本身具有的能量也增高，起爆时所需外界提供的能量则可相应地减少。故温度升高后，炸药的感度也随之增高。例如硝化甘油在16℃时，起爆能为0.2kg·m/cm^2，在94℃时，起爆能为0.1kg·m/cm^2，而在180℃时，微小震动就会爆炸。

（4）密度。随着炸药密度的增大，通常感度是降低的，而粉碎疏松的炸药感度较高。这是由于密度增加后，孔隙率减小，结构结实，不易于吸收能量，这对热点的形成和火焰的传播是不利的。因此在储运中要注意包装完好，尽量压实。

（5）细度。粉碎得很细的炸药，其感度提高，易于起爆。这是因为炸药颗粒越小，比表面越大，接受的冲击波能量越多，容易产生更多的热点，所以易于起爆。

（6）杂质。它对炸药的感度有很大影响，不同的杂质所起的影响不同。通常，固体杂质特别是硬度高、有尖棱和高熔点的杂质，如沙子、玻璃屑和某些金属粉末等，能增加炸药的感度。例如梯恩梯炸药中若混有砂粒，感度显著提高。因为这种杂质能使外界冲击能量集中在尖棱上，形成强烈的摩擦中心而产生热点。因此，在生产、储存和运输炸药时，一定要防止硬性杂质混入，还要防止撞击。

相反，松软的或液态的杂质混入炸药后，往往会使其感度降低。如硝化棉、苦味酸、硝铵炸药含水时，会使感度降低，若含水量超过一定数值，则可能失效。因而在储运过程中，要注意防止炸药受潮或雨淋，否则将使炸药失效、报废。

了解炸药的感度对安全生产有实际意义。国外有的研究人员将炸药的感度分为危险感度和实用感度，要求炸药具有较低的危险感度和较高的实用感度。例如：要保证炸药能安全生产、安全储运，就要求炸药具有较低的热感度和机械感度，而为了在使用时能按照需要爆炸，则要求炸药具有较高的爆轰感度或冲击感度。

2）安定性

指炸药在一定储存期间内不改变其物理性质、化学性质和爆炸性质的能力。

（1）物理安定性。指炸药在外界物理因素影响下保持性质不变的能力。如黑火药很容易吸潮，当含水量为2%～4%时，点火困难；当含水量达15%以上时失去燃烧能力。胶质炸药易冻，当温度低于8～10℃时就会冻结，轻微撞击和摩擦就会发生爆炸。

（2）化学安定性。指炸药在外界化学因素影响下保持其性质不变的能力。例如梯恩梯炸药易与氢氧化钠、氨水、碳酸钠等碱性物质及其水溶液发生剧烈反应，生成的碱金属盐极为敏感，其撞击感度与雷汞、叠氮化铅相似。又如苦味酸能与金属反应生成苦味酸盐，其对摩擦、冲击的敏感度比苦味酸还高，因此苦味酸不能用金属容器盛放。

（3）热安定性。指炸药在热的作用下保持物理化学性质不变的能力。如梯恩梯炸药当温度由27℃升至37℃时，热分解速度就会增加9～18倍。

3）殉爆

指一个炸药爆炸后，能够引起与其相距一定距离处的另一个炸药也发生爆炸的现象。殉爆是爆炸性物质的一种特殊性质。先发生爆炸的炸药称为主爆药，受它爆炸影响而殉爆的炸药称为从爆药。

殉爆距离R_{100}：因主爆药爆炸而能引起从爆药百分之百殉爆的两炸药间最大距离。

最小不殉爆距离R_0（殉爆安全距离）：百分之百不能引起从爆药殉爆的两炸药间最小距离。

主爆药发生爆炸后，会通过以下作用引起从爆药的爆炸。

（1）主爆药的爆轰产物直接冲击从爆药。从爆药在炽热爆轰气团和冲击波的作用下达到起爆条件，于是发生殉爆。这主要发生在两药间的介质密度不很大，距离较近时。

（2）冲击波冲击从爆药。在两炸药相距较远或从爆药装在某种外壳内时，从爆药主要受到主爆药爆炸冲击波作用的情况下，若作用在从爆药的冲击波速大于或等于从爆药的临界爆速时，就可能引起殉爆。

（3）主爆药爆炸时抛掷出的固体破片或飞散物撞击从爆炸药，也可引起从爆药殉爆。

（4）火焰作用于从爆炸药。主爆药与从爆药之间如果有可燃物，主爆药的爆炸产生的火焰和高温，就会引起这些可燃物燃烧，而使从爆药发生爆炸。

炸药的殉爆一般要经历"燃烧—加速燃烧—爆轰"的反应过程。当从爆药受到主爆药的上述作用时，其表面温度升高，局部发生分解；分解热引起高速化学反应，炸药开始燃烧；燃烧放出的热量进一步提高自身温度使燃速加快，并沿着炸药孔隙进入内部。此外，在冲击波的作用下，孔隙内的空气因受到绝热压缩形成热点，急剧的化学反应从热点开始，形成燃烧和加速燃烧。

总之引起殉爆发生的根本原因是主爆药爆炸后，其爆炸能量通过介质传递给从爆药。

复习思考题

1. 可燃气体的燃烧形式有几种？分别有什么特点？

2. 影响可燃气体爆炸极限的因素有哪些？分别是如何影响的？

3. 评价可燃气体燃爆危险性的主要技术参数有哪些？

4. 简要说明沸溢和喷溅火灾的形成过程？

5. 如何用爆炸温度极限判断可燃液体在室温条件下爆炸危险性？

6. 评价可燃液体燃爆危险性的主要技术参数有哪些？

7. 什么是可燃固体？举例说明可燃固体的燃烧形式。

8. 评价可燃固体燃爆危险性的主要技术参数有哪些？

9. 粉尘爆炸的条件是什么？粉尘爆炸有哪些特点？

10. 粉尘防爆的原则是什么？具体预防措施有哪些？

11. 什么是自燃性物质？其主要的危险性质有哪些？储存运输中应注意哪些安全问题？

12. 什么是遇水燃烧物质？其主要的危险性质有哪些？储存运输中应注意哪些安全问题？

13. 什么是氧化剂？其主要的危险性质有哪些？储存运输中应注意哪些安全问题？

14. 什么是炸药？它有什么特点？按照用途分为哪几类？

15. 标志炸药爆炸性能的参数有哪些？它们的定义是什么？

16. 什么是炸药的殉爆？炸药发生殉爆的原因是什么？

第 4 章　防火与防爆的基本技术措施

4.1　火灾与爆炸的预防基本原则

采取预防措施是战胜火灾和爆炸的根本方法。因此，应当了解有关火灾和爆炸发生发展的特点，然后有针对性地采取相应的预防措施。

4.1.1　火灾发展过程与预防基本原则

1）火灾发生发展的过程

当燃烧失去控制而发生火灾时，将经历下列发展阶段。

（1）酝酿期。可燃物在热的作用下蒸发析出气体、冒烟和阴燃。在这个阶段，用较少的人力和应急的灭火器材就能将火控制住或扑灭。

（2）发展期。由于燃烧强度增大，燃烧面积扩大，燃烧速度加快，火苗蹿起，火势迅速扩大。在这个阶段需要投入较多的力量和灭火器材才能将火扑灭。

（3）全盛期。这个阶段，火焰包围整个可燃物体，可燃物全面着火，燃烧面积达到最大限度，燃烧强度最大，燃烧速度最快，热辐射最强，温度和烟气对流达到最大限度，非易燃材料和结构的机械强度受到破坏，以致发生变形或倒塌，大火突破建筑物外壳，并向周围扩大蔓延，是火灾最难扑救的阶段，不仅需要很多的力量和器材扑救火灾，而且要相当的力量和器材保护周围建筑物和物质，以防火势蔓延。

（4）衰灭期。火场火势被控制以后，由于灭火剂的作用或因燃烧材料已烧尽，火势逐渐衰弱，终至熄灭。

2）影响火灾变化的因素

（1）可燃物的数量。通常可燃物数量越多，火灾载荷密度越高，则火势发展越猛烈；可燃物较少，则火势发展较弱；如果可燃物之间不相互连接，则一处可燃物燃尽后，火灾会趋向熄灭。

（2）空气流量。室内火灾初起阶段，燃烧所需的空气量足够时，只要可燃物的量多，燃烧就会不断发展。但是，随着火势的逐步扩大，室内空气量逐渐减少，这时只有不断从室外补充新鲜空气，即增大空气的流量，燃烧才能继续，并不断扩大。如果空气供应量不足，火势会趋向减弱阶段。

（3）蒸发潜热。可燃液体和固体是在受热后蒸发出气体的燃烧。液体和固体需要吸收一定的热量才能蒸发，这种热量称为蒸发潜热。一般来说，固体的蒸发潜热大于液体，液体大于液化气体。蒸发潜热越大的物质越需要较多的热量才能蒸发，火灾发展速度亦越慢。反之，蒸发潜热较小的物质，容易蒸发，火灾发展较快。因此，可燃液体或固体单位时间内蒸发产生的可燃气体与外界供给的热量成正比，与它们的蒸发潜热成反比。

3）预防火灾的基本原则

防火的要点是根据对火灾发展过程特点的分析，采取以下基本措施：

（1）严格控制火源。

（2）监视酝酿期特征。

（3）采用耐火材料。

（4）阻止火焰的蔓延。

（5）限制火灾发展的规模。

（6）组织训练消防队伍。

（7）配备相应的消防器材。

4.1.2　爆炸发展过程与预防基本原则

1）爆炸发展过程的特点

可燃性混合物的爆炸虽然发生于顷刻之间，但它还是有下列的发展过程：

（1）可燃物（可燃气体、蒸气或粉尘）与空气或氧气的相互扩散，均匀混合而形成爆炸性混合物。

（2）爆炸性混合物遇着火源，爆炸开始。

（3）由于连锁反应过程的发展，爆炸范围扩大和爆炸威力升级。

（4）化学反应完成，爆炸威力造成灾害性破坏。

2）预防爆炸的基本原则

防爆的基本原则是根据对爆炸过程特点的分析，采取相应措施，防止第一过程的出现，控制第二过程的发展，削弱第三过程的危害。其基本原则有以下几点：

（1）防止爆炸性混合物的形成。

（2）严格控制火源。

（3）燃爆开始就及时泄出压力。

（4）切断爆炸传播途径。

（5）减弱爆炸压力和冲击波对人员、设备和建筑的损坏。

（6）检测报警。

4.2　工业建筑的防火防爆措施

厂房、仓库等工业建筑设计，不仅要考虑生产工艺的要求，造价低廉的要求，还要考虑防火、防爆的要求。这样的设计在建成投产后，才能既满足生产的要求，又有足够的安全设施。它可以在生产活动中避免事故发生或将事故发生率降到最低限度，即使发生了事故，也可限制火灾爆炸事故的波及范围和降低危害的严重程度。

4.2.1　工业建筑火灾危险性分类

对工业建筑进行火灾危险性分类，是为了在建筑设计时，根据不同的火灾危险性，对厂房、库房的防火设计提出不同要求，使工业建筑的防火设计既有利于节约投资，又有利于确保安全。

1）生产的火灾危险性分类

《建筑设计防火规范》GB 50016—2014 规定，生产的火灾危险性应根据生产中所使用或产生的物质性质及其数量等因素划分，可分为甲、乙、丙、丁、戊类，如表 4-1 所示。其中甲、乙两类是火灾、爆炸危险性很大的生产类别，丙、丁、戊类火灾危险性依次降低。所以对各种生产过程需要在分清不同火灾类别的基础上，分别采取对策措施，达到安全生产的目的。

生产的火灾危险性分类　　表 4-1

生产的火灾危险性类别	使用或产生下列物质生产的火灾危险性特征
甲	1. 闪点小于 28℃的液体； 2. 爆炸下限小于 10%的气体； 3. 常温下能自行分解或在空气中氧化能导致迅速自燃或爆炸的物质； 4. 常温下受到水或空气中水蒸气的作用，能产生可燃气体并引起燃烧或爆炸的物质； 5. 遇酸、受热、撞击、摩擦、催化以及遇有机物或硫磺等易燃的无机物，极易引起燃烧或爆炸的强氧化剂； 6. 受撞击、摩擦或与氧化剂、有机物接触时能引起燃烧或爆炸的物质； 7. 在密闭设备内操作温度不小于物质本身自燃点的生产
乙	1. 闪点不小于 28℃，但小于 60℃的液体； 2. 爆炸下限不小于 10%的气体； 3. 不属于甲类的氧化剂； 4. 不属于甲类的易燃固体； 5. 助燃气体； 6. 能与空气形成爆炸性混合物的浮游状态的粉尘、纤维、闪点不小于 60℃的液体雾滴
丙	1. 闪点不小于 60℃的液体； 2. 可燃固体
丁	1. 对不燃烧物质进行加工，并在高温或熔化状态下经常产生强辐射热、火花或火焰的生产； 2. 利用气体、液体、固体作为燃烧或将气体、液体进行燃烧作其他用的各种生产； 3. 常温下使用或加工难燃烧物质的生产
戊	常温下使用或加工不燃烧物质的生产

2）储存的火灾危险性类别

生产、流通过程中，物品的贮存是一个必不可少的中间环节。大量物品贮存在库房中，一旦发生火灾、爆炸事故，往往会产生很大的危害和造成严重的经济损失，因此对库房的要求比厂房要严。

《建筑设计防火规范》GB 50016—2014 规定，储存物品的火灾危险性应根据储存物品的性质和储存物品中的可燃物数量等因素划分，可分为甲、乙、丙、丁、戊类，如表 4-2 所示。

生产过程的火灾危险性是厂房防火设计的主要依据；储存物品的火灾危险性是库房防火设计的主要依据。根据生产或储存的火灾危险性类别可以相应确定厂房建筑或库房建筑的耐火等级及其他防火、防爆措施。根据生产的火灾危险性类别所采取的防火措施举例见表4-3。

储存物品的火灾危险性分类　　表4-2

储存物品的火灾危险性类别	储存物品的火灾危险性特征
甲	1. 闪点小于28℃的液体； 2. 爆炸下限小于10%的气体，受到水或空气中水蒸气的作用能产生爆炸下限小于10%气体的固体物质； 3. 常温下能自行分解或在空气中氧化能导致迅速自燃或爆炸的物质； 4. 常温下受到水或空气中水蒸气的作用，能产生可燃气体并引起燃烧或爆炸的物质； 5. 遇酸、受热、撞击、摩擦以及遇有机物或硫磺等易燃的无机物，极易引起燃烧或爆炸的强氧化剂； 6. 受撞击、摩擦或与氧化剂、有机物接触时能引起燃烧或爆炸的物质
乙	1. 闪点不小于28℃，但小于60℃的液体； 2. 爆炸下限不小于10%的气体； 3. 不属于甲类的氧化剂； 4. 不属于甲类的易燃固体； 5. 助燃气体； 6. 常温下与空气接触能缓慢氧化，积热不散引起自燃的物品
丙	1. 闪点不小于60℃的液体； 2. 可燃固体
丁	难燃烧物品
戊	不燃烧物品

根据生产火险分类采取的防火措施举例　　表4-3

防火防爆措施举例	火灾危险性类别				
	甲	乙	丙	丁	戊
建筑耐火等级	一、二级（单、多层）	一、二、三级（单、多层）	一、二、三、四级（单、多层）	一、二、三、四级（单、多层）	一、二、三、四级（单、多层）
防爆泄压比（$m^2 \cdot m^{-3}$）	0.03～0.25	0.03～0.25	通常不需要	通常不需要	通常不需要
与甲类厂房的防火间距(m)	12	12(一、二级) 14(三级)	12(一、二级) 14(三级) 16(四级)	12(一、二级) 14(三级) 16(四级)	12(一、二级) 14(三级) 16(四级)
安全疏散距离（单层厂房）/m	≤30(一、二级)	≤75(一、二级)	≤80(一、二级) ≤60(三级)	不限(一、二级) ≤60(三级) ≤50(四级)	不限(一、二级) ≤100(三级) ≤60(四级)

续表

防火防爆措施举例	火灾危险性类别				
	甲	乙	丙	丁	戊
通风	空气不应循环使用	空气不应循环使用	空气净化后可循环使用	不作专门要求	不作专门要求
采暖	严禁采用明火和电热散热器采暖	严禁采用明火和电热散热器采暖	不作具体要求	不作具体要求	不作具体要求

4.2.2 工业建筑的耐火等级

建筑物的耐火能力对限制火灾蔓延扩大和及时进行扑救、减少火灾损失具有重要意义。在火灾产生的高温作用下，建筑构件的力学性能将会被迅速破坏，乃至失去支撑或隔断能力。如在温度升高到550℃左右时，钢材软化至完全丧失支撑能力；混凝土温度达到220℃时，其弹性模量降至常温下的一半，400℃时弹性模量会降至常温的15%左右，支撑能力急剧下降。建筑结构耐火的主要作用是保证建筑物遭受火灾时仍然具有足够的整体安全性。所谓整体安全性指的是建筑主体结构不会坍塌，局部结构不受破坏。建筑物一旦发生坍塌，那么预定在该建筑物内进行的各种活动（包括消防、人员与物资的疏散、应急救援）便丧失了开展的可能。

通常用耐火等级来表示建筑物所具有的耐火能力。建筑物具有适当的耐火等级可以保证其发生火灾后，在一定的时间内不被破坏，从而为人们安全疏散提供必要的时间，为消防人员扑救火灾创造条件，也为建筑物火灾后修复及重新使用提供可能。

1）建筑物构件的燃烧性能

（1）建筑材料的燃烧性能及分级

在建筑物中使用的材料统称为建筑材料。建筑材料的燃烧性能是指其燃烧或遇火时所发生的一切物理和化学变化，这项性能由材料表面的着火性和火焰传播性、发热、发烟、炭化、失重，以及毒性生成物的产生等特性来衡量。根据建筑材料遇火后的燃烧特性，一般将其分为不燃、难燃、可燃三大类，各类材料的主要特点如下：

① 不燃材料是指空气中受到火烧或高温作用时，不起火、不微燃、不炭化的材料，如钢材、混凝土、黏土砖瓦、玻璃、石材等。

② 难燃材料是指空气中受到火烧或高温作用时，难起火、难微燃、难炭化，而当火源移走后，燃烧或微燃立即停止的材料，如水泥刨花板、沥青混凝土、经防火处理的木材、用有机物填充的混凝土等。

③ 可燃材料是指在空气中受到火烧或高温作用时，可立即起火或微燃，且当火源移走后仍能继续燃烧的材料，如木材、纤维板、聚氯乙烯塑料板等。

《建筑材料及制品燃烧性能分级》GB 8624—2012 将建筑材料的燃烧性能分为4个级别，分别是A级不燃性建筑材料、B1级难燃性建筑材料、B2级可燃性建筑材料和B3级易燃性建筑材料。

（2）建筑构件的燃烧性能

建筑物是由建筑构件组成的，诸如基础、墙壁、柱、梁、板、屋顶、楼梯等。建筑构件是由建筑材料构成，其燃烧性能取决于所使用建筑材料的燃烧性能，我国将建筑构件的燃烧性能分为三类：

① 不燃烧体（非燃烧体）是指由金属、砖、石、混凝土等不燃性材料制成的构件。这种构件在空气中遇明火或高温作用下不起火、不微燃、不炭化。如砖墙、钢屋架、钢筋混凝土梁等构件都属于非燃烧体，常被用作承重构件。

② 难燃烧体是指用难燃性材料制成的构件或用可燃材料制成而用不燃性材料作保护层制成的构件。其在空气中遇明火或在高温作用下难起火、难微燃、难炭化，且当火源移开后燃烧和微燃立即停止。如沥青混凝土，水泥刨花板等。

③ 燃烧体是指用可燃性材料制成的构件。这种构件在空气中遇明火或在高温作用下会立即起火或发生微燃，而且当火源移开后，仍继续保持燃烧或微燃。如木柱、木屋架、木梁、木楼梯、木格栅、纤维板吊顶等构件都属于燃烧体构件。

2）建筑构件的耐火性能

（1）耐火性能

建筑构件的耐火性能应当从保持结构的稳定性、完整性和隔热性三方面考虑。

失去稳定性是指建筑构件失去了支撑能力和抗变形能力，主要是针对承重构件而言。如梁、柱和墙发生折断或倒塌，则表明它们失去了承载能力。

失去完整性是指建筑构件出现穿透性孔隙或裂缝，不再具有阻止火焰和高温烟气穿过的能力，是针对分隔构件而言的。如隔墙、楼板、门窗等出现了缝隙或孔洞，则该构件背面的可燃物质便可能被引燃，人员也会受到伤害。

失去隔热性是指分隔构件失去隔绝过量的热传导的能力，此能力的丧失也会导致构件另一侧的区域受到高温的影响。表征构件损坏的背火面温度一般定为220℃。

（2）耐火极限

建筑构件的耐火性能通常用耐火极限表示。耐火极限是指在标准耐火试验条件下，建筑构件、配件或结构从受到火的作用时起，到失去承载能力、完整性或隔热性时止所用时间，用小时表示。

对构件进行标准耐火试验，测定其耐火极限是通过燃烧试验炉进行的，试验炉内的气相温度按照规定的温升曲线变化。这种温度—时间变化曲线称为标准火灾温升曲线，简称标准火灾曲线。国际标准化组织（ISO）规定标准火灾曲线温升速率表达式为：

$$T-T_0=345\lg(8t+1) \qquad (4\text{-}1)$$

式中　t——试验经历的时间，min；

T——试验在 t 时刻的炉内温度，℃；

T_0——试验开始时刻的炉内温度，℃，T_0应在5～40℃范围内。

与式（4-1）相应的曲线称为火灾标准升温曲线，如图4-1所示。

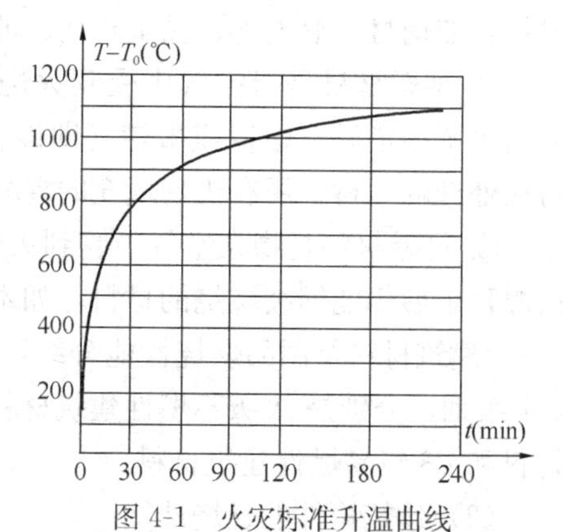

图4-1　火灾标准升温曲线

3）建筑物的耐火等级

（1）建筑物耐火等级的划分

《建筑设计防火规范》GB 50016—2014 将建筑物（厂房、仓库）的耐火等级分为一、二、三、四级，一级最高，四级最低。建筑物的耐火等级（厂房、库房）是由建筑构件的燃烧性能和最低耐火极限决定的，应该清楚的是一座建筑物的耐火等级不是由一两个构件的耐火性决定的，而是由组成建筑物的所有构件的耐火性决定的，即是由组成建筑物的墙、柱、梁、楼板等主要构件的燃烧性能和耐火极限决定的。

我国现行规范在制定耐火等级标准时，选择楼板的耐火极限作为基准，就是首先确定各耐火等级建筑物中楼板的耐火极限，然后将其他建筑构件与楼板相比较，在建筑结构中所占的地位比楼板重要者，如梁、柱、承重墙等，其耐火极限应高于楼板，比楼板次要者，如隔墙、吊顶等，其耐火极限可低于楼板。

确定建筑物耐火等级的目的，主要是使不同用途的建筑物具有与之相适应的耐火性能，从而实现安全与经济的统一。确定建筑物的耐火等级的依据主要有以下几个方面：①建筑物的火灾危险性；②建筑物的火灾荷载；③建筑物的重要性，包括发生火灾的政治影响，可能造成的人员伤亡及经济损失。

（2）建筑物耐火等级的确定

通常一级耐火等级建筑应是钢筋混凝土结构或砖墙与钢筋混凝土结构的混合结构；二级耐火等级建筑应是钢结构屋顶、钢筋混凝土柱和砖墙的混合结构；三级耐火等级建筑是木屋顶和砖墙的混合结构；四级耐火等级建筑为木屋顶和难燃墙体组成的可燃结构。而不同部位的建筑构件又有着不同的耐火要求。表 4-4 列出了《建筑设计防火规范》GB 50016—2014 对不同耐火等级厂房和仓库建筑构件的燃烧性能和耐火极限的规定。

不同耐火等级厂房和仓库建筑构件的燃烧性能和耐火极限（h） 表 4-4

构件名称		耐火等级			
		一级	二级	三级	四级
墙	防火墙	不燃性 3.00	不燃性 3.00	不燃性 3.00	不燃性 3.00
	承重墙	不燃性 3.00	不燃性 2.50	不燃性 2.00	难燃性 0.50
	楼梯间和前室的墙 电梯井的墙	不燃性 2.00	不燃性 2.00	不燃性 1.50	难燃性 0.50
	疏散走道 两侧的隔墙	不燃性 1.00	不燃性 1.00	不燃性 0.50	难燃性 0.25
	非承重外墙 房间隔墙	不燃性 0.75	不燃性 0.50	不燃性 0.50	难燃性 0.25
柱		不燃性 3.00	不燃性 2.50	不燃性 2.00	难燃性 0.50

续表

构件名称	耐火等级			
	一级	二级	三级	四级
梁	不燃性 2.00	不燃性 1.50	不燃性 1.00	难燃性 0.50
楼板	不燃性 1.50	不燃性 1.00	不燃性 0.75	难燃性 0.50
屋顶承重构件	不燃性 1.50	不燃性 1.00	难燃性 0.50	可燃性
疏散楼梯	不燃性 1.50	不燃性 1.00	不燃性 0.75	可燃性
吊顶（包括吊顶搁栅）	不燃性 0.25	难燃性 0.25	难燃性 0.15	可燃性

注：二级耐火等级建筑内采用不燃材料的吊顶，其耐火极限不限。

4）工业建筑耐火等级、层数和建筑面积的要求

在建筑防火设计中，对于厂房和库房应根据其生产和贮存物品的火灾危险性分类，正确选择它们应采用的耐火等级，并适当限制其层数及防火墙间的最大允许建筑面积，是防止发生火灾和阻止火灾蔓延扩大的一项基本措施。

厂房的耐火等级、层数和建筑面积应与生产的火灾危险性类别相适应，具体要求见表4-5。高层厂房，甲、乙类厂房的耐火等级不应低于二级，建筑面积不大于300m^{2}的独立甲、乙类单层厂房可采用三级耐火等级。单、多层丙类厂房和多层丁、戊类厂房的耐火等级不应低于三级。使用或产生丙类液体的厂房和有火花、赤热表面、明火的丁类厂房，其耐火等级均不应低于二级，当为建筑面积不大于500m^{2}的单层丙类厂房或建筑面积不大于1000m^{2}的单层丁类厂房时，可采用三级耐火等级的建筑。使用或储存特殊贵重的机器、仪表、仪器等设备或物品的建筑，其耐火等级不应低于二级。

厂房的层数和每个防火分区的最大允许建筑面积　　表4-5

生产的火灾危险性类别	厂房的耐火等级	最多允许层数	每个防火分区的最大允许建筑面积（m^2）			
			单层厂房	多层厂房	高层厂房	地下或半地下厂房（包括地下或半地下室）
甲	一级 二级	宜采用单层	4000 3000	3000 2000	— —	— —
乙	一级 二级	不限 6	5000 4000	4000 3000	2000 1500	— —
丙	一级 二级 三级	不限 不限 2	不限 8000 3000	6000 4000 2000	3000 2000 —	500 500 —

续表

生产的火灾危险性类别	厂房的耐火等级	最多允许层数	每个防火分区的最大允许建筑面积（m²）			
			单层厂房	多层厂房	高层厂房	地下或半地下厂房（包括地下或半地下室）
丁	一、二级	不限	不限	不限	4000	1000
	三级	3	4000	2000	—	—
	四级	1	1000	—	—	—
戊	一、二级	不限	不限	不限	6000	1000
	三级	3	5000	3000	—	—
	四级	1	1500	—	—	—

注：本表中“—”表示不允许。

仓库是物资集中的地方，在设计库房时，要按照储存物品的火灾危险性类别及储存要求，慎重地选择库房建筑的耐火等级，进而在此基础上采取其他防火技术措施。库房的耐火等级、层数和占地面积的具体要求见表4-6。高架仓库、高层仓库、甲类仓库、多层乙类仓库和储存可燃液体的多层丙类仓库，其耐火等级不应低于二级。单层乙类仓库，单层丙类仓库，储存可燃固体的多层丙类仓库和多层丁、戊类仓库，其耐火等级不应低于三级。

仓库的耐火等级、层数和面积 **表4-6**

储存物品的火灾危险性类别		仓库的耐火等级	最多允许层数	每座仓库的最大允许占地面积和每个防火分区的最大允许建筑面积（m²）						
				单层仓库		多层仓库		高层仓库		地下或半地下仓库（包括地下室或半地下室）
				每座仓库	防火分区	每座仓库	防火分区	每座仓库	防火分区	防火分区
甲	3、4项	一级	1	180	60	—	—	—	—	—
	1、2、5、6项	一、二级	1	750	250	—	—	—	—	—
乙	1、3、4项	一、二级	3	2000	500	900	300	—	—	—
		三级	1	500	250	—	—	—	—	—
	2、5、6项	一、二级	5	2800	700	1500	500	—	—	—
		三级	1	900	300	—	—	—	—	—
丙	1项	一、二级	5	4000	1000	2800	700	—	—	150
		三级	1	1200	400	—	—	—	—	—
	2项	一、二级	不限	6000	1500	4800	1200	4000	1000	300
		三级	3	2100	700	1200	400	—	—	—
丁		一、二级	不限	不限	3000	不限	1500	4800	1200	500
		三级	3	3000	1000	1500	500	—	—	—
		四级	1	2100	700	—	—	—	—	—

续表

储存物品的火灾危险性类别	仓库的耐火等级	最多允许层数	每座仓库的最大允许占地面积和每个防火分区的最大允许建筑面积（m²）						
			单层仓库		多层仓库		高层仓库		地下或半地下仓库（包括地下室或半地下室）
			每座仓库	防火分区	每座仓库	防火分区	每座仓库	防火分区	防火分区
戊	一、二级	不限	不限	不限	不限	2000	6000	1500	1000
	三级	3	3000	1000	2100	700	—	—	—
	四级	1	2100	700	—	—	—	—	—

注：本表中“—”表示不允许。

4.2.3 工业建筑的防火分隔

火灾发生后，首先在建筑物内部蔓延，为防止蔓延，需要采取防火分隔措施，这属于限制性措施，也适用于阻止火灾在相邻建筑物之间的蔓延。

1）防火分区

防火分区是在建筑内部采用防火墙、楼板及其他防火分隔设施分隔而成，能在一定时间内防止火灾向同一建筑的其余部分蔓延的局部空间。在建筑物内采用划分防火分区这一措施，可以在建筑物一旦发生火灾时，有效地把火势控制在一定的范围内，减少火灾损失，同时可以为人员安全疏散、消防扑救提供有利条件。

按照防止火灾向防火分区以外扩大蔓延的功能，防火分区可分为两类：其一是竖向防火分区，用以防止多层或高层建筑物层与层之间竖向发生火灾蔓延；其二是水平防火区，用以防止火灾在水平方向扩大蔓延。

竖向防火分区是指用耐火性能较好的楼板及窗间墙（含窗下墙），在建筑物的垂直方向对每个楼层进行的防火分隔。

水平防火分区是指防火墙或防火门、防火卷帘等防火分隔物将各楼层在水平方向分隔出的防火区域。它可以阻止火灾在楼层的水平方向蔓延。防火分区一般应用防火墙分隔，如确有困难时，可采用防火卷帘加冷却水幕或闭式喷水系统，或采用防火分隔水幕分隔。

从防火的角度看，防火分区划分得越小，越有利于保证建筑物的防火安全。防火分区面积大小的确定应考虑建筑物的使用性质、重要性、火灾危险性、建筑物高度、消防扑救能力以及火灾蔓延的速度等因素。

厂房、仓库每个防火分区的最大允许建筑面积应分别符合表4-5和表4-6的要求。

2）防火分区的主要分隔设施

防火分隔设施是指能在一定时间内阻止火势蔓延，且能把建筑物内部空间分隔成若干小防火空间的物体。防火分隔物应当具备较高的耐火极限，能有效地隔绝火势和热气流的影响，为扑救灭火赢得时间，其中有些重要的分隔物如防火墙等，在结构上还必须有相对的独立性和稳定性，以便充分发挥作用。防火分隔设施可以分为固定式和活动式两类。固定式有普通的砖墙、楼板、防火墙、防火悬墙、防火墙带等，活动式有防火门、防火窗、防火卷帘、防火垂壁等

（1）防火墙

防火墙是防止火灾蔓延至相邻建筑或相邻水平防火分区且耐火极限不低于3.00h的不燃性墙体。它可以将一个建筑物中火灾危险程度不同的生产区分隔开，也可把火灾危险性较大的厂房、仓库分隔成几个部分，以防止火灾在各个部分之间蔓延。实践证明，防火墙能在火灾初期和扑救火灾过程中，将火灾有效地限制在一定空间内，阻断在防火墙一侧而不蔓延到另一侧。防火墙是防火分区的主要建筑构件，按照防火墙的位置可分为内防火墙、外防火墙和室外独立的防火墙等类型。

为减小或避免建筑、结构、设备遭受热辐射危害和防止火灾蔓延，有效发挥隔火作用，《建筑设计防火规范》GB 50016—2014 对防火墙有具体的要求，如甲、乙类厂房和甲、乙、丙类仓库内的防火墙，其耐火极限不应低于4.00h；防火墙应直接设置在建筑的基础或框架、梁等承重结构上，框架、梁等承重结构的耐火极限不应低于防火墙的耐火极限；防火墙应从楼地面基层隔断至梁、楼板或屋面板的底面基层，当高层厂房（仓库）屋顶承重结构和屋面板的耐火极限低于1.00h，其他建筑屋顶承重结构和屋面板的耐火极限低于0.50h时，防火墙应高出屋面0.5m以上；防火墙横截面中心线水平距离天窗端面小于4.0m，且天窗端面为可燃性墙体时，应采取防止火势蔓延的措施；防火墙上不应开设门、窗、洞口，确需开设时，应设置不可开启或火灾时能自动关闭的甲级防火门、窗；可燃气体和甲、乙、丙类液体的管道严禁穿过防火墙，防火墙内不应设置排气道；防火墙的构造应能在防火墙任意一侧的屋架、梁、楼板等受到火灾的影响而破坏时，不会导致防火墙倒塌等。

（2）防火门

防火门是指在一定时间内，连同框架能满足耐火稳定性、完整性和隔热性要求的门。当采取防火墙分隔的相邻区段如需要互相通行时，可在防火墙上设防火门，或是在疏散楼梯间、垂直竖井等疏散门、安全出口处设置防火门，它是一种活动的防火分隔物。防火门按其燃烧性能分为不燃烧体防火门和难燃烧体防火门，按其耐火极限分为甲级、乙级、丙级防火门，耐火极限分别不低于1.20h、0.90h和0.60h。除具有普通门的作用外，防火门能在一定时间内阻止或延缓火灾蔓延，确保人员安全疏散，而且还具有阻止火势蔓延和烟气扩散的特殊功能。因此防火门不仅应有较高的耐火极限，而且还应当关闭紧密，不会窜入烟火，应具有自闭功能。

（3）防火窗

防火窗是采用钢质、木质、钢木复合材质的窗框、钢扇窗及防火玻璃制成的窗户，能起到阻止火势蔓延的作用。防火窗一般安装在防火墙或防火门上，按照使用功能可分为固定式防火窗和活动式防火窗。固定式防火窗没有可开启窗扇，不能开启，平时可以采光，火灾时可以阻止火势蔓延。活动式防火窗有可开启窗

扇，且装配有窗扇启闭控制装置，该装置具有手动控制启闭窗扇功能，且至少具有易熔合金件或玻璃球等热敏感元件自动控制关闭窗扇的功能，平时可以采光和遮挡风雨，起火时可以自动关闭（自动关闭时间不应大于60s），阻止火势蔓延，开启后可以排除烟气。防火窗按照耐火性能分为隔热防火窗（A类）和非隔热防火窗（C类）。隔热防火窗在规定时间内，能同时满足耐火隔热性和耐火完整性要求，分为A0.50、A1.00、A1.50、A2.00、A3.00共5个耐火等级。非隔热防火窗在规定时间内，能满足耐火完整性要求，分为C0.50、C1.00、C1.50、C2.00、C3.00共5个等级，可根据不同的防火要求选用。

（4）防火卷帘

防火卷帘是将钢板、铝合金板等板材用扣环或铰接方法组成的可以卷绕的链状平面，平时卷放在门窗上口的转轴箱中，起火时卷帘展开，从而可以防止火势蔓延。防火卷帘的耐火极限不应低于3.00h且应具有防烟性能。防火卷帘设置部位一般在消防电梯前室、自动扶梯周围、中庭与每层走道、过厅、房间相通的开口部位、代替防火墙需设置防火分隔设施的部位等。

（5）防火带

在有可燃构件的建筑物中划出一个区段，将这一区段内的建筑构件全部改用不燃烧材料，构成防火带。采取适当措施，防火带即能阻挡烟火从一侧流窜到另一侧。在生产厂房中，由于生产工艺连续性的要求，不能采用防火墙时，即可采用防火带。防火带中的屋顶结构应用不燃烧材料做成，其宽度不应小于6m，并高出相邻屋脊0.7m；防火带最好设置在厂房、仓库内的通道部位，以利于火灾时的安全疏散和扑救工作；防火带下严禁堆放可燃材料，或搭建其他可燃的简易建筑物。

4.2.4　防火间距

火灾不仅能在建筑物内蔓延，随着燃烧的进行，会产生高热气流和强烈的热辐射，以及飞火的溅落，都有可能烤着邻近的建筑物，形成新的着火点。为了防止火灾向相邻建筑扩散蔓延，在建筑物之间间隔一定距离即设置防火间距是切实可行的办法。

防火间距是防止着火建筑在一定时间内引燃相邻建筑，便于消防扑救的间隔距离。

发生火灾时，留有足够的防火间距将有利于人员和物资的疏散，也可使消防设备和消防人员顺利到达火场，进行灭火。

影响防火间距的因素很多，除了热辐射、热对流以及飞火的作用外，还要考虑建筑物的耐火等级、建筑物的使用性质、生产或储存物品的火灾危险性等因素以及消防人员能够及时到达并迅速扑救这一因素。确定防火间距的原则是既要保证安全满足防火要求，又要节约用地。

1）厂房的防火间距

（1）厂房之间及与乙、丙、丁、戊类仓库、民用建筑等之间的防火间距不应小于表4-7的规定，甲、乙类厂房与架空电力线的最近水平距离不应小于电杆高度的1.5倍。

厂房之间及与乙、丙、丁、戊类仓库、民用建筑等之间的防火间距（m） 表 4-7

名称			甲类厂房	乙类厂房（仓库）			丙、丁、戊类厂房（仓库）				民用建筑				
			单、多层	单层、多层		高层	单、多层			高层	裙房，单、多层			高层	
			一、二级	一、二级	三级	一、二级	一、二级	三级	四级	一、二级	一、二级	三级	四级	一类	二类
甲类厂房	单、多层	一、二级	12	12	14	13	12	14	16	13	25			50	
乙类厂房	单、多层	一、二级	12	10	12	13	10	12	14	13					
		三级	14	12	14	15	12	14	16	15					
	高层	一、二级	13	13	15	13	13	15	17	13					
丙类厂房	单层、多层	一、二级	12	10	12	13	10	12	14	13	10	12	14	20	15
		三级	14	12	14	15	12	14	16	15	12	14	16	25	20
		四级	16	14	16	17	14	16	18	17	14	16	18		
	高层	一、二级	13	13	15	13	13	15	17	13	13	15	17	20	15
丁、戊类厂房	单、多层	一、二级	12	10	12	13	10	12	14	13	10	12	14	15	13
		三级	14	12	14	15	12	14	16	15	12	14	16	18	15
		四级	16	14	16	17	14	16	18	17	14	16	18		
	高层	一、二级	13	13	15	13	13	15	17	13	13	15	17	15	13
室外变、配电站	变压器总油量（t）	≥5，≤10	25	25	25	25	12	15	20	12	15	20	25	20	
		>10，≤50					15	20	25	15	20	25	30	25	
		>50					20	25	30	20	25	30	35	30	

(2) 甲类厂房与重要公共建筑的防火间距不应小于50m，与明火或散发火花地点的防火间距不应小于30m。

(3) 散发可燃气体、可燃蒸气的甲类厂房与铁路、道路等的防火间距不应小于表4-8的规定，但甲类厂房所属厂内铁路装卸线当有安全措施时，防火间距不受表4-8规定的限制。

散发可燃气体、可燃蒸气的甲类厂房与铁路、道路等的防火间距（m）　表4-8

名称	厂外铁路线中心线	厂内铁路线中心线	厂外道路路边	厂内道路路边	
				主要	次要
甲类厂房	30	20	15	10	5

2）仓库的防火间距

(1) 甲类仓库之间及其与其他建筑、明火或散发火花地点、铁路、道路等的防火间距不应小于表4-9的规定，与架空电力线的最近水平距离不应小于电杆高度的1.5倍。

(2) 乙、丙、丁、戊类仓库之间及其与民用建筑之间的防火间距不应小于表4-10的规定，乙类仓库与架空电力线的最近水平距离不应小于电杆高度的1.5倍。

甲类仓库之间及与其他建筑、明火或散发火花地点、铁路、道路等的防火间距（m）

表4-9

<table>
<tr><th colspan="2" rowspan="3">名　称</th><th colspan="4">甲类仓库（储量，t）</th></tr>
<tr><th colspan="2">甲类储存物品第3、4项</th><th colspan="2">甲类储存物品第1、2、5、6项</th></tr>
<tr><th>≤5</th><th>>5</th><th>≤10</th><th>>10</th></tr>
<tr><td colspan="2">高层民用建筑、重要公共建筑</td><td colspan="4">50</td></tr>
<tr><td colspan="2">裙房、其他民用建筑、明火或散发火花地点</td><td>30</td><td>40</td><td>25</td><td>30</td></tr>
<tr><td colspan="2">甲类仓库</td><td>20</td><td>20</td><td>20</td><td>20</td></tr>
<tr><td rowspan="3">厂房和乙、丙、丁、戊类仓库</td><td>一、二级</td><td>15</td><td>20</td><td>12</td><td>15</td></tr>
<tr><td>三级</td><td>20</td><td>25</td><td>15</td><td>20</td></tr>
<tr><td>四级</td><td>25</td><td>30</td><td>20</td><td>25</td></tr>
<tr><td colspan="2">电力系统电压为35kV～500kV且每台变压器容量不小于10MV·A的室外变、配电站，工业企业的变压器总油量大于5t的室外降压变电站</td><td>30</td><td>40</td><td>25</td><td>30</td></tr>
<tr><td colspan="2">厂外铁路线中心线</td><td colspan="4">40</td></tr>
<tr><td colspan="2">厂内铁路线中心线</td><td colspan="4">30</td></tr>
<tr><td colspan="2">厂外道路路边</td><td colspan="4">20</td></tr>
<tr><td rowspan="2">厂内道路路边</td><td>主要</td><td colspan="4">10</td></tr>
<tr><td>次要</td><td colspan="4">5</td></tr>
</table>

注：甲类仓库之间的防火间距，当第3、4项物品储量不大于2t，第1、2、5、6项物品储量不大于5t时，不应小于12m。甲类仓库与高层仓库的防火间距不应小于13m。

乙、丙、丁、戊类仓库之间及与民用建筑之间的防火间距（m）　　表 4-10

名称			乙类仓库			丙类仓库				丁、戊类仓库			
			单、多层		高层	单、多层			高层	单、多层			高层
			一、二级	三级	一、二级	一、二级	三级	四级	一、二级	一、二级	三级	四级	一、二级
乙、丙、丁、戊类仓库	单、多层	一、二级	10	12	13	10	12	14	13	10	12	14	13
		三级	12	14	15	12	14	16	15	12	14	16	15
		四级	14	16	17	14	16	18	17	14	16	18	17
	高层	一、二级	13	15	13	13	15	17	13	13	15	17	13
民用建筑	裙房，单、多层	一、二级	25			10	12	14	13	10	12	14	13
		三级				12	14	16	15	12	14	16	15
		四级				14	16	18	17	14	16	18	17
	高层	一类	50			20	25	25	20	15	18	18	15
		二类				15	20	20	15	13	15	15	13

3）建筑物与储罐、堆场的防火间距

甲、乙、丙类液体储罐（区）和乙、丙类液体桶装堆场与其他建筑的防火间距不应小于表 4-11 的规定。

甲、乙、丙类液体储罐（区）和乙、丙类液体桶装堆场与其他建筑的防火间距（m）

表 4-11

类别	一个罐区或堆场的总储量 V（m^3）	建筑物的耐火等级				室外变、配电站
		一、二级		三级	四级	
		高层民用建筑	裙房，其他建筑			
甲、乙类液体储罐（区）	$1 \leqslant V < 50$	40	12	15	20	30
	$50 \leqslant V < 200$	50	15	20	25	35
	$200 \leqslant V < 1000$	60	20	25	30	40
	$1000 \leqslant V < 5000$	70	25	30	40	50
丙类液体储罐（区）	$5 \leqslant V < 250$	40	12	15	20	24
	$250 \leqslant V < 1000$	50	15	20	25	28
	$1000 \leqslant V < 5000$	60	20	25	30	32
	$5000 \leqslant V < 25000$	70	25	30	40	40

4.2.5 工业建筑物的防爆措施

1）厂房和库房的泄压要求

《建筑设计防火规范》GB 50016—2014 规定有爆炸危险的厂房（仓库）或厂房内（仓库内）有爆炸危险的部位应设置泄压设施。

所谓泄压就是使爆炸瞬间产生的巨大压力，由建筑物的内部，通过泄压设施向外排出，以保证建筑结构不受大的破坏。泄压是在发生爆炸时，避免厂房主体遭到破坏的最有效措施。

防爆厂房的泄压主要靠轻质屋盖、轻质外墙和泄压门窗的泄压面积来实现。这些泄压构件就建筑整体而言是人为设置的薄弱部位。当发生爆炸时，它们最先遭到破坏或开启，向外释放大量的气体和热量，使室内爆炸产生的压力迅速下降，从而达到主要承重结构不被破坏，整座厂房不倒塌的目的。

对泄压构件和泄压面积及其设置的要求如下：

（1）泄压面积。有爆炸危险的厂房设置足够的泄压面积后，可以大大减轻爆炸时的破坏强度，避免因主体结构遭受破坏而造成重大人员伤亡。

厂房的泄压面积宜按照下式来计算，但当厂房的长径比大于3时，宜将建筑划分为长径比不大于3的多个计算段，各计算段中的公共截面不得作为泄压面积：

$$A = 10CV^{2/3} \tag{4-2}$$

式中　A——泄压面积，m^2；

V——厂房的容积，m^3；

C——泄压比，可按表4-12选取，m^2/m^3。

厂房内爆炸性危险物质的类别与泄压比规定值（m^2/m^3）　　**表4-12**

厂房内爆炸性危险物质的类别	C值
氨、粮食、纸、皮革、铅、铬、铜等$K_{尘}<10MPa\cdot m\cdot s^{-1}$的粉尘	≥0.030
木屑、炭屑、煤粉、锑、锡等$10MPa\cdot m\cdot s^{-1}\leqslant K_{尘}\leqslant 30MPa\cdot m\cdot s^{-1}$的粉尘	≥0.055
丙酮、汽油、甲醇、液化石油气、甲烷、喷漆间或干燥室，苯酚树脂、铝、镁、锆等$K_{尘}>30MPa\cdot m\cdot s^{-1}$的粉尘	≥0.110
乙烯	≥0.160
乙炔	≥0.200
氢	≥0.250

注：$K_{尘}$—粉尘的爆炸指数，$K_{尘}=(\frac{dp}{dt})_{max}\cdot V^{1/3}$。

（2）泄压设施材质。宜采用轻质屋面板、轻质墙体和易于泄压的门、窗等，应采用安全玻璃等在爆炸时不产生尖锐碎片的材料。作为泄压设施的轻质屋面板和墙体的质量不宜大于60kg/m²，一般由有脆性的非燃烧材料制成，一旦室内发生爆炸，压力超过某一限值时，它们就会被炸成碎块或被掀掉，以泄放爆炸压力，使建筑物主体部分少受损失。

轻质泄压屋盖或墙体常用的材料是石棉水泥波形瓦，为了满足防寒、隔热、防雨等要求，有增加保温层或防水层的其他型式。

泄压窗有多种形式，如轴心偏上中悬泄压窗，抛物线形塑料板泄压窗等。窗户上通常安装厚度不超过3mm的普通玻璃。要求泄压窗能在爆炸力递增稍大于室外风压时，能自动向外开启泄压。

屋顶泄压是宜优先采用的泄压方式；如果屋顶有设备，则利用侧窗作为泄压设施；当屋顶有设备，且侧墙又不能开大面积泄压窗时，则采用轻质墙体来泄压。

（3）泄压设施的设置。应避开人员密集场所和主要交通道路，并宜靠近有爆炸危险的部位。

（4）泄压设施的保护。屋顶上的泄压设施应采取防冰雪积聚措施。

（5）其他事项。散发较空气轻的可燃气体、可燃蒸气的甲类厂房，宜采用轻质屋面板作为泄压面积。顶棚应尽量平整、无死角，厂房上部空间应通风良好。

2）其他防爆要求

（1）散发较空气重的可燃气体、可燃蒸气的甲类厂房和有粉尘、纤维爆炸危险的乙类厂房，应符合下列规定：

①应采用不发火花的地面。采用绝缘材料作整体面层时，应采取防静电措施。

②散发可燃粉尘、纤维的厂房，其内表面应平整、光滑，并易于清扫。

③厂房内不宜设置地沟，确需设置时，其盖板应严密，地沟应采取防止可燃气体、可燃蒸气和粉尘、纤维在地沟积聚的有效措施，且应在与相邻厂房接通处采用防火材料密封。

（2）有爆炸危险的甲、乙类厂房的总控制室应独立设置。

（3）使用和生产甲、乙、丙类液体的厂房，其管、沟不应与相邻厂房的管、沟相通，下水道应设置隔油设施。

（4）甲乙丙类液体仓库应设置防止液体流散的设施。遇湿会发生燃烧爆炸的物品仓库应采取防水浸渍的措施。

4.2.6 工业建筑物的安全疏散措施

足够数量的安全出口，对保证人和物资的安全疏散极为重要。火灾案例中常有因出口设计不当或在实际使用中部分出口被封堵，造成人员无法疏散而伤亡惨重的事故。

1）厂房的安全疏散要求

（1）厂房内每个防火分区或一个防火分区内的每个楼层，其安全出口的数量应经计算确定，且不应少于2个，但是在下列情况中可设置1个安全出口：甲类厂房，每层建筑面积不大于100m²，且同一时间的作业人数不超过5人；乙类厂房，每层建筑面积不大于150m²，且同一时间的作业人数不超过10人；丙类厂房，每层建筑面积不大于250m²，且同一时间的作业人数不超过20人；丁、戊类厂房，每层建筑面积不大于400m²，且同一时间的作业人数不超过30人；地下、半地下厂房（包括地下或半地下室），每层建筑面积不大于50m²，且同一时间的作业人数不超过15人。

（2）地下、半地下厂房（包括地下或半地下室），当有多个防火分区相邻布置，并采用防火墙分隔时，每个防火分区可利用防火墙上通向相邻防火分区的甲级防火门作为第二安全出口，但每个防火分区必须至少有1个直通室外的独立安全出口。

（3）厂房内任一点到最近安全出口的直线距离不应大于表4-13的规定。

厂房内任一点到最近安全出口的直线距离（m） **表4-13**

生产的火灾危险性类别	耐火等级	单层厂房	多层厂房	高层厂房	地下、半地下厂房（包括地下或半地下室）
甲	一、二级	30	25	—	—
乙	一、二级	75	50	30	—

续表

生产的火灾危险性类别	耐火等级	单层厂房	多层厂房	高层厂房	地下、半地下厂房（包括地下或半地下室）
丙	一、二级	80	60	40	30
	三级	60	40	—	—
丁	一、二级	不限	不限	50	45
	三级	60	50	—	—
	四级	50	—	—	—
戊	一、二级	不限	不限	75	60
	三级	100	75	—	—
	四级	60	—	—	—

（4）厂房内的疏散楼梯、走道、门的各自总净宽度。应根据疏散人数按每100人的最小疏散净宽度不小于表4-14的规定计算确定。但疏散楼梯的最小净宽度不宜小于1.10m，疏散走道的最小净宽度不宜小于1.40m，门的最小净宽度不宜小于0.90m。当每层人数不相等时，疏散楼梯的总净宽度应分层计算，下层楼梯总净宽度应按该层或该层以上疏散人数最多一层的疏散人数计算。首层外门的总净宽度应按该层或该层以上疏散人数最多一层的疏散人数计算，且该门的最小净宽度不应小于1.20m。

厂房疏散楼梯、走道和门的每100人最小疏散净宽度　　表4-14

厂房层数（层）	1～2	3	≥4
最小疏散净宽度（m/百人）	0.60	0.80	1.00

（5）高层厂房和甲乙丙类多层厂房的疏散楼梯应采用封闭楼梯间或室外楼梯。建筑高度大于32m且任一层人数超过10人的厂房，应采用防烟楼梯间或室外楼梯。

2）仓库的安全疏散要求

（1）仓库的安全出口应分散布置。每个防火分区或一个防火分区的每个楼层，其相邻2个安全出口最近边缘之间的水平距离不应小于5m。

（2）每座仓库的安全出口不应少于2个，当一座仓库的占地面积不大于300m²时，可设置1个安全出口。仓库内每个防火分区通向疏散走道、楼梯或室外的出口不宜少于2个，当防火分区的建筑面积不大于100m²时，可设置1个出口。通向疏散走道或楼梯的门应为乙级防火门。

（3）地下、半地下仓库（包括地下室或半地下室）的安全出口不应少于2个，当建筑面积不大于100m²时，可设置1个安全出口。

（4）地下、半地下仓库（包括地下室或半地下室），当有多个防火分区相邻布置并采用防火墙分隔时，每个防火分区可利用防火墙上通向相邻防火分区的甲级防火门作为第二安全出口，但每个防火分区必须有1个直通室外的安全出口。

（5）高层仓库的疏散楼梯应采用封闭楼梯间。

4.3 预防形成爆炸性混合物

在生产过程中，应根据可燃易爆物质的燃烧爆炸特性，以及生产工艺和设备的条件，采取有效的措施，预防在设备和系统里或在其周围形成爆炸性混合物。这类技术措施主要有设备密闭、加强通风、惰性介质保护、严格清洗或置换、以不燃或难燃物质取代可燃物及危险物品隔离储存等。

4.3.1 设备密闭

装盛可燃易爆介质的设备和管路，如果气密性不好，就会由于介质的流动性和扩散性，造成跑、冒、滴、漏现象，逸出的可燃易爆物质可使设备和管路周围空间形成爆炸性混合物。同样的道理，如果空气渗入设备或系统时，也可使设备或系统内部形成爆炸性混合物，所以设备必须密闭。设备密闭不良是发生火灾和爆炸事故的主要原因，容易发生可燃易爆物质泄漏的部位主要有设备的转轴与壳体或墙体的密封处，设备的各种孔（人孔、手孔、清扫孔）盖及封头盖与主体的连接处，以及设备与管道、管件的各个连接处等。为了保证设备、管线的密闭性，通常采取下列措施。

1）正确选择连接方法

对爆炸危险度大的可燃气体（如乙炔、氢气等）以及危险设备和系统，在连接处应尽量采用焊接接头，减少法兰连接，但要保证安装检修方便。输送危险气体、液体的管道应采用无缝钢管。如果使用法兰连接，密封圈应严密，螺栓要拧紧。

2）正确选择密封形式

选用密封垫圈应根据工艺温度、压力和介质的要求，普遍采用石棉橡胶垫圈；在高温、高压强腐蚀性介质中，宜采用聚四氟乙烯等耐腐蚀塑料或金属垫圈。若采用填料密封仍达不到要求时，加水封和油封。

3）严格检漏、试漏

设备系统投产使用前或大修后开车前，应对设备进行验收。验收时，必须根据压力计的读数用水压试验检查其密闭性，测定其是否漏气并分析空气。此外可在接缝处涂抹肥皂液进行充气检验，如发现气泡即为渗漏。为了检查无味气体（氢、甲烷等）是否漏出，可在其中加入显味剂（硫醇、氨等）。也可根据设备内物质的特性，采取相应的试漏办法，如设备内有氯气和盐酸气，可用氨水在设备各处试熏，产生白烟处即为漏点；如果设备内为酸性或碱性气体，可利用 pH 试纸检漏。

4）正确选择操作条件

由前述理论可知，可在爆炸极限之外的条件下，选择安全操作的温度和压力。

（1）安全温度的选择

消除爆炸浓度极限的温度应当是低于闪点温度或是高于爆炸上限的温度，如何确定应当根据具体的物料性质和实际的设备条件而定。

（2）安全操作压力的选择

在温度不变时，安全操作的压力一是低于爆炸上限的压力，二是高于爆炸下限的压力。由于负压生产不仅可以降低可燃物在设备中的浓度，而且还可以避免蒸气从不严密处逸散和防止蒸气从微隙中冲出而带静电，对溶剂一般选择常压或负压操作。但是对于某些工艺，压力太低也不好，如煤气导管中的压力应略高于大气压，若压力降低，就有渗入空气、发生爆炸的可能。通常可设置压力报警器，在设备内压力失常时及时报警。

4.3.2　厂房通风

要使设备达到绝对密闭是很难办到的，总会有一些可燃气体、蒸气或粉尘从设备系统中泄漏出来，而且生产过程中某些工艺（如喷漆）有时也会挥发出可燃性物质。因此，采取通风是行之有效的技术措施。通风可分为自然通风和机械通风两类，其中机械通风又可分为排风和送风两种，其防火要求如下。

1）正确设置通风口的位置

在设计通风系统时，应考虑到气体的相对密度。某些比空气重的可燃气体或蒸气，即使是少量物质，如果在地沟等低洼地带积聚，也可能达到爆炸极限，此时车间或库房的下部亦应设通风口，使可燃易爆物质及时排出。比空气轻的可燃气体和蒸气的排风口应设在建筑物的上部。

2）合理选择通风方式

通风方式一般宜采取自然通风，但自然通风不能满足要求时应采取机械通风。如木工车间、喷漆工房、油漆厂的过滤、调漆工段、汽油洗涤工房等都应有强有力的机械通风设施。

3）正确选择通风设施材质

从车间排出含有可燃物质的空气时，应设置防爆的通风系统，鼓风机的叶片应采用碰击时不会产生火花的材料制造，通风管内应设有防火遮板，使一处失火时能迅速遮断管路，避免波及它处。

4.3.3　惰性气体保护

当可燃性物质可能与空气或氧气接触时，向混合物中送入氮、二氧化碳、水蒸气、烟道气等惰性气体（或称阻燃性气体），有很大的实际意义。这些阻燃性气体在通常条件下化学活泼性差，没有燃烧爆炸危险。

向可燃气体、蒸气或粉尘与空气的混合物中加入惰性气体，可以达到两种效果，一是缩小甚至消除爆炸极限范围；二是将混合物冲淡。例如，易燃固体物质的压碎、研磨、筛分、混合以及粉状物料的输送，可以在惰性气体的覆盖下进行；当厂房内充满可燃性物质而具有危险时（如发生事故使车间、库房充满有爆炸危险的气体或蒸气），应向这一地区放送大量惰性气体加以冲淡；在生产条件允许的情况下，可燃混合物在处理过程中亦应加入惰性气体作为保护气体；用惰性介质充填非防爆电气、仪表；在停车检修或开工生产前，用惰性气体吹扫设备系统内的可燃物质等。总之，合理利用惰性气体，对防火与防爆有很大的实际作用。生产上目前常用的惰性气体有氮、二氧化碳和水蒸气。采用烟道气时应经过冷却，并除去氧及残余的可燃组分。氮气等惰性气体在使用前应经过气体分析，其中含氧量不得超过2%。

惰性气体的需用量取决于混合物中允许的最高含氧量（氧限值），亦即在确定惰性气体的需用量时，一般并不是根据惰性气体的浓度达到哪一数值时可以遏止爆炸，而是根据加入惰性气体后，氧的浓度降到哪一数值时爆炸即不发生。可燃物质与空气的混合物中加入氮或二氧化碳，成为无爆炸性混合物时氧的浓度见表4-15。

可燃混合物不发生爆炸时氧的最高含量　　表4-15

可燃物质	氧的最大安全浓度（%）		可燃物质	氧的最大安全浓度（%）	
	CO_2保护	N_2保护		CO_2保护	N_2保护
甲烷	14.6	12.1	丁二烯	13.9	10.4
乙烷	13.4	11.0	氢	5.9	5.0
丙烷	14.3	11.4	一氧化碳	5.9	5.6
丁烷	14.5	12.1	丙酮	15	13.5
戊烷	14.4	12.1	苯	13.9	11.2
己烷	14.5	11.9	煤粉	16	8
汽油	14.4	11.6	面粉	12	
乙烯	11.7	10.6	硫	11	
丙烯	14.1	11.5	硬橡胶粉	13	

由表4-15可见，当空气中氧含量降到10%以下，不少可燃气体与空气形成的混合物不会发生爆炸。惰性气体的需用量，可根据表4-15中的数值用下列公式计算：

$$X=\frac{21-W_{O}}{W_{O}}V \tag{4-3}$$

式中　X——惰性气体的需用量，L；

W_O——从表中查得的最高含氧量，%；

V——设备内原有空气容积（即空气总量，其中氧占21%）。

例如，假若氧的最高含量为12%，设备内原有空气容积为100L，则

$$X=\frac{21-12}{12}\times 100=75\text{L}$$

这意味着必须向空气容积为100L的设备输入75L的惰性气体，然后才能进行操作。而且在操作中每输入或渗入100L的空气，必须同时引入75L的惰性气体，才能保证安全。

必须指出，以上计算的惰性气体是不含有氧和其他可燃物的。如使用的惰性气体含有部分氧，则惰性气体的用量用下式计算：

$$X=\frac{21-W_{O}}{W_{O}-W'_{O}}V \tag{4-4}$$

式中，W'_O为惰性气体中的含氧量百分比。在前述条件下，若所加入的惰性气体中含氧6%，则：

$$X=\frac{21-12}{12-6}\times 100=150\text{L}$$

在向有爆炸危险的气体或蒸气中加入惰性气体时，应避免惰性气体的漏失以及空气渗入其中。

【例1】 某新置苯储罐，$V=200m^3$，使用前需充入多少氮气（氮气中含氧1%）才能保证安全?

【解】 由表4-15查得：$W_O=11.2$。又 $W'_O=1$

所需氮气容积为：

$$X=\frac{21-W_O}{W_O-W'_O}V=\frac{21-11.2}{11.2-1}\times 200=192m^3$$

答：必须充入氮气192 m^3才能保证安全。

4.3.4　严格清洗或置换

对于加工、输送、储存可燃气体的设备、容器、管路、机泵等，在使用前必须用惰性气体置换设备内的空气。在停车前也应用同样方法置换设备内的可燃气体，以防空气进入形成爆炸性混合物。特别是在检修中可能使用和出现明火或其他着火源时，设备内的可燃气体或易燃蒸气，必须经置换并分析合格才能进行检修。对于盛放过易燃液体的桶、罐或其他容器，动火焊补前，还必须用水蒸气或水将其中残余的液体及沉淀物彻底清洗干净并分析合格。置换、清洗和动火分析均应符合动火管理的有关要求，并严格操作规程。

4.3.5　工艺改革以不燃或难燃物料代替可燃物料

改革生产工艺，用不燃或难燃的物料取代可燃或易燃物料，是防火防爆的根本性措施。如某制药厂生产平阳霉素，工艺复杂、周期长，几十克的成品需要消耗掉甲醇、丙酮4000kg，且要反复三次使用，经过去杂、沉淀、过滤、精制等工序，有大量的易燃蒸气挥发在车间内，极易形成爆炸性混合物，工人称之为在炸弹上作业。该厂经过努力改革工艺，采用树脂代替甲醇和丙酮做溶媒，使整个生产过程可在水溶液中操作，使原来的甲类生产变成了戊类生产，大大提高了生产工艺的安全度。又如某厂通过工艺革新，用多硫化钠代替原先易产生大量氢气的火灾危险性较大的铁粉和酸碱作用的酸性还原工艺，既避免了氢气的产生增加了生产安全性，又提高了还原效率。在满足生产工艺要求的条件下，应当尽可能地用不燃溶剂或火灾危险性较小的物质代替易燃溶剂或火灾危险性较大的物质，这样可防止形成爆炸性混合物，为生产创造更为安全的条件。常用的不燃溶剂主要有甲烷和乙烷的氯衍生物，如四氯化碳、三氯甲烷和三氯乙烷等。使用汽油、丙酮、乙醇等易燃溶剂的生产，可以用四氯化碳、三氯乙烷或丁醇、氯苯等不燃溶剂或危险性较低的溶剂代替。又如四氯化碳可用来代替溶解脂肪、沥青、橡胶等所采用的易燃溶剂。但这类不燃溶剂具有毒性，在发生火灾时它们能分解放出光气$COCl_2$（碳酰氯），因此应采取相应的安全措施。例如，为避免泄漏，必须保证设备的气密性，严格控制室内的蒸气浓度，使之不得超过卫生标准规定的浓度等。

4.3.6　危险物品的储存

性质相互抵触的危险化学物品如果储存不当，往往会酿成严重的事故。例如，无机酸本身不可燃，但与可燃物质相遇能引起着火及爆炸；氯酸盐与可燃的金属相混时能使金属着火或爆炸；松节油、磷及金属粉末在卤素中能自行着火等。由于各种危险化学品的性质不同，因此它们的储存条件也不相同。为防止不同性质物品在储存中互相接触而引起火灾和爆炸事故，应了解各种化学危险品混存的危险性及储存原则，见表 4-16～表 4-18。危险化学品的三种贮存方式：隔离、隔开、分离。隔离贮存，在同一房间或同一区域内，不同的物料之间分开一定的距离，非禁忌物料间用通道保持空间的贮存方式。隔开贮存，在同一建筑或同一区域内，用隔板或墙，将其与禁忌物料分离开的贮存方式。分离贮存，在不同的建筑物或远离所有建筑的外部区域内的贮存方式。

接触或混合后能引起燃烧的物质 **表 4-16**

序号	接触或混合后能引起燃烧的物质
1	溴与磷、锌粉、镁粉
2	浓硫酸、浓硝酸与木材、组织等
3	铝粉与氯仿
4	王水与有机物
5	高温金属磨屑与油性织物
6	过氧化钠与醋酸、甲醇、丙酮，乙二醇等
7	硝酸铵与亚硝酸钠

形成爆炸混合物的物质 **表 4-17**

序号	形成爆炸混合物的物质
1	氯酸盐、硝酸盐与磷、硫、镁、铝、锌等易燃固体粉末以及脂类等有机物
2	过氯酸或其盐类与乙醇等有机物
3	过氯酸盐或氯酸盐与硫酸
4	过氧化物与镁、锌、铝等粉末
5	过氧化二苯甲酰和氯仿等有机物
6	过氧化氢与丙酮
7	次氯酸钙与有机物
8	氢与氟、臭氧、氧、氧化亚氮、氯
9	氨与氧、碘
10	氯与氮、乙炔与氯、乙炔与二倍容积的氯、甲烷与氯等加上阳光
11	三乙基铝、钾、钠、碳化铀、氯磺酸遇火
12	氯酸盐与硫化物
13	硝酸钾与醋酸钠
14	氰化钾与硝酸盐、氯酸盐、氯、高氯酸盐共热时
15	硝酸盐与氯化亚锡
16	液态空气、液态氧与有机物
17	重铬酸铵与有机物
18	联苯胺与漂白粉（135℃）
19	松脂与碘、醚、氯化氮及氟化氮
20	氟化氨与松节油、橡胶、油脂、磷、氨、硒

续表

序号	形成爆炸混合物的物质
21	环戊二烯与硫酸、硝酸
22	虫胶（40%）与乙醇（60%）在140℃时
23	乙炔与铜、银、汞盐
24	二氧化氮与很多有机物的蒸气
25	硝酸铵、硝酸钾、硝酸钠与有机物
26	高氯酸钾与可燃物
27	黄磷与氧化剂
28	氯酸钾与有机可燃物
29	硝酸与二硫化碳、松节油、乙醇及其他物质
30	氯酸钠与硫酸、硝酸
31	氯与氢（见光时）

禁止一起储存的物品 **表4-18**

组别	物品名称	不准一起贮存的物品种类	备　注
1	爆炸物品：苦味酸、梯恩梯、火棉、硝化甘油、硝酸铵炸药、雷汞等	不准与任何其他种类的物品共贮，必须单独隔离贮存	起爆药如雷管等，与炸药必须隔离贮存
2	易燃液体：汽油、苯、二硫化碳、丙酮、乙醚、甲苯、酒精（醇类）、硝基漆、煤油	不准与其他种类物品共同贮存	如数量甚少，允许与固体易燃物品隔开后贮存
3	易燃气体：乙炔、氢、氯化甲烷、硫化氢、氨等	除惰性不燃气体外，不准和其他种类的物品共贮	
	惰性气体：氮、二氧化碳、二氧化硫、氟利昂等	除易燃气体、助燃气体、氧化剂和有毒物品外，不准和其他种类物品共贮	
	助燃气体、氧、氟、氯等	除惰性不燃气体和有毒物品外，不准和其他物品共贮	氯兼有毒害性
4	遇水或空气能自燃的物品：钾、钠、电石、磷化钙、锌粉、铝粉、黄磷等	不准与其他种类的物品共贮	钾、钠须浸入石油中，黄磷浸入水中，均单独贮存
5	易燃固体：赛璐珞、影片、赤磷、萘，樟脑、硫磺、火柴等	不准与其他种类的物品共贮	赛璐珞、影片、火柴均须单独隔离贮存
6	氧化剂：能形成爆炸混合物的物品，氯酸钾、氯酸钠、硝酸钾、硝酸钠、硝酸钡、次氯酸钙、亚硝酸钠、过氧化钡、过氧化钠、过氧化氢（30%）等	除惰性气体外，不准和其他种类的物品共贮	过氧化物遇水有发热爆炸危险，应单独贮存。过氧化氢应贮存在阴凉处所
	能引起燃烧的物品：溴、硝酸、铬酸、高锰酸钾、重铬酸钾	不准和其他种类的物品共贮	与氧化剂亦应隔离
7	有毒物品：光气、氰化钾、氰化钠	除惰性气体外，不准和其他种类的物品共贮	

4.4 消除着火源

消除着火源是预防火灾爆炸事故最基本的技术措施。在工业生产过程中，存在着多种引起火灾和爆炸的着火源，例如化工企业中常见的着火源有明火、化学反应热、化工原料的分解自燃、热辐射、高温表面、摩擦和撞击、绝热压缩、电气设备及线路的过热和火花、静电放电、雷击和日光照射等。下面着重讨论一般工业生产中常见着火源的防范措施。

1）明火

明火指敞开的火焰、火星和火花等。敞开火焰具有很高的温度和很大的热量，是引起火灾的主要着火源。

工厂中熬炼油类、固体沥青、蜡等各种可燃物质的明火作业容易引发火灾爆炸事故。熬炼过程中由于物料含有水分、杂质，或由于加料过满而在沸腾时溢出锅外，或是由于烟道裂缝蹿火及锅底破漏，或是加热时间长、温度过高等，都有可能导致着火事故。因此，在工艺操作过程中加热易燃液体时，应当采用热水、水蒸气或密闭的电器以及其他安全的加热设备。如果必须采用明火，设备应该密闭，炉灶应用封闭的砖墙隔绝在单独的房间内，周围及附近地区不得存放可燃易爆物质。点火前炉膛应用惰性气体吹扫，排除其中的可燃气体或蒸气与空气的爆炸性混合气，而且对熬炼设备应经常进行检查，防止烟道蹿火和熬锅破漏。为防止易燃物质漏入燃烧室，设备应定期作水压试验和气压试验。熬炼物料时不能装盛过满，应留出一定的空间；为防止沸腾时物料溢出锅外，可在锅沿外围设置金属防溢槽，使溢出锅外的物料不致与灶火接触。还可以采用“死锅活灶”的方法，以便能随时撤出灶火。此外，应随时清除锅沿上的可燃物料积垢。为避免锅内物料温度过高，操作者一定要坚守岗位，监视温升情况，有条件的可采用自动控温仪表。

喷灯是常用的加热器具，尤其是在维修作业中，多用于局部加热、解冻、烤模和除漆等。喷灯的火焰温度可高达1000℃以上，这种高温明火的加热器具如果使用不当，就有造成火灾或爆炸的危险。使用喷灯解冻时，应将设备和管道内的可燃性保温材料清除掉，加热作业点周围的可燃易爆物质也应彻底清除。在防爆车间和仓库使用喷灯，必须严格遵守厂矿企业的用火证制度；工作结束时应仔细清查作业现场是否留下火种，应注意防止被加热物件和管道由于热传导而引起火灾；使用过的喷灯应及时用水冷却，放掉余气并妥善保管。

存在火灾和爆炸危险的场地，如厂房、仓库、油库等地，不得使用蜡烛、火柴或普通灯具照明；汽车、拖拉机一般不允许进入，如确需进入，其排气管上应安装火花熄灭器。在有爆炸危险的车间和仓库内，禁止吸烟和携带火柴、打火机等，为此应在醒目的地方张贴警示标志以引起注意。如果绝对禁止吸烟很难做到，而又有一定的条件，可在附近划出安全的地方作为吸烟室，只准许在其室内点火吸烟。

明火与有火灾及爆炸危险的厂房和仓库等相邻时，应保证足够的安全间距，例如化工厂内的火炬与甲、乙、丙类生产装置、油罐和隔油池应保持100m的防火间距。

2）摩擦和撞击火花

摩擦和撞击往往是可燃气体、蒸气和粉尘、爆炸物品等着火爆炸的根源之一。例如机器轴承的摩擦发热、铁器和机件的撞击、钢铁工具的相互撞击、砂轮的摩擦等都能引起火灾；甚至铁桶容器裂开时，都能产生火花，引起逸出的可燃气体或蒸气着火。

在有爆炸危险的生产中，机件的运转部分应该用两种材料制作，其中之一是不发生火花的有色金属材料（如铜、铝）。机器的轴承等转动部分，应该有良好的润滑，并经常清除附着的可燃物污垢。敲打工具应用铍铜合金或包铜的钢制作。地面应铺沥青、菱苦土等较软的材料。输送可燃气体或易燃液体的管道应做耐压试验和气密性检查，以防止管道破裂、接口松脱而跑漏物料，引起着火。搬运储存可燃物体和易燃液体的金属容器时，应当用专门的运输工具，禁止在地面上滚动、拖拉或抛掷，并防止容器的互相撞击，以免产生火花，引起燃烧或容器爆裂造成事故。吊装可燃易爆物料用的起重设备和工具应经常检查，防止吊绳等断裂下坠发生危险。如果机器设备不能用不发生火花的各种金属制造，应当使其在真空中或惰性气体中操作。

3）电气设备的引火源（电热和电火花）

电气设备或线路出现危险温度、电火花和电弧时，就成为引起可燃气体、蒸气和粉尘着火、爆炸的一个主要着火源，火灾爆炸事故引发的原因中仅次于明火。电气设备的电热即危险温度，包括工作电热和事故电热。工作电热是指电热电器、照明灯具、电气设备正常运行产生的热量，事故电热是指由于在运行过程中设备和线路的短路、接触电阻过大、超负荷或通风散热不良等造成的过度发热。发生危险温度是由于在运行过程中设备和线路的短路、接触电阻过大、超负荷或通风散热不良等造成的。发生上述情况时，设备的发热量增加，温度急剧上升，出现大大超过允许温度范围（如塑料绝缘线的最高温度不得超过70℃，橡皮绝缘线不得超过60℃等）的危险温度，不仅能使绝缘材料、可燃物质和积落的可燃灰尘燃烧，而且能使金属熔化，酿成电气火灾。电火花是电极间的击穿放电现象，大量密集电火花汇集形成电弧。电火花分工作火花和事故火花。工作火花包括由于开闭回路、断开配线、接触不良等产生的短时间弧光放电和由于自动控制用的继电器接点上产生的微弱电火花。事故火花包括由于短路、漏电、打破灯泡等产生的短时间弧光放电和雷电火花、静电火花、高频感应电火花等造成的高电压火花放电。针对电气设备带来的电火花、电热等点火源的预防措施将在第5节中论述。

4）化学反应热

化学反应热是化工生产中一种典型的着火源。在化工生产中如硝化、氧化、还原、聚合等许多化学反应都是放热反应，若出现加料错误、控温不当、冷却不良、搅拌中断等操作失误或故障时，都能导致物料冲出或起火爆炸。严格控制化学反应热的措施有：控制投料速度、进行有效冷却、防止搅拌中断、注意反应生热物品的存放方式。

5）静电火花

静电放电火花是易燃易爆物质场所发生火灾爆炸的原因之一。预防的技术措施将在本章第 6 节中详细介绍。

6）雷电火花

雷电是带有足够电荷的云块与云块或云块与大地的静电放电现象。雷电放电的特点是电压高、电流大，电流流过之处的空气温度极高，产生强大的压力波，在化工企业中往往引起严重的火灾爆炸事故，因此防雷保护也是企业防火防爆的重要措施，具体内容见本章第 6 节。

7）日光照射或聚焦

阳光的照射不仅会成为某些化学品的起爆能源，还能通过凸透镜、烧瓶或含有气泡的玻璃窗等聚焦引起可燃物着火。例如氢气与氯气在日光的作用下剧烈反应而爆炸；压缩或液化气体钢瓶在强烈日光下存放，瓶内压力会增加甚至爆炸；乙醚在阳光的作用下能生成过氧化物等。因此对于见光能反应的化学物品应选用金属桶或暗色玻璃瓶盛装，为了避免日光照射，这类物品的车间、库房应在窗玻璃上涂以白漆，或采用磨砂玻璃。易燃易爆物品及受热易蒸发出气体的物质不得在阳光下暴晒等。

4.5 电气防火防爆

在有火灾、爆炸危险的场所，电气装置在正常工作或发生故障的情况下产生的温升、电火花或电弧是引起火灾、爆炸事故的重要原因。所以在工业设计中，按照防火防爆的要求设计好电气装置和选用好防爆电气设备是重要的工作内容。

4.5.1 电气设备防爆

1）爆炸性混合物的分类、分级和分组

（1）爆炸性混合物的分类

爆炸性混合物的危险性，是由它的爆炸极限、传爆能力、引燃温度和最小点燃电流决定的。根据爆炸性混合物的危险性并考虑实际生产过程的特点，一般将爆炸混合物分为三类：Ⅰ类—矿井甲烷；Ⅱ类—工业气体（如工厂爆炸性气体、蒸气、薄雾）；Ⅲ类—工业粉尘（如爆炸性粉尘、易燃纤维）。

在分类的基础上，各种爆炸性混合物是按最大试验安全间隙（MESG）或最小点燃电流（MIC）分级，按引燃温度分组，主要是为了配置相应的电气设备，以达到安全生产的目的。

（2）爆炸性气体混合物的分级分组

① 按最大试验安全间隙（MESG）分级：最大试验安全间隙（MESG）是在标准规定试验条件下，壳内所有浓度的被试验气体或蒸气与空气的混合物点燃后，通过 25mm 长的接合面均不能点燃壳外爆炸性气体混合物的外壳空腔两部分之间的最大间隙。可见，安全间隙的大小反映了爆炸气体混合物的传爆能力。间隙愈小，其传爆能力就愈强；反之，间隙愈大，其传爆能力愈弱，危险性也愈小。爆炸气体混合物，按其最大试验安全间隙的大小分为ⅡA、ⅡB、ⅡC 三级，爆炸危

险性逐渐增大。

② 按最小点燃电流分级：最小点燃电流常在温度为20～40℃，0.1MPa，电压为24V，电感为95mH的试验条件下，采用IEC标准火花发生器对空气电感组成的直流电路进行3000次火花发生试验，能够点燃最易点燃混合物的最小电流。最易点燃混合物，是在常温常压下，需要最小引燃能量的混合物。例如，甲烷最易点燃的混合物浓度为8.3%±0.3%，最小引燃能量为0.28mJ。

③ 爆炸性气体混合物的分组：爆炸性气体混合物按其引燃温度分组。所谓引燃温度是指爆炸性混合物不需要用明火即能引燃的最低的温度。引燃温度愈低的物质愈容易引燃。爆炸性气体混合物按引燃温度的高低，分为T1、T2、T3、T4、T5、T6六组，爆炸危险性逐渐增大。爆炸性气体混合物分级分组举例如表4-19所示。

爆炸性气体混合物的分级分组举例　　**表4-19**

级别	最大试验安全间隙MESG（mm）	最小点燃电流比MICR	引燃温度t（℃）与组别					
			T1	T2	T3	T4	T5	T6
			$t>450$	$450\geq t>300$	$300\geq t>200$	$200\geq t>135$	$135\geq t>100$	$100\geq t>85$
ⅡA	MESG≥0.9	MICR>0.8	甲烷、乙烷、苯、甲苯、二甲苯、三甲苯、萘、苯乙烯、氨、醋酸甲酯、苯酚、丙酮	丙烷、丁烷、丙烯、乙苯、甲醇、乙醇、甲酸甲酯、醋酸乙酯、甲胺、溶剂油、25#变压器油	戊醇、丁醛、环己烯、二戊烯、重柴油、松节油、石脑油、石油（包括车用汽油）、煤油、柴油、燃料油	苯甲醛、二戊醚、三甲胺、乙醛、二丙醚	—	亚硝酸乙酯
ⅡB	0.5<MESG<0.9	0.45≤MICR≤0.8	丙炔、环丙烷、丙烯腈、氰化氢、焦炉煤气、丙烯酸甲酯、甲基叔丁基醚	乙烯、1，3-丁二烯、环氧乙烷、1，2-环氧丙烷、丙烯酸乙酯、呋喃、甲醛、烯丙醛、糠醛、乙二醇	硫化氢、二甲醚、丙烯醛、二甲基二硫醚、石蜡、二丙醛、甲氧基乙醇	二乙醚、乙基甲基醚、四氟乙烯、异硝酸丙酯、二丁醚、二叔丁过氧化物	—	—
ⅡC	MESG≤0.5	MICR<0.45	水煤气、氢	乙炔	—	—	二硫化碳	硝酸乙酯

注：① 分级的级别应符合现行国家标准《爆炸性环境　第12部分：气体或蒸气混合物按照其最大实验安全间隙和最小点燃电流的分级》；

② 最小点燃电流比（MICR）为各种可燃物质的最小点燃电流值与实验室甲烷的最小点燃电流值之比。

（3）爆炸性粉尘混合物的分级

在爆炸性粉尘环境中粉尘可分为以下三级：

① ⅢA级为可燃性飞絮，常见的如棉花纤维、麻纤维、丝纤维、毛纤维、木

质纤维、人造纤维等。

② ⅢB级为非导电性粉尘，常见的如聚乙烯、酚醛树脂、小麦、玉米、砂糖、染料、可可、木质、米糠、硫磺等粉尘。

③ ⅢC级为导电性粉尘，常见的如石墨、炭黑、焦炭、煤、铁、锌、钛等粉尘。

2）爆炸危险环境区域划分

爆炸危险区域类别及其分区方法，按《爆炸危险环境电力装置设计规范》GB 50058—2014与《爆炸性环境用防爆电气设备》GB 3836.14—2000等国家标准执行，这是我国借鉴国际电工委员会（IEC）的标准，结合我国的实际情况确定的。它根据爆炸性环境易燃易爆物质生产、储存、输送和使用过程中出现的物理和化学现象的不同，分为爆炸性气体环境危险区域和爆炸性粉尘环境危险区域二类。

在危险区域内，如果爆炸性混合物的出现或预期可能出现的数量达到足以要求对电气设备的结构、安装和使用采取预防措施的程度，这样的区域必须以爆炸性危险区域对待，进行防火防爆设计。爆炸危险区域类别及其分区，如表4-20所示。

爆炸危险区域类别及区域等级 **表4-20**

根据爆炸性混合物出现的频繁程度和持续时间划分		
爆炸性气体环境危险区域	0区	连续出现或长期出现爆炸性气体混合物的环境
	1区	在正常运行时可能出现爆炸性气体混合物的环境
	2区	在正常运行时不太可能出现爆炸性气体混合物的环境，或即使出现也仅是短时存在的爆炸性气体混合物的环境
爆炸性粉尘环境危险区域	20区	空气中的可燃性粉尘云持续地或长期地或频繁地出现于爆炸性环境中的区域
	21区	在正常运行时，空气中的可燃性粉尘云很可能偶尔出现于爆炸性环境中的区域
	22区	在正常运行时，空气中的可燃粉尘云一般不可能出现于爆炸性粉尘环境中的区域，即使出现，持续时间也是短暂的

注：正常运行是指正常的开车、运转、停车，可燃物质产品的装卸，密闭容器盖的开闭，安全阀、排放阀以及所有工厂设备都在其设计参数范围内工作的状态。

工程设计、防火审图和消防工作检查中，对危险区域等级的划分，应该视爆炸性混合物的产生条件、时间、物理性质及其释放频繁程度等情况来确定。对一个爆炸危险区域，判断其有无爆炸性混合物产生，应根据区域空间的大小、物料的品种与数量、设备情况（如运行情况、操作方法、通风、容器破损和误操作的可能性），气体浓度测量的准确性，以及物理性质和运行经验等条件予以综合分析确定。在生产中0区是极个别的（除了封闭的空间，如密闭的容器、储油罐等内部气体空间属于0区），大多数情况属于2区。在设计时应采取合理措施尽量减少1区。

爆炸危险区域范围，是指在正常情况下爆炸危险浓度有可能形成的区域范围，而不是指事故波及的范围。在这个区域范围内，应安装相应的防爆电气设备；爆炸危险区域范围外，可以安装非防爆型的电气设备。但是不能以这个范围作为能不能使用明火或其他火源的依据，因为电气设备与其他着火源还是有区别的。如果在爆炸危险区域范围内动用明火，显然是不安全的，所以在爆炸危险区域及其附近运用明火及其他火源，必须按动火制度执行。

3）防爆电气设备类型

爆炸危险环境电气设备的选用，直接影响着工矿企业的安全生产，故在选用电气设备上切不可麻痹大意，所选用的电气设备结构上应能防止其由于在使用中产生火花、电弧或危险温度而成为安装地点爆炸性混合物的引燃源。

防爆电气设备的类型很多，性能各异。按其使用环境的不同分为三类：Ⅰ类电气设备用于煤矿瓦斯气体环境；Ⅱ类电气设备用于除煤矿甲烷气体之外的其他爆炸性气体环境，按照其拟使用的爆炸性环境的种类可进一步再分为ⅡA类、ⅡB类和ⅡC类；Ⅲ类电气设备用于除煤矿以外的爆炸性粉尘环境，按照其拟使用的爆炸性粉尘环境的特性可进一步再分为ⅢA类、ⅢB和ⅢC类。

电气设备的防爆型式是为了避免点燃周围爆炸性气体环境而对电气设备采取的特定措施的型式。根据《爆炸性气体环境用电气设备》GB 3836—2000规定，爆炸性气体环境用电气设备的防爆型式分为8种。爆炸性粉尘环境用电气设备的防爆型式分为4种。

（1）隔爆型“d”：电气设备的外壳能够承受通过外壳任何接合面或结构间隙进入外壳内部的爆炸性混合物在内部爆炸而不损坏，并且不会引起外部由一种、多种气体或蒸气形成的爆炸性气体环境的点燃。GB 3836.1—2010中规定的爆炸性气体环境用电气设备的设备类别和温度组别适用于隔爆外壳。对于Ⅱ类电气设备又细分为A、B和C类。

（2）增安型“e”：对电气设备采取一些附加措施，以提高其安全程度，防止在正常运行或规定的异常条件下产生危险温度、电弧和火花的可能性。

（3）本质安全型“i”：将设备内部和暴露于潜在爆炸性环境的连接导线可能产生的电火花或热效应能量限制在不能产生点燃的水平。本质安全设备和关联设备的本质安全部分应分为“ia”、“ib”或“ic”保护等级。

（4）正压型“p”：通过用保持设备外壳内部保护气体的压力高于对外部大气压力，以阻止外部爆炸性气体进入设备外壳的方法来达到安全的电气设备，又分为px、py和pz型。px型正压是将正压外壳内的危险分类从1区降至非危险或从1类（煤矿井下危险区域）降至非危险的正压保护。py型正压是将正压外壳的危险分类从1区降至2区的正压保护。pz型正压是将正压外壳内危险分类从2区降至非危险的正压保护。

（5）油浸型“o”：该种防爆型式是将电气设备或电气设备的部件整个浸在保护液中，使设备不能够点燃液面上或外壳外面的爆炸性气体。

（6）充砂型“q”：将能点燃爆炸性气体的导电部件固定在适当位置上，且完全埋入填充材料中，以防止点燃外部爆炸性气体环境。

（7）“n”型保护型式：采用该型式的电气设备，在正常运行时和GB 3836.8—2014规定的一些异常条件下（如具有灯泡故障的灯具），不能点燃周围的爆炸性气体环境。

（8）浇封型“m”：该防爆型式是将可能产生点燃爆炸性混合物的火花或发热

的部件封入复合物中，使其在运行或安装条件下不能点燃爆炸性环境。

（9）粉尘本质安全型“iD”：将设备内部和暴露于潜在爆炸性环境的连接导线可能产生的电火花或热效应能量限制在不能产生点燃的水平。

（10）粉尘外壳保护型“tD”：所有电气设备由外壳保护以避免粉尘层或粉尘云被点燃的防爆型式。

（11）粉尘正压保护型“pD”：向电气设备外壳内充以保护气体，保持外壳内部高于周围环境的过压，以避免在外壳内部形成爆炸性粉尘环境。

（12）粉尘浇封保护型“mD”：将可能产生点燃爆炸性环境的火花或发热部件封入复合物中，使它们在运行或安装条件下避免点燃粉尘层或粉尘云。

在平常实际使用中，许多防爆电气设备在一个产品中采用了多种即复合防爆保护方法。例如，照明装置可能采用了增安型保护（外壳和接线端盒）、隔爆型保护（开关）和浇封型保护（镇流器）。生产企业可根据自己的实际需要和所了解信息，来选择可提供在费用、性能和安全方面达到最佳平衡的防爆型式的产品。

4）防爆电气设备标识

（1）爆炸性气体环境防爆电气设备标志应包括：

① 符号 Ex，表明电气设备符合上述的一个或多个防爆型式；

② 所使用的各种防爆型式符号，“d”隔爆外壳（对应 EPL Gb 或 Mb），“e”增安型（对应 EPL Gb 或 Mb 或 Gc），“ia”本质安全型（对应 EPL Ga 或 Ma），“ib”本质安全型（对应 EPL Gb 或 Mb），“ic”本质安全型（对应 EPL Gc），“ma”浇封型（对应 EPL Ga 或 Ma），“mb”浇封型（对应 EPL Gb 或 Mb），“mc”浇封型（对应 EPL Gc），“nA”无火花（对应 EPL Gc），“nC”火花保护（对应 EPL Gc），“nR”限制呼吸（对应 EPL Gc），“nL”限能（对应 EPL Gc），“o”油浸型（对应 EPL Gb），“px”正压型（对应 EPL Gb 或 Mb），“py”正压型（对应 EPL Gb），“pz”正压型（对应 EPL Gc），“q”充砂型（对应 EPL Gb 或 Mb）；

③ 类别符号：Ⅰ类易产生瓦斯的煤矿用电气设备，ⅡA、ⅡB 或ⅡC 类除易产生瓦斯的煤矿外其他爆炸性气体环境用电气设备；

④ 对于Ⅱ类电气设备，表示温度组别的符号；

⑤ 设备保护级别“Ga”、“Gb”、“Gc”、“Ma”或“Mb”。

（2）爆炸性粉尘环境防爆标志应包括：

① 符号 Ex，表明电气设备符合上述的一个或多个防爆型式；

② 所使用的各种防爆型式符号，“ta”外壳保护型（对应 EPL Da），“tb”外壳保护型（对应 EPL Db），“tc”外壳保护型（对应 EPL Dc），“ia”本质安全型（对应 EPL Da），“ic”本质安全型（对应 EPL Dc），“ma”浇封型（对应 EPL Da），“mb”浇封型（对应 EPL Db），“mc”浇封型（对应 EPL Dc），“p”正压型（对应 EPL Db 或 Dc）；

③ 类别符号：ⅢA、ⅢB 或ⅢC 类，爆炸性粉尘环境用电气设备；

④ 最高表面温度摄氏度及单位℃，前面加符号 T；

⑤ 设备防护级别“Da”、“Db”或“Dc”；

⑥ 防护等级（例如 IP54）。

5）爆炸性环境电气设备的选择

（1）在爆炸性环境内，电气设备应根据下列因素进行选择。

① 爆炸危险区域的分区。

② 可燃性物质和可燃性粉尘的分级。

③ 可燃性物质的引燃温度。

④ 可燃性粉尘云、可燃性粉尘层的最低引燃温度。

（2）危险区域划分与电气设备保护级别的关系应符合下列规定。

① 爆炸性环境内电气设备保护级别的选择应符合表 4-21 的规定。

爆炸性环境内电气设备保护级别的选择　　表 4-21

危险区域	设备保护级别（EPL）	危险区域	设备保护级别（EPL）
0 区	Ga	20 区	Da
1 区	Ga 或 Gb	21 区	Da 或 Db
2 区	Ga、Gb 或 Gc	22 区	Da 、Db 或 Dc

气体、蒸气环境中设备的保护级别为 Ga、Gb、Gc，粉尘环境中设备的保护级别要达到 Da、Db、Dc。

“EPL Ga”爆炸性气体环境用设备，具有“很高”的保护等级，在正常运行过程中、在预期的故障条件下或者在罕见的故障条件下不会成为点燃源。

“EPL Gb”爆炸性气体环境用设备，具有“高”的保护等级，在正常运行过程中、在预期的故障条件下不会成为点燃源。

“EPL Gc”爆炸性气体环境用设备，具有“加强”的保护等级，在正常运行过程中不会成为点燃源，也可采取附加保护，保证在点燃源有规律预期出现的情况下（如灯具的故障）不会点燃。

“EPL Da”爆炸性粉尘环境用设备，具有“很高”的保护等级，在正常运行过程中、在预期的故障条件下或者在罕见的故障条件下不会成为点燃源。

“EPL Db”爆炸性粉尘环境用设备，具有“高”的保护等级，在正常运行过程中、在预期的故障条件下不会成为点燃源。

“EPL Dc”爆炸性粉尘环境用设备，具有“加强”的保护等级，在正常运行过程中不会成为点燃源，也可采取附加保护，保证在点燃源有规律预期出现的情况下（如灯具的故障）不会点燃。

② 电气设备保护级别与电气设备防爆结构的关系应符合表 4-22 的规定。

电气设备保护级别（EPL）与电气设备防爆结构的关系　　表 4-22

设备保护级别（EPL）	电气设备防爆结构	防爆形式
Ga	本质安全型	“ia”
	浇封型	“ma”
	由两种独立的防爆类型组成的设备，每一种类型达到保护级别“Gb”的要求	—
	光辐射式设备和传输系统的保护	“op is”

续表

设备保护级别（EPL）	电气设备防爆结构	防爆形式
Gb	隔爆型	“d”
	增安型	“e”
	本质安全型	“ib”
	浇封型	“mb”
	油浸型	“o”
	正压型	“px”、“py”
	充砂型	“q”
	本质安全现场总线概念	—
	光辐射式设备和传输系统的保护	“op pr”
Gc	本质安全型	“ic”
	浇封型	“mc”
	无火花	“n”、“nA”
	限制呼吸	“nR”
	限能	“nL”
	火花保护	“nC”
	正压型	“pz”
	非可燃现场总线概念	—
	光辐射式设备和传输系统的保护	“op sh”
Da	本质安全型	“iD”
	浇封型	“mD”
	外壳保护型	“tD”
Db	本质安全型	“iD”
	浇封型	“mD”
	外壳保护型	“tD”
	正压型	“pD”
Dc	本质安全型	“iD”
	浇封型	“mD”
	外壳保护型	“tD”
	正压型	“pD”

（3）防爆电气设备的级别和组别不应低于该爆炸性气体环境内爆炸性气体混合物的级别和组别，并应符合下列规定。

① 气体、蒸气或粉尘分级与电气设备类别的关系应符合表 4-23 的规定。当存在有两种以上可燃性物质形成的爆炸性混合物时，应按照混合后的爆炸性混合物的级别和组别选用防爆设备，无据可查又不可能进行试验时，可按危险程度较高的级别和组别选用防爆电气设备。对于标有适用于特定的气体、蒸气的环境的防

爆设备，没有经过鉴定，不得适用于其他的气体环境内。

气体、蒸气或粉尘分级与电气设备类别的关系　　**表 4-23**

气体、蒸气或粉尘分级	设备类别	气体、蒸气或粉尘分级	设备类别
ⅡA	ⅡA、ⅡB 或ⅡC	ⅢA	ⅢA、ⅢB 或ⅢC
ⅡB	ⅡB 或ⅡC	ⅢB	ⅢB 或ⅢC
ⅡC	ⅡC	ⅢC	ⅢC

② Ⅱ类电气设备的温度组别、最高表面温度和气体、蒸气引燃温度之间的关系符合表 4-24 的规定。

Ⅱ类电气设备的温度组别、最高表面温度和气体、蒸气引燃温度之间的关系　　**表 4-24**

电气设备温度组别	电气设备允许最高表面温度（℃）	气体/蒸气的引燃温度（℃）	适用的设备温度级别
T1	450	＞450	T1～T6
T2	300	＞300	T3～T6
T3	200	＞200	T3～T6
T4	135	＞135	T4～T6
T5	100	＞100	T5～T6
T6	85	＞85	T6

③ 安装在爆炸性粉尘环境中的电气设备应采取措施防止热表面点燃可燃性粉尘层引起的火灾危险。Ⅲ类电气设备的最高表面温度应按国家现行有关标准的规定进行选择。电气设备结构应满足电气设备在规定的运行条件下不降低防爆性能的要求。

4.5.2　电气线路防爆

电气线路故障，可以引起火灾和爆炸事故。确保电气线路的设计和施工质量，是抑制火源产生，防止爆炸和火灾事故的重要措施。

1）爆炸性环境电缆和导线的选择

（1）在爆炸性环境内，低压电力、照明线路采用的绝缘导线和电缆的额定电压应高于或等于工作电压，且 U_0/U 不应低于工作电压。中性线的额定电压与相线电压相等，并应在同一护套或保护管内敷设。

（2）在爆炸危险区域内，除在配电盘、接线箱或采用金属导管配线系统内，无护套的电线不应作为供配电线路。

（3）在 1 区内应采用铜芯电缆；除本质安全电路外，在 2 区内宜采用铜芯电缆，当采用铝芯电缆时，其截面不得小于 16mm^2，且与电气设备的连接应采用铜—铝过渡接头。敷设在爆炸性粉尘环境 20 区、21 区以及 22 区内有剧烈振动区域的回路，均应采用铜芯绝缘导线或电缆。

（4）除本质安全系统的电路外，爆炸性环境电缆配线的技术要求应符合表 4-25 的规定。

（5）除本质安全系统的电路外，在爆炸性环境内电压为 1000V 以下的钢管配线的技术要求应符合表 4-26 的规定。

(6) 在爆炸性环境内，绝缘导线和电缆截面的选择除应满足表 4-25 和表 4-26 的规定外，还应符合：导体允许载流量不应小于熔断器熔体额定电流的 1.25 倍及断路器长延时过电流脱扣器整定电流的 1.25 倍（引向电压为 1000V 以下鼠笼型感应电动机支线的长期允许载流量不应小于电动机额定电流的 1.25 倍，此情况除外）。

爆炸性环境电缆配线的技术要求　　表 4-25

项目 / 技术要求 / 爆炸危险区域	电缆明设或在沟内敷设时的最小截面			移动电缆
	电力	照明	控制	
1 区、20 区、21 区	铜芯 2.5mm² 及以上	铜芯 2.5mm² 及以上	铜芯 1.0mm² 及以上	重型
2 区、22 区	铜芯 1.5mm² 及以上，铝芯 16 mm² 及以上	铜芯 1.5mm² 及以上	铜芯 1.0mm² 及以上	中型

爆炸性环境内电压为 1000V 以下的钢管配线的技术要求　　表 4-26

项目 / 技术要求 / 爆炸危险区域	钢管配线用绝缘导线的最小截面			管子连接要求
	电力	照明	控制	
1 区、20 区、21 区	铜芯 2.5mm² 及以上	铜芯 2.5mm² 及以上	铜芯 2.5mm² 及以上	钢管螺纹旋合不应少于 5 扣
2 区、22 区	铜芯 1.5mm² 及以上	铜芯 1.5mm² 及以上	铜芯 1.5mm² 及以上	钢管螺纹旋合不应少于 5 扣

(7) 在架空、桥架敷设时电缆宜采用阻燃电缆。当敷设方式采用能防止机械损伤的桥架方式时，塑料护套电缆可采用非铠装电缆。当不存在会受鼠、虫等损害情形时，在 2 区、22 区电缆沟内敷设的电缆可采用非铠装电缆。

2）电气线路的安装

(1) 防爆电气线路宜在爆炸危险性较小的环境或远离释放源的地方敷设。当可燃物质比空气重时，电力线路宜在较高处敷设或直接埋地；架空敷设时宜采用电缆桥架；电缆沟敷设时沟内应充砂，并宜设置排水措施。电气线路宜在有爆炸危险的建筑物、构筑物的墙外敷设。在爆炸粉尘环境，电缆应沿粉尘不易堆积并且易于粉尘清除的位置敷设。

(2) 敷设电气线路的沟道、电缆桥架或导管，所穿过的不同区域之间墙或楼板处的孔洞应采用非燃性材料严密堵塞。

(3) 敷设电气线路时宜避开可能受到机械损伤、振动、腐蚀、紫外线照射以及可能受热的地方，不能避开时，应采取预防措施。

架空电力线路不得跨越爆炸性气体环境，架空线路与爆炸性气体环境的水平距离不应小于杆塔高度的1.5倍。在特殊情况下，采取有效措施后，可适当减少距离。

3）电气线路的连接

在1区内电缆严禁有中间接头，在2区、20区、21区内不应有中间接头。当电缆或导线的终端连接时，电缆内部的导线如果为绞线，其终端应采用定型端子或接线鼻子进行连接。铝芯绝缘导线或电缆的连接与封端应采用压接、熔焊或钎焊，当与设备（照明灯具除外）连接时，应采用铜—铝过渡接头。

4）电气接地和接零

（1）除本质安全电路外，爆炸性环境的电气线路和设备应装设过载、短路和接地保护，不可能产生过载的电气设备可不装设过载保护。爆炸性环境的电动机除按国家现行有关标准的要求装设必要的保护之外，均应装设断相保护。如果电气设备的自动断电可能引起比引燃危险造成的危险更大时，应采用报警装置代替自动断电装置。

（2）当爆炸性环境电力系统接地设计时，1000V交流/1500V直流以下的电源系统的接地应符合下列规定：

① 爆炸性环境中的TN系统应采用TN-S型；

② 危险区中的TT型电源系统应采用剩余电流动作的保护电器；

③ 爆炸性环境中的IT型电源系统应设置绝缘监测装置。

（3）在爆炸危险环境内，设备的外露可导电部分应可靠接地。爆炸性环境1区、20区、21区的所有设备以及爆炸性环境2区、22区内除照明灯具以外的其他设备应采用专用的接地线。该接地线若与相线敷设在同一保护管内时，应具有与相线相等的绝缘。爆炸性环境2区、22区内的照明灯具，可利用有可靠电气连接的金属管线系统作为接地线，但不得利用输送可燃物质的管道。

（4）在爆炸危险区域不同方向，接地干线应不少于两处与接地体连接。

（5）设备的接地装置与防止直接雷击的独立避雷针的接地装置应分开设置，与装设在建筑物上防止直接雷击的避雷针的接地装置可合并设置，与防雷电感应的接地装置亦可合并设置。接地电阻值应取其中最低值。

（6）0区、20区场所的金属部件不宜采用阴极保护，当采用阴极保护时，应采取特殊的设计。阴极保护所要求的绝缘元件应安装在爆炸性环境之外。

4.5.3　变电所、配电所和控制室防爆

变电所、配电所（包括配电室）和控制室应布置在爆炸性环境以外，当为正压室时，可布置在1区、2区内。对于可燃物质比空气重的爆炸性气体环境，位于爆炸危险区附加2区的变电所、配电所和控制室的电气和仪表的设备层地面应高出室外地面0.6m。

4.5.4　电力线路及电器装置防火

1）电力线路防火

（1）架空电力线与甲、乙类厂房（仓库），可燃材料堆垛，甲、乙、丙类液体

储罐，液化石油气储罐，可燃、助燃气体储罐的最近水平距离应符合表 4-27 的规定。35kV 及以上架空电力线与单罐容积大于 200m³ 或总容积大于 1000m³ 液化石油气储罐（区）的最近水平距离不应大于 40m。

架空电力线与甲、乙类厂房（仓库）、可燃材料堆垛等的最近水平距离（m）

表 4-27

名称	架空电力线
甲、乙类厂房（仓库），可燃材料堆垛，甲、乙类液体储罐，液化石油气储罐，可燃、助燃气体储罐	电杆（塔）高度的 1.5 倍
直埋地下的甲乙类液体储罐和可燃气体储罐	电杆（塔）高度的 0.75 倍
丙类液体储罐	电杆（塔）高度的 1.2 倍
直埋地下的丙类液体储罐	电杆（塔）高度的 0.6 倍

（2）电力电缆不应和输送甲、乙、丙类液体管道、可燃气体管道、热力管道敷设在同一管沟内。

（3）配电线路不得穿越通风管道内腔或直接敷设在通风管道外壁上，穿金属导管保护的配电线路可紧贴通风管道外壁敷设。配电线路敷设在有可燃物闷顶、吊顶内时，应采取穿金属导管、采用封闭式金属槽盒等防火保护措施。

2）电器装置防火

（1）开关、插座和照明灯具靠近可燃物时，应采取隔热、散热等防火措施。

（2）卤钨灯和额定功率不小于 100W 的白炽灯泡的吸顶灯、槽灯、嵌入式灯，其引入线应采用瓷管、矿棉等不燃材料作隔热保护。

（3）额定功率不小于 60W 的白炽灯、卤钨灯、高压钠灯、金属卤化物灯、荧光高压汞灯（包括电感镇流器）等，不应直接安装在可燃物体上或采取其他防火措施。

（4）可燃材料仓库内宜使用低温照明灯具，并应对灯具的发热部件采取隔热等防火措施，不应使用卤钨灯等高温照明灯具。配电箱及开关应设置在仓库外。

4.6 防雷和防静电

雷电是自然界的一种大气放电现象，静电是一种特殊环境的放电现象。雷电放电电压可达数百万伏至数千万伏，电流可达几十万安培，因此其破坏性极大。雷电、静电放电都能引起火灾和爆炸事故。

4.6.1 雷电种类和危害

雷云是产生雷电的基本条件。雷云达到一定数量的电荷聚集，电势就逐渐上升，它的电场强度达到足以使附近空气绝缘破坏的强度（约 25～30kV/cm）时，就发生强烈的放电现象，出现耀眼的闪光。据统计全球平均每天约发生 800 万次雷电，每秒近 100 次闪电。

1）雷电的种类

（1）直击雷

直击雷是带电的云层与大地上某一点之间发生的迅猛的放电现象。有时雷云较低，周围又没有带异性电荷的云层，而在地面上突出物（树木或建筑物）感应出异性电荷，雷云就会通过这些物体与大地之间放电，这就是通常所说的雷击。这种闪击直接击在建（构）筑物、其他物体、大地或外部防雷装置上，产生电效应、热效应和机械力，称之为直击雷。由于受直接雷击，被击物产生很高的电位，而引起过电压，流过的雷电流又很大（达几十千安甚至几百千安），这样极易使设备或建筑物损坏，并引起火灾或爆炸事故。当雷击于对地绝缘的架空导线上时，会产生很高的电压（可高达几千千伏），不仅会常常引起线路的闪络放电，造成线路发生短路事故，而且这种过电还会以波动的形式迅速地向变电所、发电厂或建筑物内传播，使沿线安装的电气设备绝缘受到严重威胁，往往引起绝缘击穿起火等严重后果。

雷云放电大多数具有重复放电的性质，雷电放电产生重复现象主要是由于雷云中的大量电荷不可能一次放完的缘故。

（2）闪电感应

闪电感应是闪电放电时，在附件导体上产生的闪电静电感应和闪电电磁感应，它可能使金属部件之间产生火花放电。带电云层由于静电感应作用，使地面某一范围带上异种电荷。当直击雷发生后，云层带电迅速消失，而地面某些范围由于散流电阻大，以至出现局部高电压，或者由于直击雷放电过程中，强大的脉冲电流对周围的导线或金属物产生电磁感应发生高电压以致发生闪击的现象。感应雷通过雷击目标旁边的金属物等导体感应，间接打击到物体上。它能造成金属部件之间产生火花放电，引起建筑物内的爆炸危险物品爆炸或易燃物品燃烧。

① 闪电静电感应

当雷云出现在导体的上空时，由于感应作用，使导体上感应产生而带有与雷云符号相反的电荷，雷云放电时，在导体上的感应电荷得不到释放，会使导体与地之间形成很高的电位差。这些现象叫作静电感应。在电力线路上同样会发生这种现象，而且这种电压很高，并能形成向线路两端前进的雷电波。因为它是被雷云感应出来的，所以称为感应过电压（感应雷），感应过电压一般为$(20\sim30)\times10^4$ V，最高可达$(40\sim50)\times10^4$ V。

② 闪电电磁感应

由于雷电流的迅速变化（极大的幅值和陡度）在其周围的空间里，会产生瞬变的强电磁场，处于这一电磁场中的导体会感应出很高的电动势，这种情况称为电磁感应。如果在强磁场中放一开口的金属环，环上感应的电动势足以使间隙间产生火花放电。

电磁感应现象还可以使构成回路的金属物体上产生感应电流。如果回路中有些地方接触不良，就会产生局部发热，这对存放的易燃、易爆物是极其危险的。

（3）闪电电涌侵入

闪电击于防雷装置或线路上以及由闪电静电感应或雷击电磁脉冲引发，表现为过电压、过电流的瞬态波称为闪电电涌。由于闪电对架空线路、电缆线路或金属管道的作用，雷电波即闪电电涌，可能沿着这些管线侵入屋内，危及人身安全或损坏设备。雷电波侵入造成的事故在雷害事故中占相当大的比例，因此而引起的雷电火灾和人身伤亡的损失也是很大的。

（4）球雷（球状闪电，俗称滚地雷）

关于球雷的研究，还没有完整的理论。通常认为它是一个炽热的等离子体，温度极高并发出紫色或红色的发光球体，直径一般在几厘米至几十厘米。

球雷通常沿地面滚动或在空气中飘行，它能经烟囱、门、窗和其他缝隙进入建筑物内部，或无声消失，或发生剧烈爆炸，造成人身伤亡或使建筑物遭受严重破坏，有时甚至引起爆炸和火灾事故。

2）雷电的危害

雷电有很大的破坏力，有多方面的破坏作用。雷电可使电气设备的绝缘击穿，造成大规模停电；可击毁建筑物，引起爆炸或燃烧，给人民生命财产造成重大损失。1989年8月12日9时55分，中国石油天然气总公司管道局胜利输油公司所属青岛市黄岛油库老罐区5座油罐发生因遭雷击引发了一起特大爆炸火灾事故，造成了巨大的经济损失和人员伤亡。首先是黄岛油库的老罐区一座2.3万m^3的5号罐因雷击发生爆炸起火，然后又相继引燃旁边的4号罐、1号罐、2号、3号罐。这场大火前后共燃烧了14小时，在救火中，有14名消防官兵、6名油库职工牺牲，66名消防人员和12名油库职工受伤，大火烧掉了3.6万吨原油，烧毁油罐5座，老罐区的建筑、设备全部付之一炬，变成一片废墟，事故造成直接经济损失3500多万元。600吨原油流入海里，使附近海域和沿岸受到一定程度的污染。

就其破坏因素来看，雷电有以下三方面效应：

（1）电磁效应

数十万至数百万伏的冲击电压可击毁电气设备的绝缘，烧断电线或劈裂电杆，造成大规模的停电；绝缘损坏还可能引起短路，导致火灾或爆炸事故，巨大的雷电流流经防雷装置时会造成防雷装置的电位升高，这样的高电位同样可以作用在电气线路、电气设备或其他金属管道上，它们之间产生放电。这种接地导体由于电位升高，而向带电导体或与地绝缘的其他金属物放电的现象，叫作反击。反击能引起电气设备绝缘破坏、造成高压窜入低压系统，可能直接导致接触电压和跨步电压造成的严重事故，可使金属管道烧穿，甚至造成易燃易爆物品着火和爆炸，同时能产生电磁辐射危害。

（2）热效应

巨大的雷电流（几十至几百千安）通过导体，在极短的时间内转换成大量的热能。雷击点的发热量约为500～2000J，造成危险品燃烧或造成金属熔化、飞溅而引起火灾或爆炸事故。

（3）机械效应

被击物遭到严重破坏，这是由于巨大的雷电流通过被击物时，使被击物缝隙中的气体剧烈膨胀，缝隙中的水分也急剧蒸发为大量气体，因而在被击物体内部出现强大的机械压力，致使被击物体遭受严重破坏或发生爆炸。

4.6.2 防雷基本措施

1）防雷装置

用于减少闪击击于建筑物上或建筑物附近造成的物质性损害和人身伤亡，由外部防雷装置和内部防雷装置组成。

（1）外部防雷装置

由接闪器、引下线和接地装置三部分组成。

避雷针、避雷线、避雷网和避雷带，都是经常采用的防止直接雷击的外部防雷装置。防雷装置的接闪器、引下线、接地装置，所用金属材料应有足够的截面，因为它一要承受雷电流通过，二要有足够的机械强度和耐腐蚀性，还要有足够的热稳定性，以承受雷电流的破坏作用。

① 接闪器

接闪器由拦截闪击的接闪杆、接闪带、接闪线、接闪网以及金属屋面、金属构件等组成。接闪器就是专门直接接受雷击的金属导体。接闪器利用其高出被保护物的突出地位，把雷电引向自身，然后通过引下线和接地装置，把雷电流泄入大地，使被保护物免受雷击。

② 引下线

引下线是用于将雷电流从接闪器传导至接地装置的导体。应满足机械强度、耐腐蚀和热稳定性的要求。

③ 接地装置

接地装置包括接地线和接地体，用于传导雷电流并将其流散入大地，是防雷装置的重要组成部分。接地装置向大地均匀泄放雷电流，使防雷装置对地电压不至于过高。

接地线是指从引下线断接卡或换线处至接地体的连接导体，或是从接地端子、等电位连接带至接地体的连接导体。接地体是指埋入土壤中或混凝土基础中作散流用的导体。人工接地体一般分两种埋设方式，一种是垂直埋设，称为人工垂直接地体，另一种是水平埋设，称为人工水平接地体。

（2）内部防雷装置

由防雷等电位连接和与外部防雷装置的间隔距离组成。

防雷等电位连接是将分开的诸金属物体直接用连接导体或经电涌保护器连接到防雷装置上以减小雷电流引发的电位差。在建筑物的地下室或地面层处，建筑物金属体、金属装置、建筑物内系统、进出建筑物的金属管线应与防雷装置作防雷等电位连接。除此之外，外部防雷装置与建筑物金属体、金属装置、建筑物内系统之间，应满足间隔距离的要求。

2）避雷器

避雷器是一种专用的防雷设备，主要用来保护电力设备，也用作防止雷电波沿架空线侵入建筑物内的安全设施。它可在纳秒级时间内作出反应，将雷电波带来的雷电流送入大地，从而不影响设备的正常工作。

避雷器并联装设在被保护物电源引入端，其上端接电源线路上，下端接地。正常情况时，避雷器的间隙保持绝缘状态，不影响电力系统的运行。当因雷击有高压雷电波沿线路袭来时，避雷器间隙被击穿而接地，切断冲击波，这时能够进入被保护电气设备的电压，仅为雷电波通过避雷器及其引线和接地装置产生的残压。雷电流通过以后，避雷器间隙又恢复绝缘状态，电力系统则可正常运行。

4.6.3 建筑物防雷要求

1）建筑物防雷的目的

建筑物防雷的目的，是为了使建筑物（含构筑物）防止或者极大地减小因雷击而发生的雷害损失。其意义可概括为：当建筑物遭受直击雷或雷电波侵入时，可保护建筑物内部的人身安全；当建筑物遭受直击雷时，防止建筑物被破坏；保护建筑物内部存放的危险物品，不会因雷击和雷电感应而引起损坏、燃烧和爆炸；保护建筑物内部的贵重机电设备和电气线路不受损坏。

根据以上四点，应当针对直击雷、雷电感应、雷电波侵入以及由此引起的其他灾害，采取相应的保护措施。

2）建筑物防雷一般原则

选择防雷装置在于将需要防雷的建筑物每年可能遭雷击而损坏的危险减到小于或等于可接受的最大损坏危险范围内。所以建（构）筑物防雷设计，应认真调查地理、地质、土壤、气象、环境等条件和雷电活动规律，以及被保护物的特点等的基础上，详细研究并确定防雷装置的形式及其布置，因地制宜地采取相应的防雷措施，做到安全可靠、技术先进、经济合理，设计应符合国家现行有关标准和规范的规定。

需要说明的是建筑物安装防雷装置后，不能保证绝对的安全，并非万无一失，而只能是防止或减少雷击事故。

3）建筑物的防雷分类

建筑物根据其重要性、使用性质、发生雷电事故的可能性和后果，按防雷要求分为：第一类、第二类、第三类防雷建筑物，如表4-28所示。

建筑物的防雷分类　　表4-28

	在可能发生对地闪击的地区，遇下列情况之一者
第一类 防雷建筑物	1. 制造、使用或贮存火炸药及其制品的危险建筑物，因电火花而引起爆炸、爆轰，会造成巨大破坏和人身伤亡者； 2. 具有0区或20区爆炸危险场所的建筑物； 3. 具有1区或21区爆炸危险场所的建筑物，因电火花而引起爆炸，会造成巨大破坏和人身伤亡者
第二类 防雷建筑物	1. 国家级重点文物保护的建筑物； 2. 国家级的会堂、办公建筑物、大型展览和博览建筑物、大型火车站和飞机场、国宾馆、国家级档案馆、大型城市的重要给水泵房等特别重要的建筑物； 3. 国家级计算中心、国际通信枢纽等对国民经济有重要意义的建筑物； 4. 国家特级或甲级大型体育馆； 5. 制造、使用或贮存火炸药及其制品的危险建筑物，且电火花不易引起爆炸或不致造成巨大破坏和人身伤亡者； 6. 具有1区或21区爆炸危险场所的建筑物，且电火花不易引起爆炸或不致造成巨大破坏和人身伤亡者； 7. 具有2区或22区爆炸危险场所的建筑物； 8. 有爆炸危险的露天钢质封闭气罐； 9. 预计雷击次数大于0.05次/a的部、省级办公建筑物和其他重要或人员密集的公共建筑物以及火灾危险场所； 10. 预计雷击次数大于0.25次/a的住宅、办公楼等一般性民用建筑物或一般性工业建筑物

续表

	在可能发生对地闪击的地区，遇下列情况之一者
第三类 防雷建筑物	1. 省级重点文物保护的建筑物及省级档案馆； 2. 预计雷击次数大于或等于0.01次/a，且小于或等于0.05次/a的部、省级办公建筑物和其他重要或人员密集的公共建筑物，以及火灾危险场所； 3. 预计雷击次数大于或等于0.05次/a，且小于或等于0.25次/a的住宅、办公楼等一般性民用建筑物或一般性工业建筑物； 4. 在平均雷暴日大于15d/a的地区，高度在15m及以上的烟囱、水塔等孤立的高耸建筑物；在平均雷暴日小于或等于15d/a的地区，高度在20m及以上的烟囱、水塔等孤立的高耸建筑物

注：飞机场不含停放飞机的露天场所和跑道。

4）建筑物防雷措施

建筑物的防雷就是针对防雷装置的三部分——接闪器、引下线和接地装置，根据不同的保护对象，对于直击雷、雷电感应、雷电波侵入应采取不同的保护措施。

根据建筑物的结构构造和生产性质，考虑采取哪一种接闪装置。

对引下线，重点考虑反击因素。就是引下线系统和接地系统对其他金属物体或金属管线之间的空间距离和地下距离。

对接地装置，要研究接地技术，是独立接地方式，还是共同接地方式。

除此之外，由于架空线路引来的事故较多，要着重考虑由于架空线及屋顶突出物侵入雷电波的措施。另外还要防止雷电电磁辐射引起的危害。

5）建筑物防雷的基本要求

（1）各类防雷建筑物应采取防直击雷的外部防雷装置，并应采取防闪电电涌侵入的措施。

（2）第一类防雷建筑物和第二类防雷建筑物中的部分建筑物（表4-28中第二类防雷建筑物的5～7项），应采取防闪电感应的措施。

（3）各类防雷建筑物应设内部防雷装置，并应符合下列规定：

① 在建筑物的地下室或地面层处，建筑物金属体、金属装置、建筑物内系统、进出建筑物的金属管线应与防雷装置作防雷等电位连接。

② 外部防雷装置与建筑物金属体、金属装置、建筑物内系统之间，应满足间隔距离的要求。

具体各类防雷建筑物的防雷措施可参考《建筑物防雷设计规范》GB 50057—2010。

4.6.4　静电的产生和危害

1）静电的产生

当两种不同性质的物体相互摩擦或接触时，由于它们对电子的吸力大小各不相同，在物体间发生电子转移，使甲物体失去一部分电子而带正电荷，乙物体获得一部分电子而带负电荷。如果摩擦后分离的物体对大地绝缘，则电荷无法泄漏，停留在物体的内部或表面呈相对静止状态，这种电荷就称为静电。

2）静电火灾产生的条件

（1）周围和空间必须有可燃物存在（包括可燃气体、易燃液体或可燃粉尘等）。

（2）具有产生和累积静电的条件。其中包括物体自身或其周围与它相接触物体的静电起电能力和存在累积静电的环境条件。

(3) 当静电累积起足够高的静电电位后，必将周围的空气介质击穿而产生放电，构成放电的条件。

(4) 静电放电的能量，当大于或等于可燃物的最小点火能量，即成为可燃物的引火源，才是构成静电火灾和爆炸事故的真正原因。

3) 静电危害及其危险界限

(1) 静电危害

静电危害主要包括以下四个方面的内容：一是静电力作用或高压击穿作用主要是使产品质量下降或造成生产故障，如橡胶半成品带静电后将产生力的作用使橡胶半成品吸引周围空气中的大量灰尘，影响产品内在质量，在同性电荷的帘布贴合时，而产生气泡影响质量，影响工作效率。二是高压静电对人体生理机能作用，即所谓“人体电击”，如轮胎层布贴合机的操作工具台上放着蘸有汽油的毛刷，一位女工伸手去取毡刷时突然起火，引起工人手部烧伤。三是静电放电过程是将电场能转换成声、光、热能的形式，热能可作为火源使易燃气体、可燃液体或爆炸性粉尘发生火灾或爆炸事故。四是静电放电过程所产生的电磁场是射频辐射源，对无线电通信是干扰源，对电子计算机会产生误动作。

(2) 静电危害的危险界限

静电火花能量界限，一般是按一次放电的能量来表示。即：

$$W = \frac{1}{2}CU^2 = \frac{1}{2}QU = \frac{Q^2}{2C} \tag{4-5}$$

式中 W——一次放电能量；

C——物体的静电电容；

U——为物体放电时的电位与放电后剩余电位之差；

Q——物体一次放电的电量。

如果导体上的储能大于或等于可燃物的最小点火能量，即 $W \geqslant W_{min}$（W_{min}为可燃物的最小点火能量），则该种放电为危险性放电；而 $W < W_{min}$ 应为安全性放电，因此可燃物的最小点火能量就可看作静电放电的危险界限。

4.6.5 防静电措施

1) 控制静电场合的危险程度

控制或排除放电场合的可燃物，是一项防静电灾害的重要措施。

(1) 用非可燃物取代易燃介质。

(2) 降低爆炸混合物在空气中的浓度。

(3) 减少氧含量或采取强制通风措施。

2) 减少静电荷的产生

静电荷大量产生并能积累起事故电量，这是静电事故的基础条件。因此就要控制和减少静电荷的产生。

(1) 正确地选择材料

选择不容易起电的材料；根据带电序列选用不同材料；选用吸湿性材料。

(2) 工艺的改进

改革工艺中的操作方法、改变工艺操作程序、湿法生产，都可减少静电的产生。

（3）降低摩擦速度和流速

（4）减少特殊操作中的静电

控制注油和调油的方式，注油方式以底部进油为宜，调合方式以采用泵循环、机械搅拌和管道调合为好。采用密闭装车，密闭装车是将金属鹤管伸到车底，用金属鹤管保持良好的导电性。选择较好的分装配头，使油流平稳上升，从而减少摩擦和油流在罐体内翻腾。同时密封装车避免油品的蒸发和损耗。

3）减少静电荷的积累

静电荷的产生和泄放是相关的两个过程，如果静电的产生量大于静电荷的泄漏量，则在物体上就会产生静电荷的积聚。因此，可采取如下方法减少静电的积累：

（1）静电接地

关于接地对象和接地要求参考《建筑物防雷设计规范》GB 50057—2010 相关内容。

（2）增加空气的相对湿度

增加环境相对湿度，是防止静电危害的措施之一。其原理是：在周围空间相对湿度大于 70%时，带电的绝缘体表面能形成一层极薄的水膜，通过水膜中含有的导电性物质，使绝缘体的表面电阻降低，为电荷的迅速泄漏提供了可靠的途径。各国静电事故统计资料及我国实际调查反映的情况，都遵循同样的规律：即在干燥的季节静电事故多，在干燥的地区静电事故多。美国国家防火协会规范提出：把大气的相对湿度提高到 70%左右，可作为处理静电积累问题的一种对策。

但是，由于有的物质在高湿空气中表面不形成水膜（如聚四氟乙烯），这种物质称作非亲水性物质。所以增加湿度对这种物质起不到加速静电泄漏的作用。为此，这种场合不能采用这种方法作为消静电措施。

（3）采用抗静电添加剂

在绝缘材料中如果加入少量的抗静电添加剂，就会增大该种材料的导电性和亲水性，使导电性增加，绝缘性能受到破坏，体表电阻率下降，促进绝缘材料上的静电荷被导走。

（4）采用静电消除器防止带电

利用正、负电荷互相中和的方法，达到消除静电的目的。故静电荷中和需借助于空气电离或电晕放电使带电体上的静电荷被中和。这种方法已在国内外广泛利用。

（5）其他方法

① 静电缓和

任何一种绝缘材料自身总有一定的对地泄漏电阻存在。这种将自身的静电荷导走的方法称为静电缓和。在油品利用中，这种自身放电所需要的时间称为“静置时间”。为了将不同容量油罐内的静电导走就需要不等的“静置时间”，具体要求可参照表 4-29 规定的时间进行。

② 屏蔽方法

所谓屏蔽是用接地导体将带电体包围起来，利用屏蔽效应能使带电体的静电作用不向外扩散。同时利用屏蔽使参与降低带电电位及放电的面积和体积减少，这样可预防静电。

静置时间的推荐值（min） **表 4-29**

带电物体的电导率（s/m）	液体容积（m^3）			
	10 以下	10～50	50～5000	5000 以上
10^{-8}以上	1	1	1	2
10^{-12}～10^{-8}	2	3	10	30
10^{-14}～10^{-12}	4	5	60	120
10^{-14}以下	10	10	120	240

4）防止人体静电

（1）人体静电的产生

人体静电的产生包括：鞋子与地面之间的摩擦带电；人体和衣服间的摩擦静电；与带电物之间的感应带电和接触带电；吸附带电。

（2）人体带电的消除方法

人体带电的消除方法有：人体接地；防止穿衣和佩戴物带电；回避危险动作；构成一个全面的接地系统。

（3）防人体静电的基本要求

① 对泄漏电阻的要求

为泄放人体静电一般选择人体泄漏电阻是在 $10^8\Omega$ 范围以下，同时考虑特别敏感的爆炸危险的场合，避免通过人体直接放电所造成的引燃性，所以泄漏电阻要选在 $10^7\Omega$ 以上。另外在低压工频线路的场合还要考虑人身误触电的安全防护问题，故泄漏电阻选择在 $10^6\Omega$ 以上为宜。

② 对导电工作服和导电地面等的要求

导电工作服要求在摩擦过程中，其带电电荷密度不得大于 7.0μC/m^2 导电地面，一般消电场合 $10^{10}\Omega$，对爆炸危险场所选择在 10^6～$10^7\Omega$ 上下为宜；导电工作鞋以 $1.0\times10^8\Omega$ 以下为标准。

③ 对静电电位的要求

在操作对静电非常敏感的化工产品时，按规定人体电位不能超过 10V，最大不能超过 100V。因此，可依据这个具体要求控制操作速度和操作方法。

5）抑制静电放电和控制放电能量

（1）抑制静电放电

静电火灾和爆炸危害是由于静电放电造成的。而产生静电放电的条件是，带电物体与接地导体或其他不接地体之间的电场强度，达到或超过空间的击穿场强时，就会发生放电。对空气而言其被击穿的均匀场强是 33kV/cm。非均匀场强可降至均匀电场的 1/3。故可使用静电场强计或静电电位计，监视周围空间静电荷累积情况，以预防静电事故的发生。

（2）控制放电能量

如果发生静电火灾或爆炸事故，其一是存在放电，其二是放电能量必须大于或等于可燃物的最小点火能量。故可根据第二点引发静电事故的条件，采用控制放电能量的方法，来避免产生静电事故。

4.7　火灾与爆炸的监测

4.7.1　火灾的探测与报警

火灾探测报警系统本身并不能影响火灾的自然发展进程，其主要作用是及时将火灾迹象通知有关人员，以便他们准备疏散或组织灭火，延长建筑物可供疏散的时间并通过联动系统启动其他消防设施。在火灾的早期阶段，准确探测到火情并迅速报警，对于及时组织有序快速疏散、积极有效地控制火灾的蔓延、快速灭火和减少火灾损失都具有重要的意义。

在火灾的孕育与萌芽阶段，建筑物内会出现不少特殊现象或征兆，如发热、发光、发声以及散发出烟尘、可燃气体、特殊气味等。这些特性是物质燃烧过程中发生物质转换和能量转换的结果，为早期发现火灾、进行火灾探测提供了依据。依据不同火灾现象的特征，人们发展出了多种火灾探测方法。按照探测元件与探测对象之间的关系，火灾探测器可分为接触式和非接触式两种基本类型。

1）接触式探测器

在火灾的初期阶段，烟气是反映火灾特征的主要方面。接触式探测就是利用某种装置直接接触烟气来实现火灾探测的，只有当烟气到达该装置所安装的位置时感受元件方可发生响应。烟气的浓度、温度、特殊产物的含量等都是探测火灾的常用参数。

（1）感温探测器

依据探测元件所在位置的温度变化实现火灾探测，主要有以下3类。

① 点式探测器主要用在普通建筑物中，并多用于顶棚安装式。它们有一个直径约10cm的壳体，其内部安装了某种感受温度的元件，当进入壳体的烟气所具有的温度达到所用元件的设定危险阈值时，便发出报警。为了较好地适应不同场景下的温度变化特点，设计了定温、差温和差定温等形式。

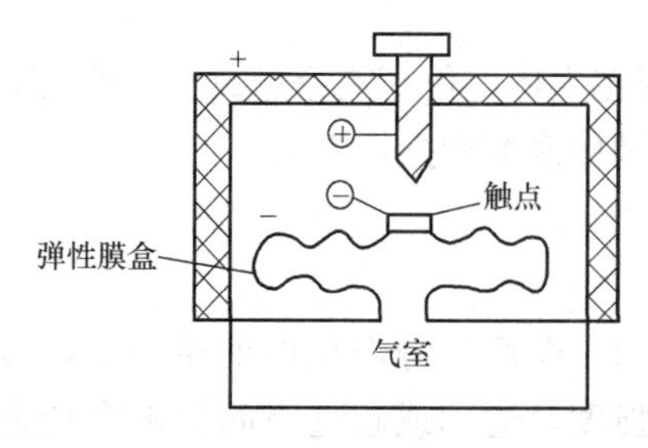

图4-2　空气膜盒感温探头

定温式感温报警器有采用低熔点合金作为感温元件的，其作用原理是低熔点的金属在达到预定温度时，感温元件熔断。如图4-2所示，采用双金属片、双金属筒作为感温元件的报警器在达到预定温度时，元件变形达到某一限度，完成断开或接通电气回路中的触点，从而断开或接通信号电气回路，发出警报。采用热敏半导体作感温元件，此元件对温度的变化比较敏感，在检测地点的温度发生变化时，它的电阻值将发生较大的变化。采用铂金属丝感温元件，遇温度变化时也会改变其电阻值，从而改变信号电气回路中的电流，当达到预定温度时，信号电气回路中的电流也变化到一定值，即会报警。

由于火灾发生时，检测地点的温度在较短时间内急骤升高，根据这个特点，差动式感温报警器采用双金属片等感温元件，使得在一定时间内的温升差超过某一限值时，即发出警报。为了提高自动报警器的准确性，有的感温报警器同时采用差动和定温两种感温元件，因而在检测点的温度变化时，既要达到差动式感温元件所预定时间内的温升差，又要同时达到定温式感温元件所预定的温度，才发出警报，这样就可进一步减少误报。这种报警器称为定温差动式感温报警器。点式感温报警器适用于那些经常存在大量烟雾、粉尘或水蒸气的场所。

② 线式探测器主要在某些特殊场合下使用，是由特殊热敏材料制成的缆线，根据缆线所在空间环境的温度变化来判断火灾，适用于那些距离较长，但起火部位不甚确定的场合，例如电缆沟、巷道等。

③ 光纤式线性探测器是利用温度变化可引起光纤传导性能变化进行探测的一种新型火灾探测器，具有不受潮湿、电磁干扰影响的特征，且起火点定位准确性好，但目前价格偏高。

总之，感温式探测器的可靠性、稳定性及维修的方便性都很好，主要缺点是灵敏度低，因此主要用于温度变化比较显著的场合。

（2）点式感烟探测器

依据火灾烟气中存在悬浮颗粒进行火灾探测，只有当烟气颗粒进入这种探测器之中才能发出报警信号，又分离子式和光电式两种形式。

① 离子感烟报警器是由两片镅 241 放射源片与信号电气回路构成内电离室和外电离室。如图 4-3 所示，内电离室是密闭的，与安装场所内的空气不相通，场所内的空气可以在外电离室的放射源与电极间自由流通。当发生火警时，可燃物阴燃产生的烟雾进入报警器的外电离室，室内的部分离子被烟雾的微粒所吸附，使到达电极上的离子减少，即相当于外电离室的等效电阻值变大，而内电离室的等效电阻值不变，从而改变了内电离室和外电离室的电压分配。利用这种电信号将烟雾信号转换为直流电压信号，输入报警器而发出声、光警报。

② 光电感烟报警器设有一个光电暗室（暗盒），将光电敏感元件安装在暗盒内，如图 4-4 所示。没有烟尘进入暗室时，发光二极管放出的光因有光屏障阻隔而不能投射到光敏二极管上，检测器没有电信号输出；如有烟尘进入暗室时，发光二极管发出的光因散射作用而照射到光敏二极管上，光敏二极管工作状态发生变化，检测器发出电信号。

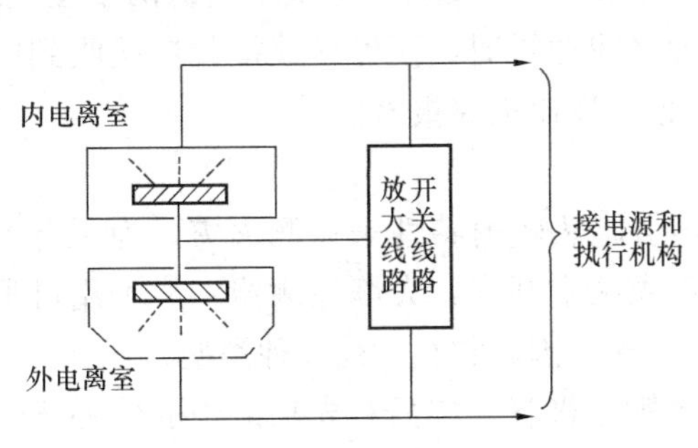

图 4-3 离子感烟报警器原理

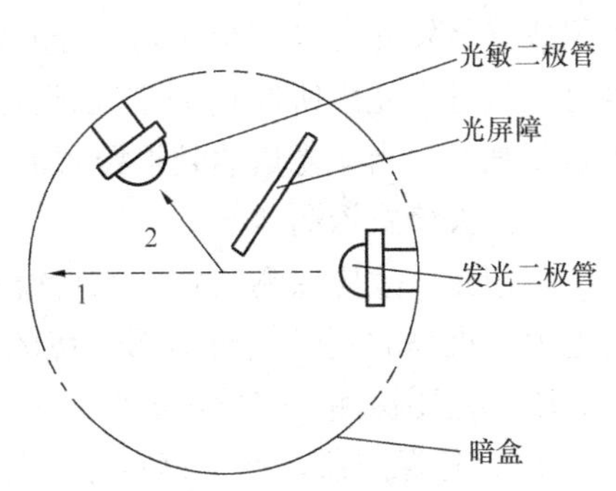

图 4-4 光电感烟式报警器原理

采用光电感烟报警器时，可以从检测场所的各检测点设管路分别与检测器相暗连，再利用风机抽吸检测点的空气，使空气由光电暗盒通过。当发生火警时，由于空气中含有大量烟雾，检测器则发生信号。这种检测器适用于装设有排风装置的场所。

感烟报警器能在事故地点刚发生阴燃冒烟还没有出现火焰时，即发出警报，所以它具有报警早的优点。感烟报警器灵敏度较高，寿命较长，价格较低，适用于火灾初起阶段有阴燃的场所，如宾馆、图书馆、变配电室、百货仓库等起火后即能生成烟雾的场所。不适用于灰尘较大、水蒸气弥漫等场所，如锅炉房、厨房等，以及有腐蚀性气体的场所。

（3）气敏探测器

发生火灾后，其周围环境中某些气体的含量可发生显著变化，例如 CO、CH_4 等，而有些物质对这些气体的反应比较敏感，可以用作火灾探测元件。常见的有 4 类。

① 半导体气敏元件能对气相中的氧化性或还原性的气体发生反应，使半导体的电导率发生变化，从而发出报警信号。

② 催化型气敏元件通过加速某些可燃气体的氧化反应，导致元件的温度升高，进而启动报警装置。

③ 热导型气敏元件根据不同可燃气导热性能的不同，且同种气体也会因浓度的不同而变化，可燃气进入工作室后，由于其导热作用，工作元件上的热量会因此而散失掉，工作元件温度下降，电阻减少，电路接通，发出报警信号。

④ 光干涉型气敏元件是利用光线通过可燃气与空气时的光速差异产生的光程差，借助干涉法将光程差检测出来，即检测出气样浓度，适用于测定成分已知的样品。

2）非接触式探测器

非接触式火灾探测器主要是根据火焰或烟气的光学效果进行探测的。由于探测元件不必触及烟气，可以在离起火点较远的位置进行探测，所以探测速度较快，适宜探测那些发展较快的火灾。这类探测器主要有光束对射式探测器、感光（火焰）式探测器和图像式探测器。

（1）光束式探测器

根据烟气的遮光性来实现火灾探测，由光源、光束平行校正装置和光敏接收器组成，将发光元件和受光元件分成两个部件，分别安装在建筑空间的两个位置。当有烟气进入光束所经过的空间即从两者之间通过时，便可导致接收器接收到的光强度减弱，当减光量达到报警阈值时，便可发出火灾报警信号。

（2）火焰式探测器

利用光电效应探测火灾，靠燃烧放热引起热辐射特性来探测火灾，为了有效地把火灾火焰的辐射光与周围环境的照明光区别开来，火焰探测器一般不用可见光波段，主要探测火焰发出的紫外光或红外光，因此它有下列 2 种类型。

① 紫外探测器，其敏感元件是紫外光敏二极管，它只对光辐射中的紫外线波段起作用。因探测的光的波长较短，适用于发生高温燃烧的场合。但它不适于在

明火作业的场所中使用，在安装检测器的场所也不应划火柴、烧纸张，报警系统未切断时也不能动火，否则易发生误报。在安装紫外线光电报警器的场所，还应避免使用氦气灯和紫外线灯，以防误报。

② 红外探测器其敏感元件是硫化铝、硫化镉等制成的光导电池，这种敏感元件遇到红外辐射时即可产生电信号。红外辐射光的波长较长，烟粒对其吸收弱，所以在烟雾较浓的条件下仍能工作。

（3）图像式火灾探测器

利用摄像法获得的图像来发现火灾，目前主要采取红外摄像与日光盲热释电预警器件进行复合。一旦发生火灾，火源及相关区域必然发出一定的红外辐射。在远处的摄像机发现这种信号后，便输入到计算机中进行综合分析。若判定确实是火灾信号，则立即发出报警，并将该区域显示在屏幕上。由于它所给出的是图像信号，因此具有很强的可视性和火源空间定位功能，有助于减少误报警和缩短火灾确认时间，增加人员疏散时间和实现早期灭火，但造价偏高。

3）火灾探测器的选用

每种火灾探测器都有其优缺点，因而也就有一定的适用范围。对于某种实际场合火灾探测器的选择和设置方式是否科学合理，直接影响其效果。

火灾探测器的选用应当根据探测区域内可能火灾的初期发展特点、房间高度、环境条件和可能引起误报的因素综合确定。应当注意以下方面：

（1）对火灾初期有阴燃阶段，产生大量的烟和少量的热，很少或没有火焰辐射的，可选用感烟探测器。

（2）对火灾发展迅速，产生大量热、烟和火焰辐射的，应该合理配合选用感烟探测器、感温探测器、火焰探测器或采用复合探测器，以提高火灾报警的可靠性。

（3）对火灾发展迅速，有强烈的火焰辐射和少量烟、热的场所或部位，应选用火焰探测器。

（4）对于有大量粉尘、多烟、水汽的场所，或空间狭窄、热量容易积累的场所，可以选用感温探测器作为主要的探测方式。

（5）建筑物高度和空间大小对火灾探测器的选择具有重要影响。普通的点式感烟探测器的安装高度不大于 12m，感温探测器安装高度不大于 8m，且随着房间高度的上升，探测器灵敏度应相应提高。

（6）室内空调系统与环境的温度、湿度等也对火灾探测器的工作产生一定影响。

（7）对情况复杂或火灾形成特点不可预料的，可进行模拟实验，根据实验选用适宜的探测器。

4.7.2 测爆仪

爆炸事故是在具备一定的可燃气体、氧气和火源这三要素的条件下出现的。其中可燃气体的偶然泄漏和积聚程度，是现场爆炸危险性的主要监测指标，相应的测爆仪和报警器便是监测现场爆炸性气体泄漏危险程度的重要工具。

厂矿常用的可燃气体测量仪表的原理有热催化、热导、气敏和光干涉四种。

1）热催化原理

热催化检测原理如图4-5所示。在检测元件R_1作用下，可燃气发生氧化反应，释放出燃烧热，其大小与可燃气浓度成比例。检测元件通常用铂丝制成。气样进入工作室后在检测元件上放出燃烧热，由灵敏电流计P指示出气样的相对浓度，这种仪表的满刻度值通常等于可燃气的爆炸下限。

2）热导原理

利用被测气体的导热性与纯净空气的导热性的差异，把可燃气体的浓度转换为加热丝温度和电阻的变化，在电阻温度计上反映出来。其检测原理与热催化原理的电路相同。

3）气敏原理

气敏半导体检测元件吸附可燃性气体后，电阻大大下降（可由50kΩ下降到10kΩ左右），与检测元件串联的微安表可给出气样浓度的指示值，检测电路如图4-6所示。图中VG为气敏检测元件，由电源E_1加热到200～300℃。气样经扩散到达检测元件，引起检测元件电阻下降，与气样浓度对应的信号电流在微安表PA上指示出来。E_2是测量检测元件电阻用的电源。

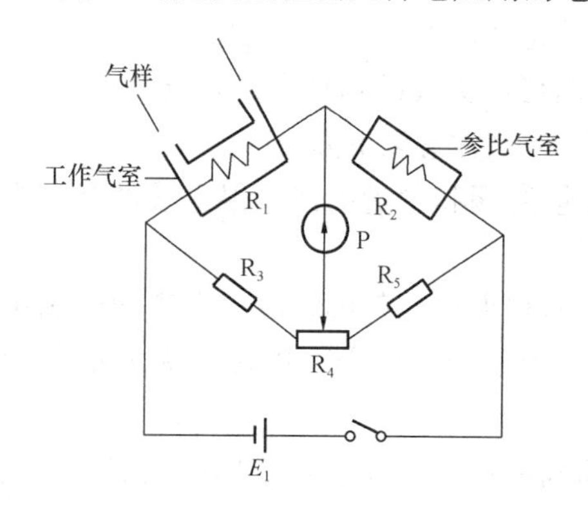

图4-5 催化检测与热导检测原理图

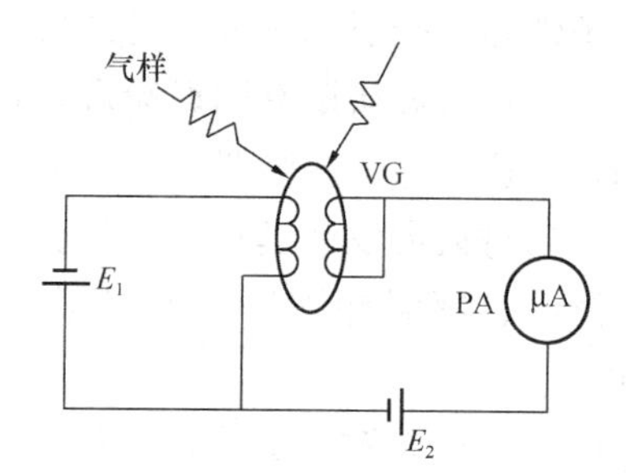

图4-6 气敏检测电路图

4）光干涉原理

一束由固定光源发出的光，经分光镜反射和折射后形成两束光，分别通过空气室和待测气体气室后，再汇集于目镜系统。这两束光由于光程差产生干涉条纹。由于经过不同气室时气体密度不同，于是干涉条纹产生移位，移位大小与待测气体浓度成比例关系，所以通过干涉条纹的移位距离就可以测出待测气体的浓度。

4.8 防火防爆安全装置

防火防爆安全装置是指生产系统中为预防火灾爆炸事故所设置的各种检测、控制、联锁、保护、报警等仪器、仪表、装置的总称，它们是保证生产正常、运行安全的关键性部件或元件。防火防爆安全装置主要有阻火隔绝装置、防爆泄压装置和指示装置等。

4.8.1 阻火隔绝装置

阻火隔绝装置也称火焰隔断装置，其作用是防止外部火焰蹿入有着爆炸危险的设备、容器与管道内，或阻止火焰在设备和管道内扩展蔓延。常用的阻火装置有安全液封、水封井、阻火器、单向阀、阻火闸门和火星熄灭器等。

1）安全液封

（1）用途

安全液封通常安装在操作压力低于 0.02MPa 的气体管线上，用以防止火焰蔓延。对需要控制操作压力（最高不超过 0.05MPa）防止气体倒流的地方也常设置安全液封。

（2）工作原理和结构类型

安全液封这类阻火装置以液体作为阻火介质，其阻火的基本原理是由于液体在进出管之间，在液封两侧的任一侧着火时，火焰在液封处被熄灭，从而阻止火势蔓延至另一侧。目前广泛使用的是安全水封，它以水作为阻火介质。常用的安全水封有开敞式和封闭式两种。

① 开敞式安全水封的构造和工作原理如图 4-7 所示，它由罐体 1、进气管 2 和安全管 3 组成，管 3 比管 2 短些，插入液面较浅。正常工作状态时，可燃气体通过进气管 2 进入水封层，然后从管的底部冒出，穿过水层进入空间，由出气管 5 流走，此时安全管下端处于水内，管里的水柱与罐内气体压力平衡，所以空间与大气隔离。如果出气管线着火，即发生火焰倒燃时，火焰顺管道回火到液封内，液封内的压力就会升高，水会被压入进气管和安全管中，进气管被堵塞，由于安全管下端高于进气管出口，当水位下降到安全管下端露出水面时，燃烧气体便通过该管排入大气；排放停止后，被带出的水又自漏斗流回来，液封的水位恢复正常，从而达到阻火的目的。

② 封闭式安全水封的构造和工作原理如图 4-8 所示。封闭式液封同敞开式液封的区别在于气体正常流动时与大气不连通。正常工作时，可燃气体由进气管 9 流

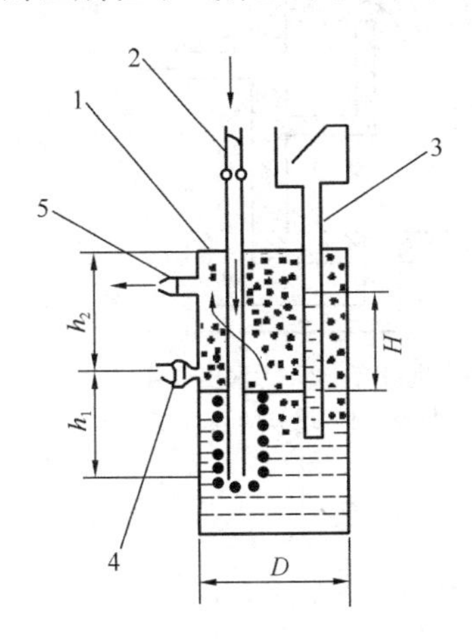

图 4-7 开敞式安全水封示意图

1—罐体；2—进气管；3—安全管；4—水位阀；5—出气管

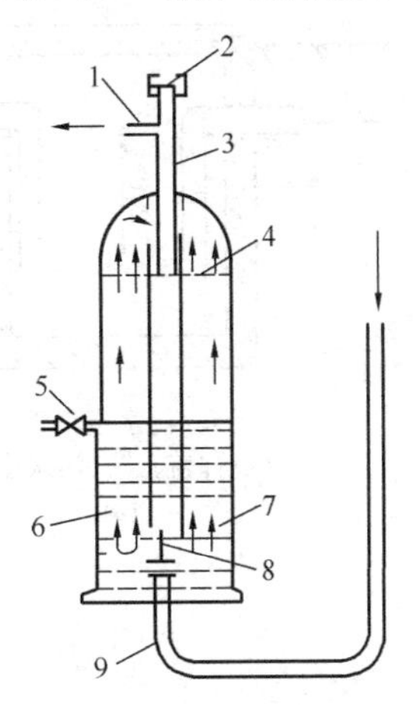

图 4-8 封闭式安全水封

1—出气管；2—爆破片；3—分水管；4—分水板；5—水位阀；6—罐体；7—分气板；8—单向阀；9—进气管

入，经单向阀 8、分气板 7、分水板 4 和分水管 3，从出气管 1 输出。当出气管发生爆炸回火时，液封内空间压力增高，压迫水面，并通过水层将单向阀顶压在阀座上作瞬时关闭，进气管暂停供气；同时，倒燃的火焰和气体将罐体顶部的爆破片 2 冲破，散发到大气中。同时由于水层也起着隔火作用，因此能比较有效地防止火焰进入另一侧。

单向阀在火焰倒燃过程中只能暂时切断可燃气气源，所以在发生倒燃后必须关闭可燃气总阀，更换爆破片，才能继续使用。

封闭式水封适用于压力较高的燃气系统。

（3）液封的使用与管理要求

① 安全液封内的液位应根据设备内的压力保持规定高度，否则起不到液封的作用，使用中要经常检查液位。每次发生火焰倒燃后，应随时检查液位并补足。安全液封应保持垂直位置。

② 寒冷地区或冬季使用安全液封时，要有防止液面冻结的措施，例如通入水蒸气保暖，添加防冻剂（水和甘油、矿物油或乙二醇、三甲酚磷酸酯的混合液，或食盐、氯化钙的水溶液）等。如发现冻结现象，只能用热水或蒸汽加热解冻，严禁用明火或红铁烘烤。

③ 使用封闭式安全水封时，由于可燃气体（尤其是碳氢化合物）中可能带有黏性油质的杂质，使用一段时间后容易糊在阀和阀座等处，所以需要经常检查单向阀的气密性。

2）水封井

（1）用途和结构类型

水封井通常设置在有可燃气体、可燃液体蒸气或油污的污水管网上，用以防止燃烧或爆炸沿污水管网蔓延扩展。水封井的结构如图 4-9（*a*）、（*b*）所示。

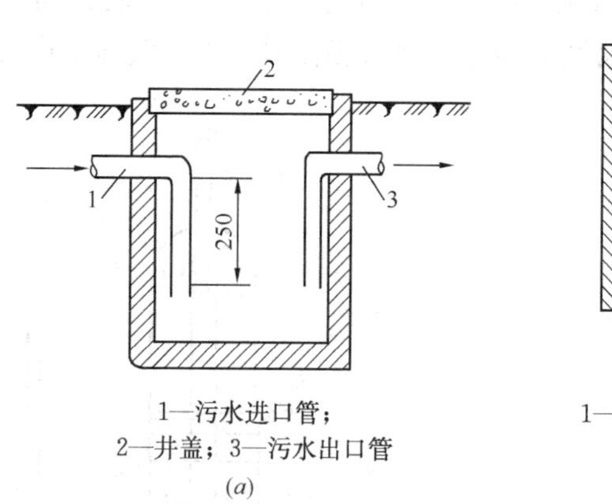

1—污水进口管；
2—井盖；3—污水出口管

（*a*）

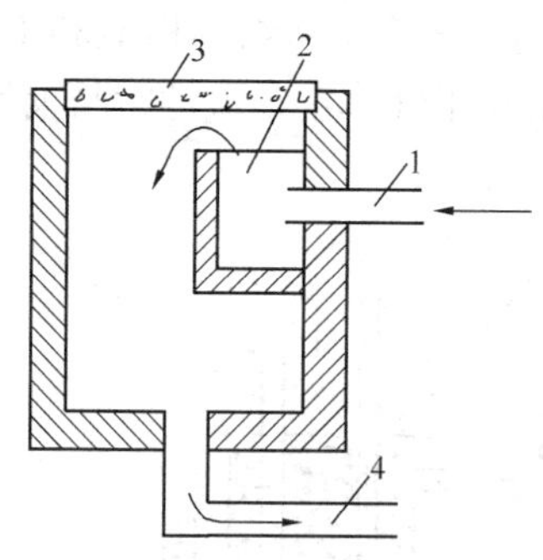

1—污水进口管；2—污水出口管；
3—井盖；4—增修的溢水槽

（*b*）

图 4-9　水封井的结构

（*a*）水封井；（*b*）增修溢水槽的水封井

（2）使用与管理要求

为保证水封井的阻火效果，水封井的水位高度不宜小于 250mm，当两个水封井之间的管道长度超过 300m 时，管道上应增设水封井。水封井应加盖，为了防止加盖出现蒸气聚集而导致事故，可采用增修溢水槽式水封井，或在下水道系统管道上设置通气管。冬季水封井应有防冻措施。

3）阻火器

阻火器是用于阻止可燃气体和易燃液体蒸气火焰蔓延的安全装置，结构比较简单，造价低廉，安装维修方便，应用比较广泛。

（1）应用范围

在下列系统中均应安装阻火器：输送可燃气体的管道；储存有石油及其产品的油罐呼吸阀；有爆炸危险的放空管口；油气回收系统；燃气加热炉的送气系统；火炬系统；内燃机的排气系统等。

（2）阻火机理

火焰在充满可燃混气的管道中传播时，如果管径变小，火焰传播速度就会因管壁的散热作用增强、自由基碰到器壁销毁的速度增加而减慢，当管径小到一定尺寸时，火焰在管子中则不能传播，即燃烧终止。不能传播火焰的管子最大临界直径称为消焰径，不同混合气体的消焰径不同，例如甲烷与空气的混合物，燃烧速度为 38.6cm/s 时，消焰径为 3.7mm，乙炔与空气的混合物，燃烧速度为 176.8cm/s 时，消焰径为 0.79mm。阻火器的设计是根据所处理的可燃气体的标准燃烧速度选取熄灭直径的。

（3）类型和结构

阻火器常用的结构形式有金属网型、波纹型、填料性等。

金属网阻火器如图 4-10 所示，是用若干具有一定孔径的金属网把空间分隔成许多小孔隙，阻火网是以直径为 0.4mm 的铜丝或钢丝支撑，网孔一般为 210～250 孔/cm^2。对于一般有机溶剂采用 4 层金属网已可阻止火焰扩展，通常采用 6～12 层。

波纹金属片阻火器如图 4-11 所示，是由交叠放置的波纹金属片组成的有正三角形孔隙的方形阻火器，或将一条波纹带与一条扁平带绕在一个芯子上，组成圆形阻火器。带的材料一般为铝材，亦可用铜等其他金属，厚度为 0.05～0.07mm，波纹带正三角形孔隙的高度为 0.43mm。

砾石阻火器如图 4-12 所示，是用砂粒、卵石、玻璃球或铁屑、铜屑等作为填充材料，这些阻火介质使阻火器内的空间被分隔成许多非直线性小孔隙，当可燃气体发生倒燃时，这些非直线性微孔能有效地阻止火焰的蔓延，其阻火效果比金属网阻火器更好。阻火介质可采用直径 3～4mm 的砾石，也可用小型金属环、陶土环或玻璃球等。在直径为 150mm 的管内，砾石的厚度为 100mm 时，即可防止各种溶剂蒸气火焰的蔓延。若为阻止二硫化碳的火焰，则需要 200mm 的砾石层厚度。

（4）使用与管理要求

阻火器在使用中应有严格的检查制度。要定期检查、检修、置换，以保持阻火器的阻火效果。阻火器的阻火层被冻结往往会直接影响阻火器性能，因此冬季应采取防冻措施。

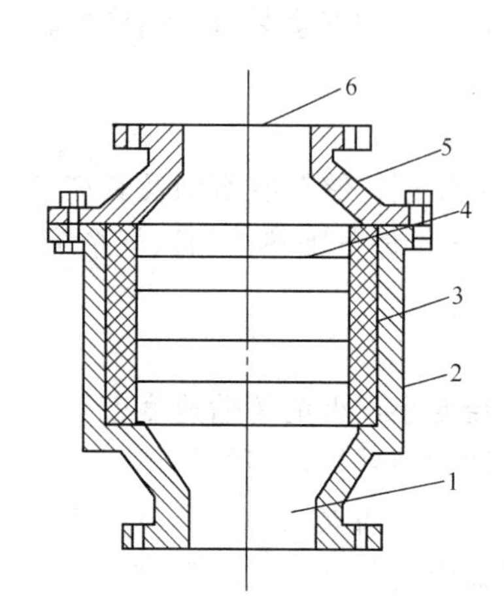

图 4-10　金属网阻火器
1—阀体；2—金属网；3—垫圈；4—上盖；5—进口；6—出口

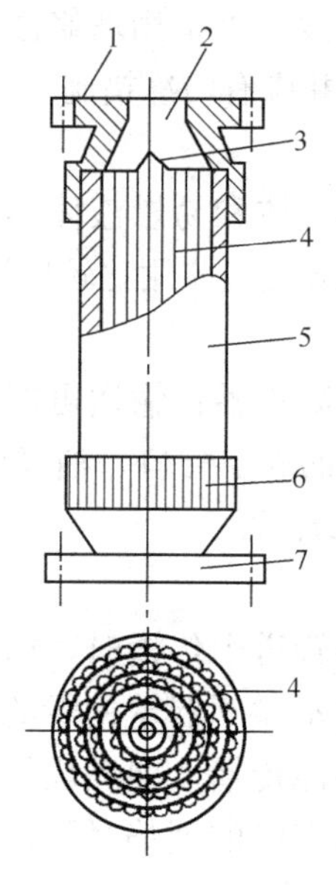

图 4-11　波纹金属片阻火器
1—上盖；2—出口；3—轴芯；4—波纹金属片；5—外壳；6—下盖；7—进口

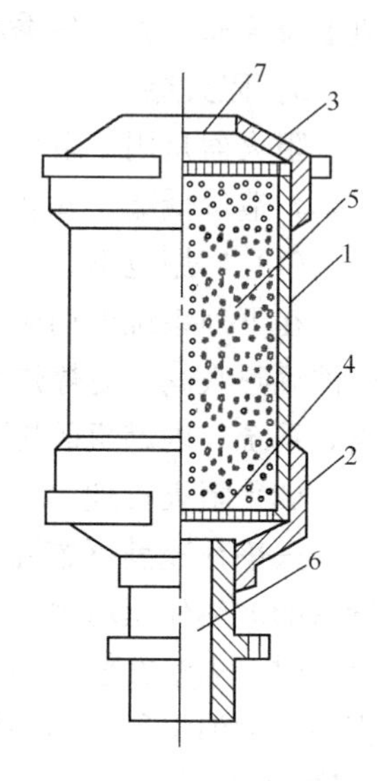

图 4-12　砾石阻火器
1—外壳；2—下盖；3—上盖；4—砂粒；5—进口 6—出口

4）阻火闸门

阻火闸门是为防止火焰沿通风管道或生产管道蔓延而设置的阻火装置。

（1）工作原理

正常条件下，阻火闸门受易熔金属元件的控制，处于开启状态。一旦处于着火状态，由于温度升高使易熔金属元件熔化，闸门便自动关闭。低熔点合金一般采用铅、锡、镉、汞等金属制成，也可用赛璐珞、尼龙等塑料材料制成，以其受热后失去强度的温度作为阻火闸门的控制温度。易熔金属元件通常做成环状或条状，塑料元件通常做成条状或绳状。发生火灾时易熔金属或塑料在高温作用下，迅速熔断或失去强度，阻火闸门动作而将管道封闭。

（2）结构类型

阻火闸门常见的有旋转式、跌落式和手动式三种。旋转式阻火闸门是在易熔元件熔断后，阻火闸板在重锤作用下翻转而将管道封闭，如图 4-13 所示。跌落式阻火闸门则是在易熔元件熔断后，闸板在自身重力作用下自动跌落而将管道封闭，如图 4-14 所示。手控阻火闸门多安装在操作岗位附近，以便于控制。

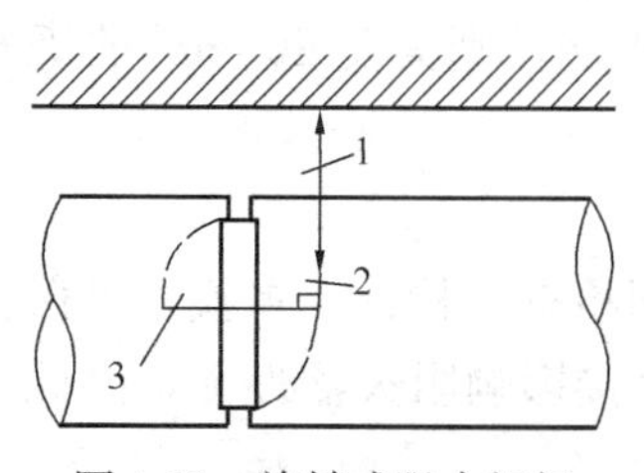

图 4-13　旋转式阻火闸门
1—易熔元件；2—重锤；3—阻火闸板

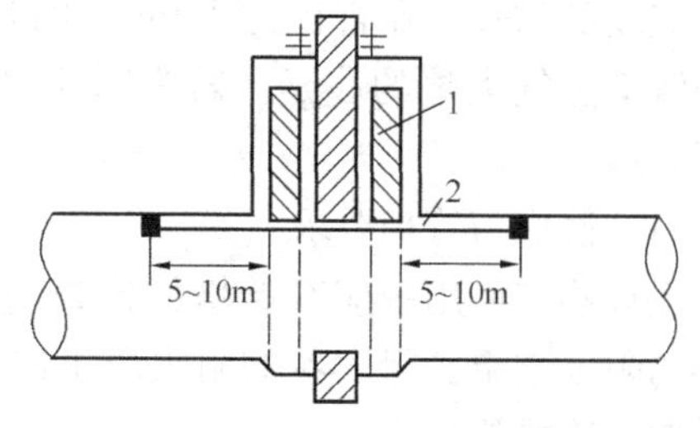

图 4-14　跌落式阻火闸门
1—阻火闸板；2—易熔元件

5）单向阀

单向阀又称逆止阀、止回阀，其作用是仅允许可燃气体或液体向一个方向流动，遇有回流时即自行关闭，从而避免在燃气或燃油系统中发生流体倒流，或高压窜入低压造成容器管道的爆裂，或发生回火时火焰的倒袭和蔓延等事故。

（1）应用范围

在工业生产上，单向阀通常设置在：低压系统和高压系统的连接处；通往燃烧室的可燃气体管线上；在水、水蒸气、空气等辅助管线与可燃气体、易燃液体管线相连接的管线上，如果生产过程是连续的，为防止异常情况下倒流，应在辅助管线上装单向阀；两台设备如果共用一条有压出气或进气管线，应在每台设备的出气（或进气）阀前安装单向阀；在气体压缩机、油泵和停电时不能倒流的泵出口处等。

（2）结构类型

工业上常用的单向阀有升降式、旋启式（摇板式）、弹簧式和球式等。如图 4-15 所示。

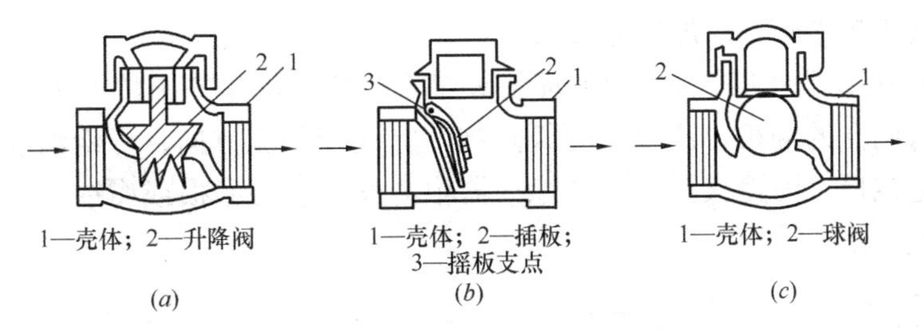

图 4-15 单向阀的类型示意图

（*a*）升降式单向阀；（*b*）旋启式单向阀；（*c*）球式单向阀

升降式单向阀又称圆盘式单向阀，构造如图 4-16 所示。阀杆固定在陶芯上，阀盖上有导向槽，可使阀杆沿导向槽上下滑动，同时带动阀芯上下运动，起到开启或关闭管道的作用。

旋启式单向阀又称摇板式或摆动式单向阀，其构造如图 4-17 所示。阀室内有一个可以摆动的摆杆，其一端固定在阀芯上部的摆轴上，另一端用螺丝与阀芯固定起来，使阀芯随着摆动。当介质逆向流动时，阀芯便被压在阀座上，阻止介质倒流。

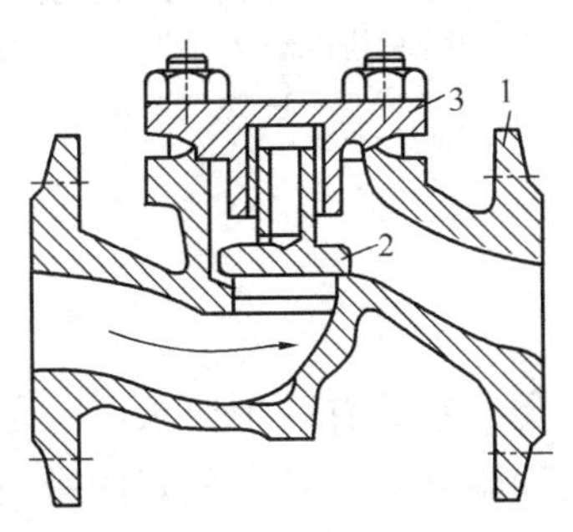

图 4-16 升降式单向阀

1—阀体；2—阀芯；3—阀盖

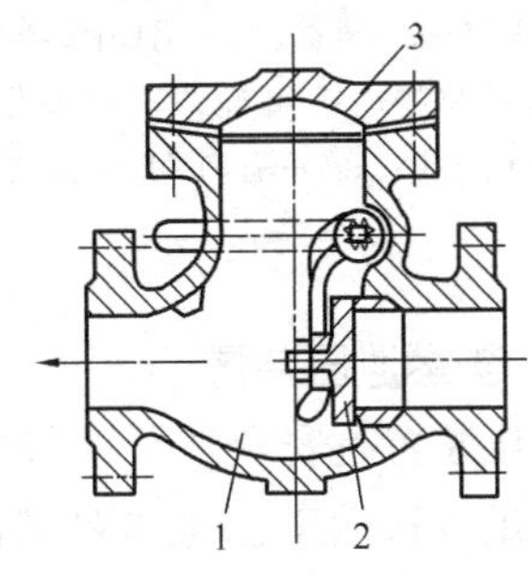

图 4-17 摇板式单向阀

1—阀体；2—旋起阀芯；3—阀盖

弹簧式单向阀在结构上与升降式单向阀基本相同，所不同的是在短阀杆的上端安装了一个弹簧。由于弹簧力的作用，可使阀芯与阀座结合更加严密。

安装各种单向阀时，必须注意阀体上箭头的方向，箭头应当顺着介质流动的方向，不要反装。

6）火星熄灭器

火星熄灭器又称防火帽，通常安装在产生火星设备的排空系统，以防止飞出的火星引燃周围的易燃易爆介质。

火星熄灭的基本方法有：将带有火星的烟气从小容积引入大容积，使其流速减慢、压力降低、火星颗粒沉降下来；设置障碍，改变烟气流动方向，增大火星流动路程，使火星熄灭或沉降；设置网格或叶轮，将较大火星挡住或分散，以加速火星熄灭；用水喷淋或水蒸气熄灭火星。

锅炉烟囱或其他使用鼓风机的烟囱，可以在其顶部安装带旋转叶轮的火星熄灭装置，其结构如图4-18所示。当烟气进入火星熄灭装置时，便冲击叶轮使其旋转，在叶轮上方有挡烟圆板，可使烟气流动的方向由向上改为旋转。叶轮还可将较大颗粒的火星击碎，以加速熄灭。

安装在汽车发动机排气管上的简易火星熄灭器结构如图4-19所示。其内部装有三层带有网孔的隔板，废气受隔板阻挡，除改变气流方向、降低温度外，还能使废气流速减慢，消除火星。火星熄灭器中的丝网较易磨损或腐蚀，应注意及时清理或更换。

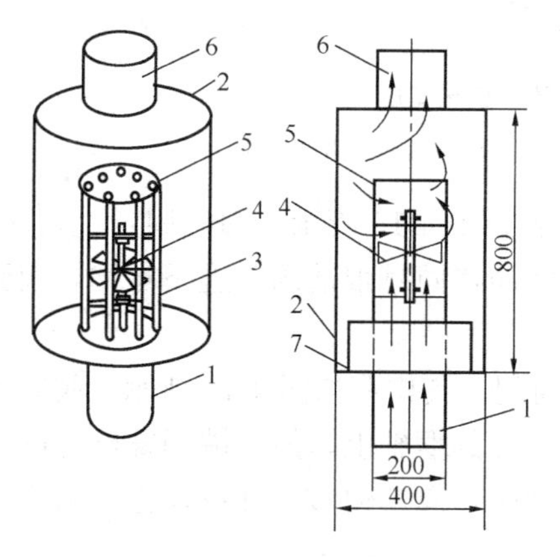

图4-18　锅炉用火星熄灭装置

1—烟气进口；2—外壳；3—用以固定叶轮和挡烟圆板的格栅；4—叶轮；5—挡烟圆板；6—烟气出口；7—有门的除灰渣口

图4-19　汽车用火星熄灭器

1—网格；2—废气出口；3—铁丝；4—废气进口

4.8.2　防爆泄压装置

防爆泄压装置是安全装置中最主要的一类。对其有两个要求：一是选用的安全装置要满足设备的工艺操作要求，如压力和温度等，且有良好的密封性，其所用的材料要适应包括黏性大、毒性大、腐蚀性强、压力有波动等介质；二是安全装置的结构要能及时迅速排放容器内介质，泄压反应快、动作及时、无明显的滞后现象，从定量上要求装置的排气量大于安全泄放量。防爆泄压装置包括安全阀、爆破片、放空管等。

1）安全阀

安全阀是为了防止设备和容器内非正常压力过高引起爆炸而设置的，主要用于防止物理性爆炸（如锅炉、蒸馏塔等的爆炸），也用于防止化学性爆炸（如乙炔发生器的乙炔受压分解爆炸）。其作用是：排放泄压和报警。当容器和设备内的压力升高超过安全规定的限度时，安全阀自动开启，迅速排除设备内的部分介质，降低压力至正常值再自动关闭。安全阀开启向外排放介质时，产生动力声响起到报警的作用。

（1）特点和应用范围

安全阀仅用于排放容器或系统内高出设定压力的部分介质，在压力降至正常值后能自动复位，容器或系统仍可继续运行。但存在密封性较差，会有微量泄漏，有滞后现象，不能适应要求快速泄压的场合，对黏性或含固体颗粒的介质，可能造成堵塞或粘连而影响使用。

安全阀适应下列设备：顶部操作压力大于 0.07MPa 的压力容器；顶部操作压力大于 0.03MPa 表压的蒸馏塔、蒸发塔和汽提塔（塔顶蒸汽通入另一蒸馏塔者除外）；往复式压缩机各段出口或电动往复泵、齿轮泵、螺杆泵等容积式泵的出口（设备本身已有安全阀者除外）；凡与鼓风机、离心式压缩机、离心泵或蒸汽往复泵出口连接的设备不能承受最高压力时，上述机泵的出口；可燃的气体或液体受热膨胀，可能超过设计压力的设备。

（2）工作原理和结构类型

安全阀按照作用原理有杠杆式和弹簧式两种类型，其结构如图 4-20 所示。表 4-30 是它们的比较。按照阀瓣的开启高度，可将安全阀分为微启式和全启式。微启式开启高度一般小于阀孔直径的 1/20，全启式开启高度不小于阀孔直径的 1/4。全启式适应于气体泄放或排量较大场合，微启式则用在压力不高、排量不大的场合。按照气体排放方式，安全阀可分为全封闭、半封闭和敞开式等。全封闭式将排放气体全部经泄放管排放，主要用于有毒、易燃介质容器。

安全阀的类型与工作原理 **表 4-30**

类型	工作原理	结构特点	适用范围
杠杆式	利用重锤和杠杆对阀瓣施加压力，以平衡介质作用在阀瓣上的正常工作压力	结构简单，调整容易、正确，比较笨重，对振动敏感，回座压力较低	压力不高而温度较高的场合
弹簧式	利用压缩弹簧的弹力施加于阀瓣，以平衡介质作用在阀瓣上的正常工作压力	结构紧凑，灵敏度高，对振动的敏感性差，开启滞后，弹力受高温影响	温度不高而压力较高的场合

（3）安装要求和维护

设置安全阀应符合下列规定：

① 安全阀应垂直安装。安全阀与承压设备应直接垂直地装在设备的最高位置。

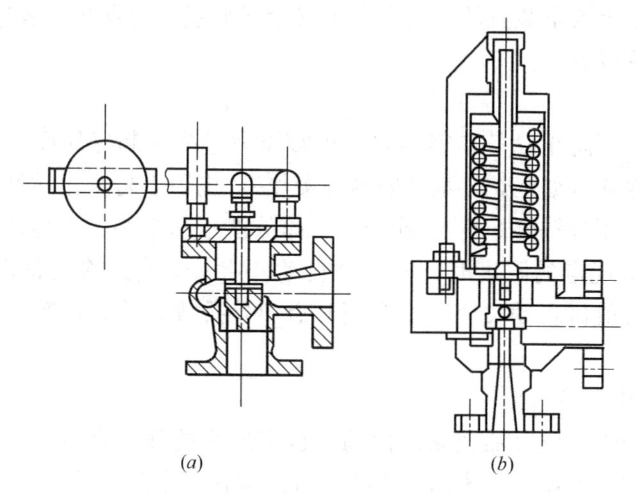

图 4-20 安全阀的结构
(a) 杠杆式安全阀；(b) 弹簧式安全阀

设备内有两相介质时，安全阀应装设在设备气相部分。安全阀与承压设备之间不得装有任何阀门或引出管，但介质易燃、有毒或黏性大时，可在设备和安全阀之间安装截止阀，以便于安全阀的更换和清洗，但正常运行时截止阀必须保持全开状态，并加铅封。

② 安全排放。根据介质的不同性质采取相应的安全排放措施。可燃液体设备的安全阀出口泄放管应接入事故储罐、污油罐或其他容器；泵的安全阀出口泄放管宜接至泵的入口管道、塔或其他容器。可燃气体设备的安全阀出口泄放管应直接接至火炬系统或其他安全泄放设施；泄放可能携带腐蚀性液滴的可燃气体，应经过分液罐后接至火炬系统。泄放后可能立即燃烧的可燃气体或可燃液体，应经冷却后接至放空设施或事故储罐。室内的设备如蒸馏塔、可燃气体压缩机的安全阀、放空口宜引出房顶，并高于房顶 2m 以上。

③ 保持畅通稳固，防止腐蚀冻结。安全阀的进口和排放管应保持通畅，安全阀安装时应稳固可靠。安全阀和排放管要有防雨雪和尘埃侵入的措施。

④ 注意维护保养。安全阀每年至少要做一次定期校验。保持清洁，防止腐蚀、油污、脏物堵塞安全阀。杠杆式安全阀应有防止重锤自动移动的装置和限制杠杆越出的导架；弹簧式安全阀应有防止随便拧动调整的铅封装置；静重式安全阀应有防止重片飞脱的装置。

2）爆破片

爆破片又称防爆膜、泄压膜，是一种防止压力急剧增加导致设备破裂的防爆泄压装置，主要用于防止化学性爆炸，通常设置在密闭的受压容器或管道上。当设备内物料发生异常反应导致压力超过设定压力时能自动破裂，释放流体介质以降低设备内压力，防止设备破裂。

（1）特点和应用范围

爆破片装置属于一种断裂型安全泄压装置，该装置在容器超压后，爆破片首先破裂，迅速排除容器内介质而达到泄压目的。因此，爆破片与安全阀不同，不能回复原来状态，造成操作中断，但是它具有密封性好、反应迅速、灵敏度高、泄放量大，对黏性大、腐蚀性强的介质也能适应。因此爆破片的另一个作用是，如果压力容器的介质不洁净、易于结晶或聚合，这些杂质或结晶体有可能堵塞安全阀，使得阀门不能按规定的压力开启，失去了安全阀泄压作用，在此情况下就只得用爆破片作为泄压装置。

爆破片主要使用在：存在爆燃或异常反应使压力瞬间急剧上升突然超压或发生瞬时分解爆炸的设备（弹簧式安全阀如果安装在这种设备上会由于惯性而不适用）；不允许介质有任何泄漏的设备（例如工作介质为剧毒气体或在可燃气体或蒸气里含有剧毒气体的压力容器，各种形式的安全阀一般总有微量的泄漏，难免会污染环境）；运行中产生大量的沉淀或黏性附着物，妨碍安全阀正常动作的设备；气体排放口径＜12mm 或＞150mm，而要求全量泄放或全量泄放时毫无阻碍的设备。

（2）工作原理和结构类型

爆破片装置主要由爆破片与夹持器组成，爆破片是其爆破元件，夹持器起固定爆破片作用。按爆破片的断裂特征和形状可分为拉伸正拱型、失稳反拱型、剪切平板型和弯曲平板型四种类型，如图 4-21 所示。它们的类型和特点见表 4-31。

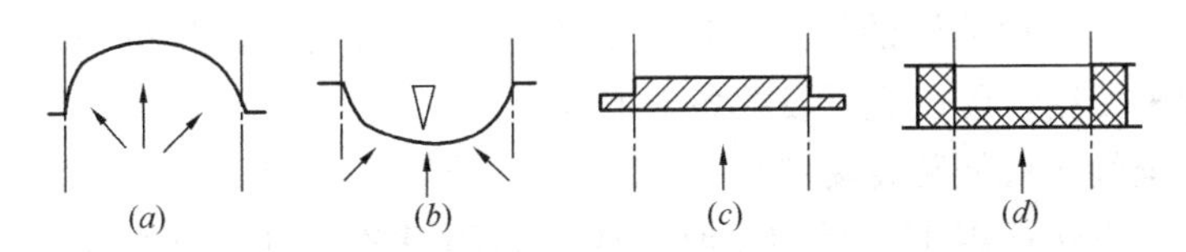

图 4-21 爆破片示意图

(a) 拉伸正拱型；(b) 失稳反拱型；(c) 剪切平板型；(d) 弯曲平板型

主要类型爆破片的原理和特点　　表 4-31

类型	拉伸正拱型	失稳反拱型	剪切平板型	弯曲平板型
结构特点	膜片呈拱形凸起，凹面侧受压后，膜片仅受拉伸压应力。介质达到爆破压力时，拱顶中央首先破裂	膜片呈拱形，凸面侧受压后，膜片仅受压缩应力。介质达到临界压力时，膜片拱顶失稳翻转，被背置刀刃割裂或自行破裂	膜片为平板形，受载后，沿加持周边被剪切破坏	膜片为平板形，由脆性材料（铸铁、石墨等）制成，受载后膜片因弯曲破坏
有无碎片	无	无	有	有
压力范围	中、高、超高压	低、中	低	低
相态要求	气、液	气	气、液	气、液
耐疲劳性	良	好	差	差
爆破精度	高	高	中	低
阻力大小	中	大	小	小
加工难易	难	难	易	易
应用范围	广泛	低压或大直径操作波动性大	低压	有腐蚀性低压

（3）安全使用与维护

设置爆破片应符合下列规定：

① 爆破片安装要可靠，夹持器和垫片表面不得有油污，夹紧螺栓应上紧，防止膜片受压后滑脱。

② 爆破片的材料有石棉板、塑料、铅、铜、橡皮、碳钢、不锈钢等，应根据不同设备的工作介质、压力、温度等技术参数，合理选择。例如压力较小的设备，可用石棉板、塑料板、橡胶板等材料；操作压力较高的设备，可用铝板、铜板等材料，但不宜采用铁板，以免破裂时产生火花引起易燃易爆物质燃烧或爆炸。

③ 容器运行中应经常检查法兰连接处是否泄漏。

④ 排放易燃、有毒介质的爆破片，其排放口应安装放空导管，并接至火炬等安全地点。

⑤ 爆破片应定期更换，一般是6个月或12个月更换一次，对于容器超压但未破裂以及正常运行中有明显变形的膜片应立即更换。

3）组合型防爆泄压装置

安全阀具有动作后回复的优点，但不能完全密封，不适合黏稠物料；爆破片则有排放量大、密封性好的特点，但是破裂后不能恢复。因此在一些特殊场合将两者组合起来使用，可以充分发挥各自的优点。

（1）安全阀入口处装设爆破片

这种安装方法适用于密封和耐腐蚀要求高的设备，以及黏污介质。爆破片对安全阀起保护作用，安全阀也可使容器暂时继续运行。

（2）安全阀出口处装设爆破片

这种安装方法适用于介质是昂贵气体或剧毒气体，且无黏性物质，或者容器内压力有脉动的场合，安全阀对爆破片起稳压和爆破片防止安全阀泄漏的作用。

（3）容器上同时安装弹簧式安全阀和爆破片

这种安装方法将安全阀作为一级泄放装置，当因物理原因超压时，由安全阀排放；爆破片作为二级泄放装置，当因化学反应原因急剧超压时，由爆破片与安全阀共同排放。这种结构适用于保护露天装置或半敞开式厂房内的设备，当设备爆炸压力升高，爆破片破裂，待爆炸气体泄放之后，安全阀立即关闭，以免继续外泄或空气进入造成危险。

4）放空管

放空管是一种管式排放泄压安全装置。危险性较大的石化生产设备上，应设置自动或手动紧急放空管，以防因物料急剧反应、分解等造成超温、超压、爆炸等恶性事故。

放空管具有两种功能：正常生产时起到放空尾气的作用，也就是将生产过程中产生的一些废气及时排放；紧急状态下起到排放泄压的作用，也就是事故放空用。

放空管在安装和使用过程中具有特殊的要求：易于被排放物料堵塞的放空管，可用爆破片代替控制阀门，也可采用水蒸气清扫或保温、伴热措施，以保证放空管通畅；当紧急放空管与安全阀组合连接且放空量较大时，应设置通往火炬系统的放空管线；经常排放有着火爆炸危险物料的放空管，其管口顶部应安装阻火器，或在管口下部设置水蒸气或氮气管线，以防回火；排放易燃易爆、有毒或剧毒介质的放空管，其出口应高出周围设备或建筑物顶部 2m 以上，且管口应在防雷保护范围之内；当放空气体流速较大时，放空管应有良好的静电接地设施。

4.8.3 指示装置

用于指示系统的压力、温度和水位的装置为指示装置。它使操作者能随时观察了解系统的状态，以便及时加以控制和妥善处理。常用的指示装置有压力表、温度计和水位计（或水位龙头）。压力表的使用应注意下列几点。

（1）应经常注意检查指针转动与波动是否正常，如发现有指示不正常的现象时，应立即停止使用，并报请维修。

（2）压力表应保持洁净，表盘上的玻璃明亮清晰，指针所指示的压力值能清楚易见。安全检查的情况表明，许多单位的压力表没有达到这一要求，有的表盘刻度模糊不清，有的表盘上没有指针，失去了压力表的作用。

（3）压力表的连接管要定期吹洗，防止堵塞。

（4）压力表应定期校验。

4.9 灭火措施

火灾总是不可能完全避免的，火灾发生后如何有效地进行扑救，关键在于正确选择和使用各种灭火剂及灭火器材。灭火剂是指能够有效地破坏燃烧条件，使燃烧中止的物质。简言之，灭火剂就是用来灭火的物质。无论哪类火灾，只要扑救及时，方法正确，充分发挥好灭火剂的灭火作用，就可能迅速地将其扑灭。迅速及时合理地使用灭火剂，能有效减小火灾的损失。

现代灭火剂的发展很快，不仅在品种上日趋繁多，而且在质量上不断提高，朝着高效、低毒、通用的方向发展。灭火剂按灭火原理分为物理灭火剂（如水、泡沫、二氧化碳等）和化学灭火剂（如干粉、卤代烷等），按物质形态分为气体灭火剂（如二氧化碳、卤代烷等）、液态灭火剂（如水、泡沫等）和固态灭火剂（如干粉、G-1 粉等）。

4.9.1 消防用水

1）水的灭火原理

（1）冷却作用

冷却是水的主要灭火作用。试验证明，若将 1kg 常温下的水（20℃）喷洒到火源处，使水温升至 100℃，则要吸收 335kJ 的热量，若再将其汽化，变成 100℃的水蒸气，又能吸收 2259kJ 的热量。因此当水与炽热的燃烧物接触时，在被加热和汽化的过程中，就会大量吸收燃烧物的热量，迫使燃烧物的温度大大降低而最终停止燃烧。

（2）对氧的稀释作用

水遇到炽热的燃烧物会被加热和汽化，产生大量的水蒸气。1kg 水汽化后可生成 1700L 水蒸气，体积急剧增大，大量水蒸气的产生，将排挤和阻止空气进入燃烧区，从而降低了燃烧区内氧气的含量。试验证明，当空气中的水蒸气体积含量达35%时，大多数燃烧就会停止。1kg水变成水蒸气时的抑燃空间可达$5m^3$，因此，水有良好的窒息灭火作用。

（3）对水溶性可燃液体的稀释作用

水溶性可燃液体发生火灾时，在允许用水扑救的条件下，水与可燃液体混合后，可降低它的浓度，因而降低了蒸发速度和燃烧区内可燃气体的浓度，使燃烧强度减弱。当水溶性可燃液体被水稀释到可燃浓度以下时，燃烧即自行停止（水的稀释灭火作用只适用于容器中贮有少量水溶性可燃液体的火灾，或浅层的水溶性可燃液体溢流引起的火灾）。

（4）水的乳化作用

非水溶性可燃液体的初起火灾，在未形成热波之前，以较强的水雾射流或滴状射流灭火，可在液体表面形成"油包水"型乳液，乳液的稳定程度随可燃液体黏度的增加而增加，重质油品甚至可以形成含水油泡沫。水的乳化作用可使液体表面受到冷却，使可燃蒸气产生的速率降低，致使燃烧中止。

（5）水力冲击作用

在机械力的作用下，直流水枪射出的密集水流具有强大的冲击力和动能。高压水流强烈地冲击燃烧物和火焰，可以冲散燃烧物，将可燃物与点火源隔离开来，使燃烧强度显著减弱；水还可以冲断火焰，使之熄灭。

2）水流形态及在灭火中的应用

（1）直流水和开花水（滴状水）

通过水泵加压并由直流水枪喷出的柱状水流称为直流水，由开花水枪喷出的滴状水流称为开花水，开花水的水滴直径一般大于100μm。直流水的特点是水流密集、射程远、冲击力大；效率低、破坏力大、水渍损失大。直流水和开花水可用于扑救下列物质火灾：

① 一般固体物质火灾，如木材、纸张、粮草、棉麻、煤炭、橡胶等的火灾。

② 直流水能够冲击、渗透到可燃物质的内部，故可用来扑救阴燃物质的火灾。

③ 闪点在120℃以上，常温下呈半凝固状态的重油火灾。

④ 利用直流水的冲击力量切断或赶走火焰，扑救石油和天然气井喷火灾。

（2）雾状水

由喷雾水枪喷出、水滴直径小于100μm的水流称为雾状水。雾状水的特点主要有汽化速度快，窒息作用强；降温速度快，冷却作用强；冲击乳化作用强。可用喷雾水流进行扑救的火灾有：

① 重油或沸点高于80℃的其他油产品火。

② 粉尘火灾，纤维物质、谷物堆囤等固体可燃物质火灾。

③ 带电的电气设备火灾。如油浸电力变压器，充有可燃油的高压电容器油开关、发电机、电动机等。

（3）水蒸气

水蒸气的灭火用途如下：

① 对于汽油、煤油、柴油和原油等可燃液体，当燃烧区的水蒸气浓度达到

35%以上时，燃烧就会停止。

② 利用水蒸气扑救高温设备火灾时，不会引起高温设备的热胀冷缩的应力和变形，因而不会造成高温设备的破坏。

③ 在常年有蒸气源供汽的场所或工矿企业，可以利用水蒸气灭火。水蒸气主要适用于容积在 $500m^3$ 以下的密闭厂房、容器以及空气不流通的地方或燃烧面积不大的火灾，特别适用于扑救高温设备和煤气管道火灾。

3）水灭火的禁忌

（1）不能用水扑救遇水燃烧物质的火灾。

（2）在一般情况下，不能用直流水来扑救可燃粉尘火灾。

（3）在没有良好的接地设备或没有切断电源的情况下，一般不能用直流水来扑救高压电气设备火灾。

（4）某些高温生产装置设备着火时。

（5）贮存大量浓硫酸、浓硝酸场所火灾。

（6）轻于水且不溶于水的可燃液体火灾，不能用直流水扑救。

（7）熔化的铁水、钢水引起的火灾，在铁水或钢水未冷却时，不能用水扑救。

（8）不宜用直流水扑救橡胶、褐煤等粉状产品的火灾。

4.9.2 泡沫灭火剂

泡沫灭火剂是把泡沫剂的水溶液与空气或二氧化碳混溶，通过化学反应或机械方法产生泡沫进行灭火的药剂。

1）泡沫灭火剂的分类与组成

泡沫灭火剂按发泡机理分为化学泡沫、空气泡沫，按用途型号分为普通泡沫灭火剂、抗溶泡沫灭火剂、通用泡沫灭火剂，按发泡倍数分为低倍数泡沫（$n\leqslant 20$）、中倍数泡沫（$21\leqslant n\leqslant 200$）和高倍数泡沫（$n\geqslant 201$）。

泡沫液主要由发泡剂、泡沫稳定剂、助溶剂、抗冻剂、耐液剂和水等物质组成。

2）泡沫灭火剂灭火原理

泡沫是一种体积较小，表面被液体包围的气泡群，比重在 0.001～0.5 之间。由于泡沫的比重远远小于一般可燃液体的比重，因而可以漂浮于液体的表面，形成一个泡沫覆盖层。同时，泡沫又具有一定的黏性，可以粘附于一般可燃固体的表面。

（1）隔绝作用

泡沫层将燃烧物的液相与气相分隔，即阻止可燃物的蒸发，同时将可燃物与火焰区相分隔，灭火泡沫在燃烧物表面形成的泡沫覆盖层可使燃烧物与空气隔离，可以遮断火焰对燃烧物的热辐射，阻止燃烧或热解挥发，使可燃气体难以进入燃烧区。

（2）冷却作用

泡沫析出的液体对燃烧表面有冷却作用。

（3）窒息作用

泡沫受热蒸发产生的蒸气有稀释燃烧区氧气浓度的作用。

3）常用泡沫简介

（1）普通蛋白泡沫灭火剂

蛋白泡沫灭火剂的主要成份有水解蛋白、泡沫稳定剂、无机盐、抗冻剂、防腐剂等。蛋白泡沫的主要优点有成本低，对水质要求低，稳定性好，热稳定性好。蛋白泡沫的主要缺点是流动性较差，灭火速度较慢；抵抗油类污染的能力低，不能以液下喷射的方式扑救油罐火灾；不能与干粉灭火剂联合使用（其泡沫与干粉接触时，很快就被破坏）。其应用范围为非水溶性液体火灾如油田、飞机场等油类火灾；A类火灾和森林火灾；覆盖保护。

（2）氟蛋白泡沫灭火剂

氟蛋白泡沫灭火剂的主要成份有蛋白泡沫液成品（93%～99%）和氟碳表面活性剂溶液（1%～7%）。氟蛋白泡沫的主要优点有稳定性好、热稳定性好、流动性好、抗油类污染能力强、可液下喷射、可与干粉联用。其应用范围主要是扑救石油及石油产品等易燃液体的火灾（B类火灾）（油罐液下喷射）及飞机坠落火灾；也适用于扑救木材、纸张、棉、麻及合成纤维等固体可燃物的火灾（A类火灾），与蛋白泡沫相同。

（3）“轻水”泡沫灭火剂

“轻水”泡沫灭火剂的主要成份为氟碳表面活性剂和碳氢表面活性剂。“轻水”泡沫的主要优点有：泡沫和水膜双重灭火作用；表面张力和界面张力低，流动性好，灭火速度最快、灭火效率最高；抵抗油类污染的能力强，可以以液下喷射的方式扑救大型油罐火灾；能与干粉灭火剂联合使用。“轻水”泡沫的主要缺点是：稳定性差、析液时间短、热稳定性差、抗烧时间短、价格昂贵。其广泛适用于油田、炼油厂、油库、船舶、码头、飞机场、机库等。可用于灭醇、酯、醚、酮、醛、胺、有机酸等极性溶剂火灾和环氧丙烷等高极性可燃易燃液体火灾。

（4）抗溶泡沫灭火剂（以触变性多糖凝胶型抗溶泡沫灭火剂为例）

抗溶泡沫灭火剂的主要成份有触变性多糖、F-C表面活性剂、C-H表面活性剂以及其他溶剂等。其灭火原理主要是在液体表面形成连续固相薄膜，阻止了水溶性液体与泡沫的接触，即凝固的胶膜阻挡了水溶性液体对泡沫的破坏。抗溶性泡沫灭火剂的使用特点是可预混，可使用通用的泡沫设备，平缓施加避免直落液面或搅动液面。其适应范围为极性液体火灾、非极性液体火灾、A类火灾。

（5）低倍数泡沫灭火剂

低倍数泡沫灭火剂的含水量高，因此其灭火的冷却作用大一些。其主要应用范围是：保护油罐、矿井、船舱和储有可燃液体及可燃固体材料的仓库。也被广泛应用于飞机场，特别是用于覆盖飞机起落跑道。覆盖在飞机起落跑道上的泡沫可以防止飞机迫降时机轮滑行出现火花。因泡沫的水溶液有较好的导电性能，不得用于扑救电气设备火灾。

（6）中倍数泡沫和高倍数泡沫灭火剂

中倍数泡沫和高倍数泡沫灭火剂的主要成分有发泡剂、助溶剂和泡沫稳定剂。其灭火原理是迅速充满着火空间，使燃烧物与空气隔绝，火焰窒息，隔离、冷却、阻止火场热传递。高倍数泡沫灭火剂的应用特点是灭火强度大、速度快；水渍损失小，易恢复工作；无毒、无腐蚀性。其适用范围有：A 类火灾；非极性液体火灾；伴有烟气、毒气的有限空间火灾；地面大面积油品流淌火灾；封闭的带电设备场所的火灾，如地下坑道、飞机库、地下油库、车库、煤矿、船舶、地下室等有限空间；大面积非水溶性流散液体火灾。

4.9.3 干粉灭火剂

干粉灭火剂又称化学粉末灭火剂，是由一种或多种具有灭火功能的细微无机粉末和具有特定功能的填料、助剂共同组成的干燥、易于流动、可以用于灭火的固体粉末。

1）干粉灭火剂的分类

(1) 普通干粉灭火剂（BC 干粉）

普通干粉主要用于扑救可燃液体火灾、可燃气体火灾以及带电设备的火灾。

(2) 多用干粉灭火剂（ABC 干粉）

多用干粉不仅适于扑救可燃液体、可燃气体和带电设备的火灾，还适于扑救一般固体物质火灾。

2）干粉灭火剂的成分

干粉灭火剂一般是由基料和添加剂组成的。基料为灭火剂，其含量一般在90%以上；添加剂是用来改善基料物理性能的，其含量一般在10%以下。

普通干粉灭火剂有以碳酸氢钠为基料的碳酸氢钠干粉（又称小苏打干粉或钠盐干粉）、以碳酸氢钠为基料但又添加增效基料的改性钠盐干粉、以碳酸氢钾为基料的紫钾盐干粉、以氯化钾为基料的钾盐干粉、以硫酸钾为基料的钾盐干粉、以尿素与碳酸氢钾（或碳酸氢钠）反应物为基料的氨基干粉。这些干粉品种中，碳酸氢钠干粉的使用量最大，氨基干粉的灭火效率最高。

多用干粉灭火剂有以磷酸盐（碳酸二氢铵、磷酸氢二铵、磷酸铵或焦磷酸盐）为基料的干粉，以硫酸铵与磷酸铵盐的混合物为基料的干粉，以聚磷酸铵为基料的干粉。

3）干粉灭火剂的灭火作用

(1) 化学抑制作用

烃类物质燃烧时发生的连锁反应

$$RH + O_2 \longrightarrow H\cdot + 2O\cdot \text{（加热）}$$

$$H\cdot + O\cdot \longrightarrow OH\cdot$$

$$OH\cdot + RH \longrightarrow H_2O + R\cdot$$

$$O\cdot + RH \longrightarrow R\cdot + OH\cdot$$

当把干粉射向燃烧物时，粉粒便与火焰中的自由基接触而把它瞬时吸附在自己的表面，并发生如下反应：

$$M\text{（粉粒）} + OH\cdot \longrightarrow MOH$$

$$MOH + H\cdot \longrightarrow M + H_2O$$

通过上面反应，这些活泼的 $OH\cdot$ 和 $H\cdot$ 在粉粒表面结合形成了不活泼的水。所以借助粉粒的作用，可以消耗燃烧反应中的 $OH\cdot$ 和 $H\cdot$ 自由基。大量的粉粒以雾状形式喷向火焰时，火焰中的自由基被大量吸附和转化，使自由基数量急剧减少，致使燃烧的链反应中断，最终使火焰熄灭，粉粒的这种灭火作用称为抑制作用。

（2）其他灭火作用

使用干粉灭火时，喷出的粉末覆盖在燃烧物表面上，能构成阻碍燃烧的隔离层；浓云般的粉雾包围了火焰，可以减少火焰对燃料的热辐射；同时粉末受高温的作用，将会放出结晶水或发生分解，这样不仅可吸收部分热量，而且分解生成的不活泼气体又可稀释燃烧区内氧的浓度。当然这些作用对灭火的影响远不如抑制作用大。

4）干粉灭火剂的特点和适应范围

（1）特点

灭火效率高、速度快；导电性很低；无毒、对人畜无害；可用管道输送。但灭火时无降温、易复燃。

（2）适应范围

B类火灾；C类火灾；一般电气设备火灾。不适于金属火灾、阴燃火、精密仪器、贵重电气设备火灾等。

4.9.4　二氧化碳灭火剂

二氧化碳是一种不燃烧、不助燃的惰性气体。它易于液化，便于装罐和贮存，制造方便，是一种应用比较广泛的灭火剂。近年来，由于卤代烷灭火剂的使用限制，二氧化碳灭火剂的应用有扩大的趋势。

1）二氧化碳灭火剂的灭火机理

（1）窒息作用

二氧化碳的灭火作用主要是窒息作用。将二氧化碳施放到起火空间，由于二氧化碳的增加而使空间的氧气含量减小，当氧气的含量低于12%或二氧化碳的浓度达到30～35%时，绝大多数的燃烧都会熄灭。1kg的液体二氧化碳在常温常压下能生成500cm^3左右的二氧化碳气体，这些气体足以使1m^3空间范围内的火焰熄灭。

（2）冷却作用

当把二氧化碳从钢瓶中释放出来，由液体迅速膨胀为气体时，会产生冷冻效果，致使部分二氧化碳转变为固态的干冰。干冰迅速汽化的过程中，从火焰和周围环境吸热。

2）二氧化碳灭火剂的特点及适用范围

（1）特点

价格低、无污染、不导电；但灭火浓度高，有毒（6%～10%，突然作用可使人失去知觉；20%致死），贮气钢瓶的压力高（0℃，3.554MPa；20℃，5.84MPa；60℃，22.5MPa）。

（2）适应范围

电气设备火灾，如可燃油油浸电力变压器室，充装可燃油的高压电容器室，多油开关室，发电机房等；精密仪器、贵重设备火灾，如通信机房，大中型电子计算机房，电视发射塔的微波室，贵重设备室等；图书档案火灾，如图书馆、档案库、文物资料室、图书馆的珍藏室等；液体火灾或石蜡、沥青等可熔化的固体火灾；气体火灾；固体表面火灾及棉布、织物、纸张等部分固体深位火灾。

（3）不适用场所

自己能供氧的化学药品，如硝酸纤维、火药等；活泼金属及其氢化物，如锂、钠、钾、镁、铝、锑、钛、镉、铀、钚等；能自燃分解的化学物品，如某些过氧化物、联氨等；内部阴燃的纤维物。

4.9.5 其他灭火剂

1）卤代烷灭火剂

（1）卤代烷灭火剂的概念

卤代烷（Halon，哈龙）是以卤素原子取代烷烃分子中的部分或全部氢原子后得到的一类有机化合物的总称。一些低级烷烃的卤代物具有不同程度的灭火作用，这些具有灭火作用的低级烷烃卤代烷称为卤代烷灭火剂。卤代烷灭火剂属于化学灭火剂，主要有1211、1301等，具有灭火快、用量省、易汽化、无腐蚀、不导电、无污染、长期储存不变质等特点，应用范围较广。

（2）卤代烷灭火剂的灭火原理

卤代烷灭火剂灭火主要是化学抑制作用，在火焰的高温中卤代烷分解产生活性自由基Br·、Cl·等，参与物质燃烧过程中的化学反应，清除维持燃烧所必需的活性自由基OH·、H·等，生成稳定的分子H_2O、CO_2以及活性低的自由基R等，从而使燃烧过程中的链式反应中断而灭火。反应过程举例如下：

$$Br\cdot + H\cdot \longrightarrow HBr$$

$$HBr + OH\cdot \longrightarrow Br\cdot + H_2O$$

（3）卤代烷灭火剂的适用范围

卤代烷灭火剂适用的范围广泛，主要包括：可燃气体火灾，甲、乙、丙类液体火灾，可燃固体表面火灾，带电设备和电气线路火灾等。

但是卤代烷灭火剂对大气臭氧层有极强的破坏作用，根据《蒙特利尔议定书》及我国《淘汰哈龙战略》，我国消防行业2005年12月30日完成哈龙1211灭火剂的淘汰任务，2010年1月1日完全停止哈龙1301的生产和进口。目前，哈龙替代物主要有FM200（七氟丙烷）和IG541（烟络尽）等。

2）哈龙的替代气体灭火剂

（1）烟络尽灭火剂（IG541）

烟络尽灭火剂又称惰性气体灭火剂，是国际上20世纪90年代发展起来的一种新型灭火剂，具有清洁、无毒副作用、对人体无伤害、保护环境、灭火性能较好等特点。烟络尽灭火剂由氮气（50%）、氩气（42%）、二氧化碳（8%）混合而成，它是一种以窒息为灭火机理的灭火剂，通过减少火灾区域空气中氧的含量，从而达到灭火的目的。烟络尽灭火剂可以扑灭A、B、C类火灾，但是对D类火灾及含有氧化剂的化合物以及金属氧化物引起的火灾无效。

（2）七氟丙烷灭火剂（FM200）

七氟丙烷灭火剂是近几年发展的洁净气体灭火剂的一种，也是我国公安部推荐采用的。它是一种无色无味的气体，不含溴和氯元素，化学分子式为CF_3CHFCF_3。

灭火机理是物理和化学作用参半，物理作用主要是冷却，化学作用是抑制链式反应，灭火效能与卤代烷 1301 相类似，对 A 类和 B 类火灾均能起到良好的灭火作用。

3）金属灭火剂

（1）原位膨胀石墨灭火剂（石墨粉）

原位膨胀石墨灭火剂是石墨层间化合物，其主要成分是原位膨胀石墨粉末，是一种新型灭钠火的高效灭火剂，具有不污染环境、易于储存、喷洒方便、易于清除灭火后钠表面上的固体物和回收未燃烧的剩余钠等优点。当原位膨胀石墨灭火剂喷洒在着火的金属上面时，灭火剂中的反应物在火焰高温的作用下，迅速呈气体状态逸出，使石墨体积迅速膨胀，且化合物的松装密度低，能在燃烧金属的表面形成海绵状的泡沫。与燃烧金属接触部分则被燃烧金属润湿，生成金属碳化物或部分生成石墨层间化合物，瞬间造成了与空气隔绝的耐火膜，达到迅速灭火的效果。原位膨胀石墨灭火剂主要应用于扑救金属钠等碱金属火灾和镁等轻金属火灾。

（2）7150 灭火剂

7150 灭火剂的化学名称为三甲氧基硼氧六环，其化学式为 $(CH_3O)_3B_3O_3$，是一种无色透明液体。7150 灭火剂是可燃的，而且热稳定性较差，当它以雾状被喷到燃烧着的炽热轻金属上时，即发生分解反应、燃烧反应，能很快耗尽金属表面附近的氧，而且所生成的硼酐 B_2O_3 在燃烧温度下熔化成玻璃状液体，流散在金属表面及其缝隙中，形成一层硼酐隔膜，使金属与大气隔绝，从而使燃烧窒息。7150 灭火剂主要充灌在储压式灭火器中，用于扑救镁、铝、镁铝合金、海绵状钛等轻金属的火灾。

（3）金属火灾灭火注意事项

金属发生火灾后，由于温度高，常用的一些灭火剂会分解而失去作用，甚至使火灾发展更加猛烈，所以应慎重选择灭火剂。原位膨胀石墨灭火剂、7150 灭火剂是较为理想的灭火剂，干砂、干粉、石粉、干的食盐、干的石墨等也能收到好的灭火效果。氩、氦对镁、钛、锂、锆等金属火灾有很好的焖熄作用。但金属火灾灭火时需要注意以下几点：

① 镁、锂火灾不得用干砂扑救。

② 金属锂的火灾不可用碳酸钠干粉或食盐扑救。

③ 金属铯能与石墨反应生成铯碳化物，因此金属铯不能用石墨扑救。

④ 任何金属粉末火灾扑救时，均不能使粉尘飞扬起来，否则会形成更危险的粉尘爆炸。

4.9.6　灭火器

初起火灾的范围小，火势弱，是扑救火灾的最佳时机。灭火器是在内部压力作用下，能将所充装的灭火剂喷出，并可由人力移动的器具。由于其结构简单、轻便灵活，易操作的特点，作为扑救初起火灾的有效措施被广泛使用于各类场所。合理配置灭火器，对扑救初起火灾，减少火灾损失，保护人身和财产的安全提供了可靠的保障。

1）灭火器选择应考虑的因素

（1）灭火器配置场所的火灾种类

根据灭火器配置场所的性质以及其中可燃物的种类，可判断该场所有可能发生哪一种类的火灾，然后进行灭火器的选择。如果选择不合适的灭火器扑救火灾，不仅有可能灭不了火，而且还可能引起灭火剂对燃烧的逆化学反应，甚至还会发生爆炸事故。

另外，对碱金属（如钾、钠）火灾，不能用水型灭火器。因为水与碱金属作用后，生成大量氢气，与空气混合后，容易引起爆炸。

（2）灭火器配置场所的危险等级

工业建筑灭火器配置场所的危险等级根据其生产、使用、储存物品的火灾危险性，可燃物数量，火灾蔓延速度，扑救难易程度等因素，划分为严重危险级、中危险级和轻危险级共三级。民用建筑灭火器配置场所的危险等级根据其使用性质，人员密集程度，用电用火情况，可燃物数量，火灾蔓延速度，扑救难易程度等因素，划分为严重危险级、中危险级和轻危险级共三级。

（3）灭火器的灭火效能和通用性

尽管几种类型的灭火器均适用于同一种类的火灾，但它们在灭火剂用量和灭火速度即灭火有效程度上有明显的差异，选择时应充分考虑灭火器的灭火效能和通用性。

（4）灭火器对保护物品的污损程度

为了保护贵重物资与设备免受不必要的污损，灭火器的选择应考虑其对被保护物品的污损程度。例如，对于扑救电子计算机房火灾，干粉灭火器和卤代烷灭火器都非常有效，但考虑到被保护对象是电子计算机等精密设备，用干粉灭火后，其所残留的粉状覆盖物对仪表设备有一定的腐蚀作用和粉尘污染，而且也难以清洁；而选用气体灭火器去灭火，则灭火后不仅没有任何残迹，而且对设备也没有污损和腐蚀作用。

（5）灭火器设置点的环境温度

灭火器设置点的环境温度对灭火器的喷射性能和安全性能均有明显影响。若环境温度过低，则灭火器的喷射性能显著降低；若环境温度过高，则灭火器的内压剧增，灭火器会有爆炸伤人的危险。因此，灭火器设置点的环境温度应在灭火器使用温度范围之内。

（6）使用灭火器人员的体能

灭火器是靠人来操作的，要为某一建筑场所配置适用的灭火器，首先应对建筑物内的工作人员的体能进行分析，充分考虑其年龄、性别、体质、身手敏捷程度等，然后再正确选择灭火器的类型、规格、型式。如钢铁厂大部分是体质强壮的青年男工，从体力角度来说比较强些，可以适当设置大规格的手提式灭火器和推车式灭火器。再如纺织厂大部分是女工，体力较弱，可以优先选择配置小规格的手提式灭火器，以适应工作人员的体质，有利于迅速扑灭初起火灾。

2）灭火器选择的一般原则

（1）扑救A类火灾应选用水型、泡沫、磷酸铵盐干粉、卤代烷型灭火器。

（2）扑救B类火灾应选用干粉、泡沫、卤代烷、二氧化碳型灭火器，扑救水溶性B类火灾不得选用化学泡沫灭火器。

（3）扑救C类火灾应选用干粉、卤代烷、二氧化碳型灭火器。

（4）扑救D类火灾应选用扑灭金属火灾的专用灭火器。

（5）扑救E类火灾应选用卤代烷、二氧化碳、干粉型灭火器。

3）灭火器选择的注意事项

（1）在同一配置场所，当选用同一类型灭火器时，宜选用相同操作方法的灭火器。

配置的灭火器操作方法相同，为培训灭火器使用人员提供了方便，同时也可以为熟悉灭火器操作和积累灭火经验提供方便，并且也便于灭火器的维修管理。

（2）在同一配置场所内，当选用两种或两种以上类型灭火器时，应采用与灭火剂相容的灭火器。

有些灭火剂之间不能同时使用，否则其灭火性能将遭到破坏。因此，在选择灭火器时，应注意其相容性。

（3）根据不同种类火灾，选择相应的灭火器。

（4）配置灭火器时，宜在有完善计算方法的手提式或推车式灭火器中选用。

关于灭火器配置的具体要求可以参看《建筑灭火器配置设计规范》GB 50140—2005。

复习思考题

1. 工业建筑的火灾危险性是怎么分类的？
2. 什么是建筑物构件的燃烧性能和耐火极限？建筑物的耐火等级分为几级？
3. 举例说明工业建筑的防火分隔措施有哪些？
4. 举例说明生产过程中预防形成爆炸性混合物的措施有哪些？
5. 雷电的种类有几种？雷电有哪些危害？
6. 国家关于建筑物防雷的类别是怎么规定的？建筑物的防雷措施有哪些？
7. 控制和防止静电危险的措施有哪些？
8. 常用的火灾探测器的类型有哪些？选用火灾探测器应注意哪些问题？
9. 常用的阻火装置有哪些？分别使用在什么场合？
10. 常用的防爆泄压装置有哪些？分别使用在什么场合？
11. 常用的灭火剂有哪些？它们各自的特点是什么？
12. 选择灭火器应考虑的因素有哪些？

参 考 文 献

[1] 杨泗霖. 防火与防爆[M]. 北京：首都经济贸易大学出版社，2000.
[2] 霍然，杨振宏，柳静献. 火灾爆炸预防控制工程学[M]. 北京：机械工业出版社，2007.
[3] 杨泗霖. 防火防爆技术[M]. 北京：中国劳动社会保障出版社，2008.
[4] 陈莹. 工业防火与防爆[M]. 北京：中国劳动出版社，1994.
[5] 张国顺. 燃烧爆炸危险与安全技术[M]. 北京：中国电力出版社，2003.
[6] 伍作鹏. 消防燃烧学[M]. 北京：中国建筑工业出版社，1994.
[7] 张应立，张莉. 工业企业防火防爆[M]. 北京：中国电力出版社，2003.
[8] 徐晓楠. 灭火剂与应用[M]. 北京：化学工业出版社，2006.
[9] 黄郑华，李建华，黄汉京. 化工生产防火防爆安全技术[M]. 北京：中国劳动社会保障出版社，2006.
[10] 郑端文. 危险品防火[M]. 北京：化学工业出版社，2003.
[11] 马良，杨守生. 石油化工生产防火防爆[M]. 北京：中国石化出版社，2005.
[12] 狄建华. 火灾爆炸预防[M]. 北京：国防工业出版社，2007.
[13] 工业防爆实用技术手册[M]. 沈阳：辽宁科学技术出版社，1996.
[14] 范维澄，孙金华，陆守香. 火灾风险评估方法学[M]. 北京：科学出版社，2006.
[15] 徐晓楠. 消防基础知识[M]. 北京：化学工业出版社，2006.
[16] 徐晓楠. 灭火剂与应用[M]. 北京：化学工业出版社，2006.
[17] 劳动部职业安全卫生与锅炉压力容器监察局. 国内外劳动安全卫生典型重大伤亡事故案例[M]. 北京：中国检察出版社，1994.
[18] 中华人民共和国公安部. 建筑设计防火规范(GB 50016—2014)[S]. 北京：中国计划出版社，2015.
[19] 中国石油化工集团公司. 石油化工企业设计防火规范(GB 50160—2008)[S]. 北京：中国计划出版社，2009.
[20] 中华人民共和国住房和城乡建设部，中华人民共和国国家质量监督检验检疫总局. 爆炸危险环境电力装置设计规范(GB 50058—2014)[G]. 北京：中国计划出版社，2014.
[21] 中华人民共和国公安部. 建筑灭火器配置设计规范(GB 50140—2005)[G]. 北京：中国计划出版社，2007.